中等职业教育国家规划教材
全国中等职业教育教材审定委员会审定
中等职业教育农业部规划教材

禽类生产

第三版

席克奇　主编

中国农业出版社

图书在版编目（CIP）数据

禽类生产/席克奇主编．—3 版．—北京：中国农业出版社，2014.8（2023.12 重印）
中等职业教育国家规划教材　中等职业教育农业部规划教材
ISBN 978-7-109-19220-1

Ⅰ.①禽…　Ⅱ.①席…　Ⅲ.①养禽学—中等专业学校—教材　Ⅳ.①S83

中国版本图书馆 CIP 数据核字（2014）第 109570 号

中国农业出版社出版
（北京市朝阳区麦子店街 18 号楼）
（邮政编码 100125）
责任编辑　王宏宇
文字编辑　耿韶磊

北京中兴印刷有限公司印刷　新华书店北京发行所发行
2001 年 12 月第 1 版　2014 年 8 月第 3 版
2023 年 12 月第 3 版北京第 9 次印刷

开本：787mm×1092mm 1/16　印张：16.25
字数：385 千字
定价：43.00 元

（凡本版图书出现印刷、装订错误，请向出版社发行部调换）

内容简介

本教材是中职畜牧兽医专业和养殖专业的主干课程教材。共分8个模块,包括:养禽场的建设与经营,家禽品种,家禽繁育,家禽人工孵化,蛋鸡生产,肉鸡生产,鸭、鹅生产,养禽场疫病综合防控等。

本教材按模块式教学需要编排内容。内容紧扣中职学生的培养目标,强调以职业岗位能力培养为核心,注重学生知识、能力和综合素质的全面发展。

本教材结构新颖,图文并茂,语言通俗易懂,内容简明扼要,注重实际操作。除可以作为中等职业技术教育教材外,还可作为基层畜牧兽医人员和养禽场技术人员的参考书。

中等职业教育国家规划教材出版说明

**ZHONGDENG ZHIYE JIAOYU GUOJIA
GUIHUA JIAOCAI CHUBAN SHUOMING**

为了贯彻《中共中央国务院关于深化教育改革全面推进素质教育的决定》精神，落实《面向 21 世纪教育振兴行动计划》中提出的职业教育课程改革和教材建设规划，根据教育部关于《中等职业教育国家规划教材申报、立项及管理意见》（教职成[2001] 1 号)的精神，我们组织力量对实现中等职业教育培养目标和保证基本教学规格起保障作用的德育课程、文化基础课程、专业技术基础课程和 80 个重点建设专业主干课程的教材进行了规划和编写，从 2001 年秋季开学起，国家规划教材将陆续提供给各类中等职业学校选用。

国家规划教材是根据教育部最新颁布的德育课程、文化基础课程、专业技术基础课程和 80 个重点建设专业主干课程的教学大纲(课程教学基本要求)编写，并经全国中等职业教育教材审定委员会审定。新教材全面贯彻素质教育思想，从社会发展对高素质劳动者和中初级专门人才需要的实际出发，注重对学生的创新精神和实践能力的培养。新教材在理论体系、组织结构和阐述方法等方面均作了一些新的尝试。新教材实行一纲多本，努力为教材选用提供比较和选择，满足不同学制、不同专业和不同办学条件的教学需要。

希望各地、各部门积极推广和选用国家规划教材，并在使用过程中，注意总结经验，及时提出修改意见和建议，使之不断完善和提高。

教育部职业教育与成人教育司
2001 年 10 月

第三版编审人员

主　编　席克奇（辽宁省农业经济学校）

副主编　廖清华（广西柳州畜牧兽医学校）
　　　　赵朝志（河南省南阳农业学校）

参　编　杜凤杰（全国畜牧总站）
　　　　刘英群（邢台现代职业学校）
　　　　任秀国（辽宁省朝阳工程技术学校）

主　审　吴　健（辽宁医学院畜牧兽医学院）

第一版编审人员

主　　编　林建坤（山东省畜牧兽医学校）
参　　编　白永辉（黑龙江省畜牧兽医学校）
　　　　　尤明珍（江苏畜牧兽医职业技术学院）
　　　　　杨慧芳（广西农业学校）
　　　　　刘茂勤（山东肥城第二职业高中）
主　　审　张金柱（北京农业职业学院）
责任主审　汤生玲
审　　稿　贺　英　李蕴玉

第二版编审人员

主　　编　席克奇（辽宁省农业经济学校）
副主编　　廖清华（广西柳州畜牧兽医学校）
参　　编　刘英群（河北省邢台市农业学校）
　　　　　赵朝志（河南省南阳农业学校）
　　　　　任秀国（辽宁省朝阳工程技术学校）
审　　稿　林建坤（山东畜牧兽医职业技术学院）
　　　　　杨桂芹（沈阳农业大学）

第三版前言

本教材是根据教育部颁布的中等职业技术学校畜牧兽医专业教学计划要求，在中等职业教育国家规划教材《禽类生产》第二版的基础上进行修订的。供全国中等农业职业技术学校畜牧兽医及相关专业使用。

这次修订主要根据中等农业职业技术学校的招生对象为初中毕业生、学制三年、文化基础、学生毕业后的岗位需求，以及在第二版发行后对所收集的意见进行研究分析，制订编写大纲、分工编写。初稿完成后，经审定最后定稿。

禽类生产是畜牧兽医专业的一门主干课教材，内容包括养禽场的建设与经营，家禽品种、家禽繁育、家禽人工孵化、蛋鸡生产、肉鸡生产、鸭、鹅生产、养禽场疫病综合防控等8个单元。为了满足现代养禽业对生产一线工作人员的需求，我们在编写时力求从职业岗位分析入手，以能力本位教育为核心，将禽场建设、生产技术和经营管理的相关知识与技能融于一体，注重学生的实践和综合素质的培养。在内容安排上，注意融入现代禽类生产的新知识、新技术、新工艺、新方法，并与相应工种的职业技能鉴定规范衔接，力求充分体现实用性、适用性和针对性。

由于我国地域辽阔，各地区禽类生产的规模和水平有所差异，在教学过程中可根据实际情况增减内容，以保证本教材的实用性、适用性和先进性。在教学过程中要始终坚持以学生为中心，以能力为本位，以适应岗位需要为准绳，充分利用各种教学手段，强化学生的技能训练。

本教材承蒙辽宁医学院畜牧兽医学院吴健教授审定，在此表示诚挚的感谢！

本教材是对中职教育实施以能力为本位的模块教学的探索，由于编者的认识不足及水平有限，书中不妥之处和错误在所难免，希望有关专家和广大师生批评指正。

编　者
2014年3月

第一版前言

本教材是根据中华人民共和国教育部 2001 年颁布的《中等职业学校养殖专业主干课程〈禽的生产与经营〉教学大纲》而编写的适用于养殖专业的模块教材。

本教材在编写时将禽的生产与经营的相关知识和技能融于一体，紧扣培养目标，强调以职业岗位能力培养为核心，注重学生知识、能力和综合素质的全面发展。教学目标明确，内容重点突出，概念明确，观点正确可靠，注重技能的培养，教材基本内容与新技术、新工艺、新方法等的关系处理得当，学完后使学生具备家禽生产与经营的基本知识，掌握家禽解剖生理、饲养管理、孵化、常见疾病防治及经营管理等专项技能。

实施本模块教学需要《畜禽营养与饲料》《畜禽繁殖与改良》《养殖场环境卫生与控制》《畜禽疫病防治》等模块中的相关知识和技能。

由于我国地域辽阔，家禽生产的规模和水平有所差异，在教学过程中可根据当地实际情况增减内容，以保证本教材的实用性、适用性和先进性。在教学过程中要始终坚持以学生为中心，以能力为本位，以应职岗位需要为准绳，充分利用各种教学手段，强化学生的技能训练。

本教材的编写分工是：林建坤编写第 5 单元，白永辉编写第 1、3 单元，尤明珍编写第 2 单元，杨慧芳编写第 2 单元的孵化技术和第 4 单元，刘茂勤编写第 6 单元。在编写过程中得到了山东省畜牧兽医学校徐建义高级讲师、王典进高级讲师和黑龙江省畜牧兽医学校覃正安高级讲师的指导，并承蒙北京农业职业学院张金柱高级讲师审定，谨在此表示诚挚的感谢。

由于编者水平所限，教材中缺点和错误在所难免，诚恳希望有关专家和师生批评指正。

编　者
2001 年 7 月

第二版前言

本教材是根据教育部颁布的中等职业技术学校畜牧兽医专业教学计划要求，在全国中等农业职业学校教材《禽的生产与经营》第一版的基础上进行修订的模块教材。供全国中等农业职业技术学校畜牧兽医及相关专业使用。

《禽类生产》是畜牧兽医专业的一门主干课教材。为了满足现代养禽业对生产第一线工作人员的需求，我们在编写时力求从职业岗位分析入手，以能力本位教育为核心，将禽场建设、生产技术和经营管理的相关知识与技能融于一体，注重学生的实践和综合素质的培养。在内容编排上，注意融入现代禽类生产的新知识、新技术、新工艺、新方法，并与相应工种的职业技能鉴定规范相衔接，力求充分体现实用性、适用性和针对性。

由于我国地域辽阔，各地区禽类生产的规模和水平有所差异，在教学过程中可根据实际情况增减内容，以保证本教材的实用性、适用性和先进性。在教学过程中要始终坚持以学生为中心，以能力为本位，以适应岗位需要为准绳，充分利用各种教学手段，强化学生的技能训练。

本书承蒙林建坤和杨桂芹审定，并提出宝贵意见，谨在此表示诚挚的感谢。

本教材是对中职教育实施以能力为本位的模块教学的探索，由于编者的认识不足和水平有限，书中缺点和错误难免，诚恳有关专家和广大师生批评指正。

编　者

2008 年 10 月

目 录

中等职业教育国家规划教材出版说明
第三版前言
第一版前言
第二版前言

模块一　养禽场的建设与经营　　1

项目一　养禽场的场址选择与布局　　1
　　任务1　养禽场的场址选择　　1
　　任务2　养禽场的场内布局　　3
　技能训练　中小型鸡场的布局　　6
项目二　鸡舍工艺设计　　7
　技能训练　蛋鸡舍通风量的计算　　12
项目三　鸡舍的主要设备　　14
　　任务1　育雏供暖设备的使用　　14
　　任务2　笼养设施的使用　　16
　技能训练　产蛋鸡笼的整体安装　　19
　　任务3　饮水设备的使用　　20
　　任务4　喂料设备的使用　　22
　　任务5　其他设备的使用　　25
项目四　养鸡场的经营管理　　28
　　任务1　鸡场经营管理的主要内容　　28
　　任务2　鸡群周转计划的制订　　31
　技能训练　拟订鸡群周转计划　　31
　　任务3　产品生产计划的制订　　33
　技能训练　制订种蛋生产及孵化计划　　33
　　任务4　饲料计划的制订　　35
　技能训练　制订饲料计划　　35
　　任务5　鸡场生产成本核算　　37
　技能训练　商品蛋生产成本核算　　39
项目五　无公害禽产品质量控制　　40

模块二　家禽品种 ··· 46
项目一　家禽外貌 ·· 46
技能训练　家禽外貌的识别 ·· 46
项目二　家禽品种 ·· 49
　　任务1　家禽品种的分类 ··· 49
　　任务2　家禽品种介绍 ·· 51
技能训练　家禽品种的识别 ·· 70

模块三　家禽繁育 ··· 72
项目一　家禽的生产性能 ·· 72
技能训练　生产性能指标的计算 ······································ 77
项目二　家禽的繁殖与现代家禽良种繁育体系 ··················· 79
　　任务1　家禽的繁殖方法 ··· 79
技能训练　鸡的采精、精液检查与稀释及输精 ··················· 81
　　任务2　现代家禽良种繁育体系 ······································ 85

模块四　家禽人工孵化 ·· 88
项目一　蛋的构造及形成 ·· 88
项目二　种蛋的管理 ·· 91
　　任务1　种蛋的选择、保存和运输 ··································· 91
技能训练　种蛋的选择 ·· 93
　　任务2　种蛋的消毒 ··· 94
技能训练　种蛋的消毒（熏蒸法） ···································· 95
项目三　家禽胚胎发育及孵化条件 ···································· 96
　　任务1　家禽的胚胎发育 ··· 96
　　任务2　孵化条件及控制方法 ·· 100
项目四　孵化方法 ·· 103
　　任务1　机器孵化法 ··· 103
技能训练　孵化操作 ·· 106
　　任务2　我国传统孵化法 ·· 111
技能训练　炕孵法的操作 ·· 113
项目五　孵化效果的检查与分析 ······································ 114
　　任务1　孵化效果检查的方法 ······································· 114
　　任务2　胚胎死亡曲线的分析 ······································· 116
　　任务3　提高孵化率的措施 ··· 118
项目六　初生雏的处理 ··· 121
　　任务1　初生雏的雌雄鉴别 ··· 121
技能训练　用翻肛法鉴别雏鸡的雌雄 ····························· 123
　　任务2　初生雏的分级和免疫接种 ································ 124
技能训练　初生雏的免疫接种 ·· 125

模块五 蛋鸡生产 ·············· 126

项目一 育雏 ·············· 126
  任务1 雏鸡的培育 ·············· 126
  技能训练 雏鸡挑选、断喙及温、湿度测定 ·············· 136
  　　任务2 育成鸡的培育 ·············· 139
  技能训练 称重及体重均匀度计算 ·············· 144

项目二 产蛋期的饲养管理 ·············· 146
  任务1 商品蛋鸡的饲养管理 ·············· 146
  技能训练 产蛋曲线绘制、分析、光照计划制订及高产蛋鸡的表型选择 ·············· 153
  　　任务2 种鸡的饲养管理 ·············· 159

模块六 肉鸡生产 ·············· 165

项目一 肉用仔鸡的饲养管理 ·············· 165
  任务1 掌握肉用仔鸡的饲养管理技术 ·············· 165
  任务2 提高肉用仔鸡生产效益的措施 ·············· 175

项目二 肉用种鸡的饲养管理 ·············· 177
  任务1 肉用种鸡的限制饲养技术 ·············· 177
  技能训练 肉用种鸡限制饲养方案的拟订 ·············· 185
  　　任务2 肉用种鸡的常规饲养与管理技术 ·············· 187

项目三 优质型肉鸡的饲养管理 ·············· 192

模块七 鸭、鹅生产 ·············· 198

项目一 鸭的饲养管理 ·············· 198
  任务1 蛋鸭的饲养管理 ·············· 198
  任务2 肉鸭的饲养管理 ·············· 208
  技能训练 鸭的机器填饲技术 ·············· 214

项目二 鹅的饲养管理 ·············· 215
  任务1 鹅的饲养管理技术 ·············· 215
  任务2 鹅肥肝生产技术 ·············· 224
  技能训练 鹅肥肝生产技术 ·············· 227

模块八 养禽场疫病综合防控 ·············· 230

项目一 养禽场卫生安全体系的建立 ·············· 230
项目二 养禽场的消毒 ·············· 235
  技能训练 鸡舍消毒（熏蒸法） ·············· 238
项目三 免疫接种与免疫监测 ·············· 239
  技能训练 育成鸡免疫接种（肌内注射） ·············· 244

主要参考文献 ·············· 246

模块一 养禽场的建设与经营

项目一 养禽场的场址选择与布局

任务1 养禽场的场址选择

【技能目标】了解选择养禽场场址的基本要求。

一、鸡场的场址选择

场址的选择是建场养鸡的首要问题，它关系到建场工作能否顺利进行及投产后鸡场的生产水平、鸡群的健康状况和经济效益等。因此，选择场址时必须认真调查研究，综合考虑各方面条件，以便做出科学决策。

（一）自然条件

1. 地势 在平原地区建场，应选择地势高燥、平坦或稍有坡度的平地，坡向以南向或东南向为宜。这种场地阳光充足，光照时间长，排水良好，有利于保持场内环境卫生。在山区建场，既不能建在山顶，也不能建在山谷深洼地，应建在向阳的南坡上，山坡的坡度不宜超过20%，场区坡度不宜超过3%。

2. 地形 场地的地形直接影响本场生产效率、基建投资等。因此，场地要开阔，有发展余地，地形要方正，不宜过于狭长。若建筑物拉长不紧凑，道路、管道线路延长，则投资会相应增加，人员来往距离加大，影响工作效率。

3. 土壤 场地的土质状况对环境温度、湿度、空气卫生，鸡舍建筑物施工，投资，饲料作物及绿化树木的种植，以及鸡群健康状况都有影响。建场时要求场地地下水位低，土质透水、透气良好，可保持干燥，并适于建筑房舍。

4. 水源 鸡场用水比较多，每只成鸡每天的饮水量平均为300mL左右，在炎热的夏季，饮水量增加，而鸡场的生活用水及其他用水又是鸡饮水量的2~3倍。因此，鸡场必须要有可靠、充足的水源，并且位置适宜，水质良好，便于取用和防护。最理想的水源应不经处理或稍加处理即可饮用，要求水中不含病菌和病毒，无臭味或其他异味，水质澄清。地面水源包括江水、河水、湖水、塘水等，其水量随气候和季节不同变化较大，有机物含量多，水质不稳定，多受污染，最好处理后再使用。大型鸡场最好自辟深井，利用地下水源，深层地下水不易干枯，水量较为稳定，并经过较厚的土层过滤，杂质和微生物较少，水质洁净，但所含矿物质较多。有条件时可进行水质分析，看其是否符合卫生要求（可参照人的饮水卫生标准）。

(二) 社会条件

1. 位置 鸡场场址位置的确定要考虑周围居民、工厂、交通、电源及用户等各种因素。原则上要少占或不占耕地，尽量利用缓坡、丘陵建场。

(1) 要远离重工业工厂和化工厂。这些工厂排放的废水、废气中含有重金属及有害气体，烟尘及其他微细粒子也大量存在于空气中。若鸡场建在这些工厂区域，则鸡群长期处于严重污染的环境之中，对生产极为不利。

(2) 要远离铁路、公路干线及航运河道。为尽量减少噪音干扰，使鸡群长期处于比较安静的环境中，鸡场应距铁路1000m以上，距公路干线、航运河道500m以上，距普通公路200～300m。

(3) 要远离居民区。为保证居民生活环境卫生，利于鸡场防疫，鸡场一般不建在村庄内或自家院子里，应距村庄500m以上；种鸡场要远离城市，最好距城市15km以上；商品蛋鸡场虽然需靠近消费区，但也不能离城市太近，可距城市3～5km以上。

(4) 要远离其他养禽场。新建的大规模鸡场与其他养禽场距离最好不少于5km。

2. 交通 鸡场饲料、产品以及其他生产物资等需要运输，因此要求鸡场交通方便，路基坚固，路面平坦，排水性好，雨后不泥泞，以免车辆颠簸造成种蛋破损。

3. 电源 电源是否充足、稳定，也是建场必须考虑的条件之一，如孵化、喂料、给水、清粪、集蛋、人工照明，以及保温、换气等均需要有稳定可靠的电源，特别是舍内养鸡最好有专用或多路电源，并能做到接用方便、经济等。如果供电无保证，则鸡场应自备1～2套发电机，以保证场内供电稳定可靠。

4. 环境 为便于防疫，新建鸡场应避开村庄、集市、兽医站、屠宰场和其他养禽场，本地区无大的历史疫情，有良好的自然隔离条件。最好不在旧鸡场上改（扩）建，以避免遗留病原感染鸡群，进而造成经济损失。

5. 建场面积 鸡场面积没有统一标准，因饲养鸡的类型、饲养方式、机械化程度不同而不同，如种鸡场占地面积较大，商品鸡场占地面积较小；地面或网上平养，饲养密度小，占地面积大，笼养鸡饲养密度大，占地面积小；鸡场机械化程度高，饲养密度大，占地面积小，机械化程度低，饲养密度小，占地面积大。一般大型鸡场，若采取笼养饲养方式，其占地总面积应为建筑面积的3～5倍，每只鸡占地面积1.0～1.3m^2。

二、鸭场的场址选择

选择好鸭场的场址，不但关系到经济效益的高低，而且是养鸭成败的关键之一。因此，在养鸭之前应做好周密计划，选择临近水源、水质良好、水量充足的场地，尤其是原种场和种鸭场更要注意鸭场的选址。应地势较高，背风向阳，最好略向水面倾斜，有5°～10°的小坡，有利于排水。鸭场坐北朝南最理想，如果找不到朝南的场地，朝东南或朝东也可以，但绝对不能在朝西或朝北的地段建鸭舍。

肉、蛋鸭场主要是为城镇居民提供新鲜的商品鸭、商品蛋，所以还要考虑到对城镇卫生的影响。

任务评估

一、填空题

1. 在平原地区建鸡场，应选择地势高燥、平坦或稍有坡度的平地，坡向以_____或_____为宜。
2. 在山区建鸡场，既不能建在山顶，也不能建在山谷深洼地，应建在_____，山坡的坡度不宜超过_____，建场区坡度不宜超过_____。
3. 鸡场应距铁路_____m之上，距公路干线、航运河道_____m以上，距普通公路_____m。
4. 鸡场一般不建在村庄内或自家院子里，应距村庄_____m以上。

二、问答题

1. 选择鸡场场址对地势有什么要求？
2. 选择鸡场场址对土壤有什么要求？
3. 选择鸡场场址时应考虑哪些社会条件？

三、思考题

1. 怎样选择鸡场的场址？
2. 怎样选择鸭场的场址？

任务2　养禽场的场内布局

【技术目标】了解、掌握养禽场布局的基本要求和设计方法。

一、鸡场内的布局

鸡场的性质、规模不同，建筑物的种类和数量也不相同。综合性鸡场，建筑物种类比较多，设施齐全，各类鸡群相对集中，其缺点是不同类型、不同年龄的鸡在一个鸡场内，不利于防疫；专业化养鸡场，不同类型鸡场分开，这样有利于防疫。目前，我国鸡场建设日趋专业化，特别是大型养鸡场，总场分设种鸡场、孵化厂、商品蛋鸡场等，各场都单独建设，并且相互之间有一定距离。但综合性鸡场在中小型养鸡场中仍很普遍。

1. 鸡场建筑物的种类

（1）生产区。包括孵化室、育雏舍、育成鸡舍和成鸡舍等。

（2）生产辅助区。包括饲料加工车间、蛋库、兽医室、隔离室、焚化炉、消毒更衣室、锅炉房、供电房、车库和鸡粪处理场等。

（3）生活区。包括食堂、宿舍等。

（4）行政管理区。包括办公室、技术室、化验室、接待室、财务室、门卫值班室等。

2. 鸡场内各类建筑物的布局

（1）场区布局的原则。

①建筑物分布合理，有利于防疫。在确定建筑物布局时，要考虑到当地的自然条件和社

会条件,如当地的主导风向(特别是夏、冬季的主导风向)、地势及不同年龄的鸡群,还要考虑到鸡群的经济价值等,为改善鸡群的防疫环境创造有利条件。

生产区要与行政管理区及生活区分开。因为行政管理人员与外来人员接触机会比较多,一旦外来人员带有烈性传染病病原,行政管理人员很可能会成为中间传播者,将病原带进生产区。

鸡舍要与孵化室分开。孵化室内要求空气清洁、无病菌,而鸡舍周围的空气会受到一定程度的污染,如果鸡舍特别是成鸡舍距孵化室较近,则空气中的病原微生物就有可能进入孵化室,这样对雏鸡孵化极为不利。

料道要与粪道分开。料道是饲养员将饲料从料库运到鸡舍的道路。粪道是鸡舍通向粪场的道路,病鸡、死鸡也通过粪道送到解剖室。料道与粪道不能混用,否则一幢鸡舍有疫病后很容易传染其他鸡舍。

兽医室、隔离舍、焚烧炉等应设在生产区的下风向,鸡粪处理场应远离饲养区。

从人的卫生及健康方面考虑,行政管理区的位置要设在生产区的上风向,地势也要高于生产区。在生产区内,按上下风向设置孵化室、育雏舍、育成鸡舍和成鸡舍。鸡场内的各区域按风向、地势分布如图1-1。

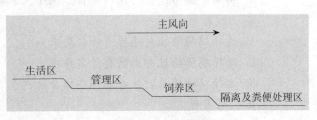

图1-1 鸡场规划示意图

②便于生产管理,降低劳动强度。在安排鸡场内各建筑物布局时,要按其功能的不同安排在不同的区域,如生活区、行政管理区常与外界联系,应位于生产区的外侧,与场外通道相连,内侧有围墙与生产区相隔;饲料库应设在饲料耗用比较多的鸡舍附近,并靠近场外通道。锅炉房应靠近育雏区,以保证供温。在生产区内,需将各种鸡舍排列整齐,使饲料、粪便、产品、供水及其他物资的运输呈直线往返,尽量减少转弯拐角。

③缩短道路的管线,减少生产投资。鸡场内道路、管线、供电线路的长短,设计是否合理,直接关系着建材的用量。场内各建筑物之间的距离要尽量缩短,建筑物的排列要紧凑,以缩短修筑道路、管线的距离,节省建筑材料,减少生产投资。

(2)鸡舍建筑配比。在生产区内,育雏舍、育成鸡舍和成鸡舍三者的建筑面积比例一般为1:2:6,如某鸡场育雏舍4幢,则育成鸡舍应为8幢,成鸡舍应为24幢,三者配置合理,鸡群周转就能够顺利进行。

(3)鸡舍的朝向。鸡舍的朝向是指鸡舍长轴上窗户的朝向。我国绝大部分地区处于北纬20°~50°,太阳高度角冬季低,夏季高;夏季多为东南风,冬季多为西北风,因而南向鸡舍较为适宜。另外,根据当地的主导风向,采取偏东南向或偏西南向也可以。这种朝向的鸡舍,对舍内通风换气、污浊气体排放及保持冬暖夏凉等均比较有利。各地应避免建筑东西朝向的鸡舍,特别是炎热地区,更应避免建筑西照太阳的鸡舍。

(4)鸡舍的间距。鸡舍间距是指两幢鸡舍间的距离,适宜的间距需满足鸡的光照及通风需求,有利于防疫并保证国家规定的防火要求。间距过大,鸡舍占地面积过大,会加大基建投资。一般来说,密闭式鸡舍间距为10~15m;开放式鸡舍间距应根据冬季日照高度角的大小和运动场及通道的宽度来确定,一般为鸡舍高度的3~5倍。

(5)鸡场绿化。鸡场绿化(包括植树、种草、种花等)可明显改善场区小气候,还可美化环境，改变鸡场的自然风貌，净化空气，减少污染。

(6) 鸡场内各区域分布。鸡场内各区域的分布既要有利于卫生防疫，又要照顾到相互之间的联系，以便于生产、管理和生活，在布局上应着重考虑风向、地形和各种建筑物间的距离。

生产区是鸡场总体布局的主体，占整个鸡场面积的一半以上，其四周设置围墙，并有出入口供人员进出及运送饲料、产品、粪便等。

生产区入口处要设消毒室和消毒池。消毒室和消毒池是生产区防疫体系的第一步，坚持消毒可减少由场外带进病原的机会。地面消毒池的深度为5cm以上，长度以车辆前后轮均能没入并能转动1周为宜。此外，车辆进场还须喷雾消毒。进场人员要通过消毒更衣室，换上经过消毒的干净工作服、帽、靴，消毒室可设置消毒池、紫外线灯等。

生产区的鸡舍设置应根据常年的主导风向，按孵化室、育雏舍、育成鸡舍和成鸡舍这一顺序排列，同类鸡舍并排建造，以减少雏鸡发病，且方便转群；孵化室宜建在生产区入口处，以便于雏鸡运输和卫生防疫；料道与粪道尽量不交叉，可按梳状布置，以免污染物扩散。

生产区与其他各区应保持一定的距离，距行政区和生产辅助区100m以上，距生活区200m以上；饲料加工车间、料库、蛋库设在鸡场大门与生产区进口之间，以便于防疫和内外转运；兽医室、隔离舍和焚化炉设在生产区的下风向，距鸡舍150m以上，并用围墙加以隔离；鸡粪处理场设在生产区以外下风向较远的地方。运粪车辆进入生产区必须消毒。

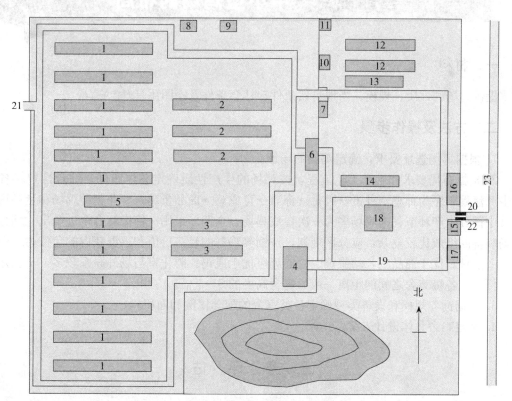

图1-2 蛋种鸡场的总体布局

1. 种鸡舍　2. 育成鸡舍　3. 育雏舍　4. 孵化室　5. 人工授精室　6. 饲料库
7. 人员消毒更衣室和车间消毒室　8. 病鸡隔离室　9. 兽医室　10. 水塔　11. 锅炉房
12. 职工宿舍　13. 食堂　14. 办公室　15. 门卫室　16. 车库　17. 发电室、配电室
18. 花坛　19. 场内道路　20. 消毒池　21. 清粪门　22. 人工道路　23. 公路干线

行政管理区位于生产区的上风向，外侧靠近公路并设置大门，内侧与生产区相连，以围墙相隔，但应距鸡舍 200m 以上。此外，生活区和行政管理区也应以相当的距离隔开。

蛋鸡场的总体布局见图 1-2。

二、鸭场的布局

一般的大型鸭场，如良种繁殖场和育种场，合理布局要考虑以下几个大区：生产区、管理区和生活区的设置方位。

一般原则是：生产区在整个场址的南（东南）端；管理区在与生产区风向平行的一侧；生活区最好设在场外或管理区后面。

生产区是鸭场总体布局中的主体，设计时应有所偏重，如育种场，应以种鸭舍为重点；商品蛋鸭场应以蛋鸭舍为重点；商品肉鸭场，应以肉鸭舍为重点。各种鸭舍之间最好设绿化带加以隔离。

一个完整的平养鸭舍，通常包括鸭舍、鸭滩（陆上运动场）、水围（水上运动场）3部分。鸭舍、鸭滩、水围面积比例大约是 1∶3∶2。鸭滩要有 30°左右的倾斜度，以利于鸭子下水上岸。

技能训练　中小型鸡场的布局

一、材料

提供鸡场的性质、规模、当地自然条件、社会条件及绘图用具等。

二、方法及操作步骤

1. 根据鸡场选址要求，确定鸡场的场址。
2. 根据布局要求和生产工艺流程，按鸡场的生产性质确定总体布局。综合性鸡场各鸡群生产流程顺序为种鸡→种蛋→孵化→育雏→育成鸡→商品蛋鸡；专业化种鸡场和蛋鸡场只有其中部分生产环节；肉鸡场多为一次育成鸡场，全期多采用一幢肉鸡舍全进全出。综合性鸡场鸡群的组成比较复杂，应分区规划，按饲养鸡群的经济价值和鸡群获得的免疫力有序排列。一般种鸡优于商品鸡，幼雏鸡、育成鸡应优于成鸡。孵化室与场外联系较多，不宜建在场区深处。各幢鸡舍之间的距离一般为鸡舍高度的 3~5 倍。
3. 根据饲养规模和设备类型确定各类鸡舍的配套比例和面积。
4. 确定鸡舍具体设计方案。

任 务 评 估

一、填空题

1. 鸡场生产区包括_____、_____、_____和_____等。
2. 在鸡场生产区内，按上下风向设置_____、_____、_____和_____。

3. 在鸡场生产区内，育雏舍、育成鸡舍和成鸡舍三者的建筑面积比例一般为_____。如某鸡场育雏舍_____幢，则育成鸡舍应为_____幢，成鸡舍应为24幢。

4. 在鸡场内，各幢鸡舍之间的距离一般为鸡舍高度的_____倍。

5. 鸡场生产区与其他各区应保持一定的距离，距行政区和生产辅助区_____m以上，距生活区_____m以上。

6. 鸡场行政管理区位于生产区的_____，外侧靠近公路并设置大门，内侧与生产区相连，以围墙相隔，但应距鸡舍_____m以上。

二、问答题

1. 鸡场内如何分区？每个区都包括哪些建筑物？
2. 鸡场场区布局应遵循哪些原则？
3. 如何设计大型鸭场？

三、技能评估

1. 鸡场总体布局合理，图示清晰。
2. 场内分区合理，建设物设计齐全。
3. 场内各类建设物的位置设计合理。
4. 场内道路设计合理。
5. 场内鸡舍配置设计合理。
6. 鸡舍的朝向、间距设计合理。
7. 场内绿化设计美观。

项目二　鸡舍工艺设计

【技能目标】了解并掌握鸡舍工艺设计的基本要求和方法。

一、鸡舍的类型

鸡舍因分类方法不同而有多种类型，按饲养方式和设备可分为平养鸡舍和笼养鸡舍；按饲养鸡的种类可分为种鸡舍、蛋鸡舍和肉鸡舍；按鸡的生产阶段可分为育雏舍、育成鸡舍和成鸡舍；按鸡舍与外界的关系可分为开放式鸡舍和密闭式鸡舍。除此之外，还有适应专业户小规模养鸡的简易鸡舍。鸡舍的类型见图1-3。

二、各类鸡舍的特点

1. 半开放式鸡舍　半开放式鸡舍建筑形式很多，屋顶结构主要有单斜式、双斜式、拱式、天窗式、气楼式等。

窗户的大小与地角窗设置数目可根据气候条件设计。最好每幢鸡舍都建有消毒池、饲料贮备间及饲养

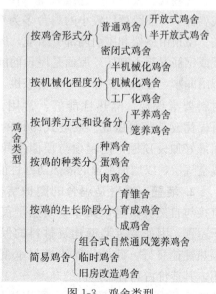

图1-3　鸡舍类型

管理人员工作休息室，地面要有一定坡度，避免积水。鸡舍窗户应安装护网，防止野鸟、野兽进入鸡舍。

这类鸡舍的特点是有窗户，全部或大部分靠自然通风、采光，舍温随季节变化而变化，冬季晚上用稻草帘遮上敞开面，以保持鸡舍温度，白天把帘卷起来采光采暖。其优点是鸡舍造价低，设备投资少，照明耗电少，鸡只体质强壮。缺点是占地多，饲养密度低，防疫较困难，外界环境因素对鸡群影响大，蛋鸡产蛋率波动大。

2. 开放式鸡舍　这类鸡舍只有简易顶棚，四壁无墙或有矮墙，冬季用尼龙薄膜围高保暖；或两侧有墙，南面无墙，北墙上开窗。其优点是鸡舍造价低，炎热季节通风好，节省通风、照明费用。缺点是占地多，鸡群生产性能受外界环境影响大，疾病传播几率大。

3. 密闭式鸡舍　密闭式鸡舍一般用隔热性能好的材料建造房顶与四壁，不设窗户，只有带拐弯的进气孔和排气孔，舍内小气候通过各种调节设备控制。这种鸡舍的优点是外界环境对鸡群的影响小，有利于采取先进的饲养管理技术和防疫措施，饲养密度大，鸡群生产性能稳定。其缺点是投资大、成本高，对机械、电力的依赖性大，日粮要求全价。

4. 平养鸡舍　这种鸡舍结构与平房相似，在舍内地面铺垫料或加架网栅后就地养鸡。其优点是设备简单，投资少，投产快。缺点是饲养密度低，清粪工作量大，劳动生产率低。

5. 笼养鸡舍　这种鸡舍四壁与舍顶结构均可采用本地区的民用建筑形式，但在跨度上要根据所选用的设备而定（图1-4）。其特点是把鸡关在笼格中饲养，因而饲养密度大，管理方便，饲料转化率高，疫病控制比较容易，劳动生产率高。缺点是饲养管理技术严格，造价高。

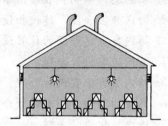

图1-4　地面全阶梯式笼养鸡舍

三、鸡舍各部位的结构要求

1. 屋顶　屋顶的形状有多种，如单斜式、单斜加坡式、双斜不对称式、双斜式、平顶式、气楼式、天窗式、连续式等（图1-5）。目前，国内养鸡场常见的主要是双斜式和平顶式鸡舍。一般跨度比较小的鸡舍多为双斜式，跨度比较大的鸡舍，如12m跨度，多为平顶式。屋顶由屋架和屋面两部分组成，屋架用来承受屋面的重量，可用钢材、木材、预制水泥板或钢筋混凝土制作。屋面是屋顶的围护部分，可防御风雨，并隔离太阳辐射。为防止屋面积雨漏水，建筑时要保留一定的坡度。双坡式屋顶的坡度是鸡舍跨度的25%～30%。屋顶材料要求保温、隔热性能好，常用瓦、石棉瓦或苇草等做成。双坡式屋顶的下面最好加设顶棚，使屋顶与顶棚之间形成空气层，以增加鸡舍的隔热防寒性能。

2. 墙壁　墙壁是鸡舍的围护结构，直接与自然界接触，其冬季失热量仅次于屋顶，因而要求墙壁建筑材料的保温隔热性能良好。此外，墙体尚起承重作用，其造价占鸡舍总造价的30%～40%。墙壁建筑还要注意防水，应便于洗刷、

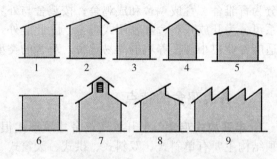

图1-5　鸡舍屋顶的样式
1. 单斜式　2. 单斜加坡式　3. 双斜不对称式　4. 双斜式
5. 拱式　6. 平顶式　7. 气楼式　8. 天窗式　9. 连续式

消毒。大部分鸡舍一般采用24cm厚的砖墙体，外面用水泥抹缝，内壁用水泥或白灰挂面，在墙的下半部挂1m多高的水泥裙。

3. 地基与基础 地基要求坚实、组成一致、干燥。一般小型鸡舍可直接修建在天然地基上，沙砾土层和岩性土层的压缩性小，是理想的天然地基。基础应坚固耐久，有适当抗机械能力和防潮、防震能力。一般情况下，基础比墙壁宽10~50cm，深50cm左右，北方地区可稍深些。基脚是基础和墙壁的过渡部分，要求其高度不少于20~30cm，土墙应50~70cm，所用材料应比墙壁材料结实，如石头、砖等，其作用是防止墙壁受降水和地下水的侵蚀。

4. 地面 地面直接与土层接触，易传热并被水渗透，其保温隔热性能对鸡舍内环境影响很大。因此，要求舍内地面高于舍外，并有较好的保温性能、坚实、不透水、便于清扫消毒。目前，国内鸡舍多为水泥地面，其优点是便于管理和操作；缺点是传导散热多，不利于鸡舍保温。为增加地面的保温隔热性能，可采用复合式地面，即在土层上铺混凝土油毡防潮层，其上再铺空心砖，然后以水泥砂浆抹面。这种隔热地面虽然造价较高，但保温效果好。

5. 门、窗 门是进行工作的通道，门的位置及规格既要有利于工作，又不能影响舍温。因此，有条件的鸡舍可设置走廊。一般门设在南向鸡舍的南面，也有在山墙上设门的，门的大小应以舍内所有的设备及舍内工作的车辆便于进出为度。单扇门，高2m，宽1m；两扇门，高2m，宽1.6m左右。寒冷地区应设置门斗，门斗的深度应为2m，比门宽1~2m。

窗的大小和位置直接关系到舍内光照、通风、舍温。开放式鸡舍的窗户应设在前后墙上，前窗应高大，离地面可近些，一般窗下框距地面1.0~1.2m，窗上框高2.0~2.2m，这样便于采光。窗户与地面面积之比，商品蛋鸡舍为1∶10~1∶15；种鸡舍为1∶5~1∶10。后窗应小些，为前窗面积的1/3~2/3，离地面可高些，以利于夏季通风。密闭式鸡舍不设窗户，只设应急窗和通风进出气孔。

6. 鸡舍的跨度 鸡舍的跨度大小决定于鸡舍屋顶的形式、鸡舍的类型和饲养方式等条件。单坡式与拱式鸡舍跨度不能太大，双坡式和平顶式鸡舍可大些；开放式鸡舍跨度不宜过大，密闭式鸡舍跨度可大些；笼养鸡舍要根据安装鸡笼的组数和排列方式，并留出适当的通道后，再决定鸡舍的跨度，如一般的蛋鸡笼3层全阶梯浅笼整架的宽度为2.1m左右，若2组排列，跨度以6m为宜，3组则采用9m，4组必须采用12m跨度；平养鸡舍则要看供水、供料系统的多寡，并以最有效地利用地面为原则决定其跨度。目前，常见的鸡舍跨度为：开放式鸡舍6~9m；密闭式鸡舍12~15m。

7. 鸡舍的长度 鸡舍的长短主要取决于饲养方式、鸡舍的跨度和机械化管理程度等方面。平养鸡舍比较短，笼养鸡舍比较长。跨度6~9m的鸡舍，长度一般为30~60m；跨度12~15m的鸡舍，长度一般为70~80m。机械化程度较高的鸡舍可长一些，但一般不宜超过100m，否则，机械设备的制作与安装难度大。

8. 鸡舍高度 鸡舍的高度应根据饲养方式、清粪方法、跨度与气候条件而确定。若跨度不大、平养方式或在不太热的地区，则鸡舍不必太高，一般鸡舍屋檐高2.2~2.5m；跨度大、夏季天气较热的地区，又是多层笼养，鸡舍应高3m左右，或者最上层的鸡笼距屋顶1~1.5m为宜；若为高床密闭式鸡舍（图1-6），由于下部设有粪坑，一般高4.5~5m。

9. 鸡舍内过道 鸡舍内过道是饲养员每天工作和观察鸡群的通道，过道的宽度必须便于饲养人员行走和操作。过道的位置根据鸡舍的跨度而定。跨度比较小的平养鸡舍，过道一般设在鸡舍的一侧，宽1～1.2m；跨度大于9m时，过道应设在中间，宽1.5～1.8m，以便于用小车送料。笼养鸡舍无论跨度多大，过道位置均应依鸡笼的排列方式而定，一般鸡笼之间过道宽为0.8～1m。

10. 鸡舍内间隔 为了减少建筑投资，并考虑舍内通风和便于饲养员观察鸡群，网上平养鸡舍最好用铁丝

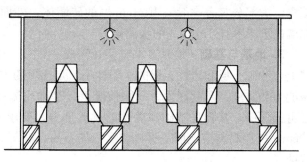

图1-6 高床密闭式鸡舍

网间隔。铁丝网由角铁或铁丝横拉固定。一般来说，鸡舍跨度为9m以内的每两间一隔，跨度为12m的3间一隔为自然间。笼养鸡舍不必隔间，否则鸡笼安装或饲养员操作都不方便。

11. 操作间 操作间是饲养员进行操作和存放工具的地方。鸡舍长不超过40m的，操作间可设在鸡舍一端；若鸡舍长超过40m，则操作间应设在鸡舍中央。

四、鸡舍通风

（一）通风的作用

1. 鸡的代谢旺盛，舍内易聚积一些不良气体，如氨气、二氧化碳、硫化氢等。当这些气体在舍内超过一定含量时，就会影响鸡群健康，甚至引发鸡只呼吸道疾病，降低其生产性能。通风可排出舍内不良气体，换进新鲜空气，有助于鸡群健康及生产性能的发挥。通风可排出舍内一定量的尘埃和毛管屑，有利于舍内环境的清洁卫生。

2. 通风时，舍内不同部位的风压差可使静止的空气加速流动，以保证舍内环境状况均匀一致。

3. 在一定范围内，通风可调节舍内温度。如当舍内温度高于舍外时，开动风机可降低舍温。

4. 鸡的饮水、排泄、呼吸等可使舍内湿度升高，而过高的湿度会影响鸡群健康及其生产性能。鸡舍通风时，舍内外气体进行交换，舍内过多的水汽会被排出，从而降低湿度。

（二）通风量的计算

不同阶段的蛋用型鸡，在不同环境温度下所需最大通风量见表1-1。

表1-1 不同阶段的蛋用型鸡不同环境温度下所需最大通风量

类别	体重（kg）	外界可能达到的最高温度下的换气量		
		37℃	27℃	15℃
雏鸡		7.5 [m³/(kg·h)]	5.6 [m³/(kg·h)]	3.75 [m³/(kg·h)]
育成鸡	1.15～1.18	7.5 [m³/(kg·h)]	5.6 [m³/(kg·h)]	3.75 [m³/(kg·h)]
产蛋鸡	1.35～2.25	9.35 [m³/(kg·h)]	7.5 [m³/(kg·h)]	5.6 [m³/(kg·h)]

通风量的计算方法见技能训练部分。

（三）通风方式

鸡舍通风方式有3种，即自然通风、机械通风和辅助机械通风。

1. 自然通风 主要适用于开放式鸡舍和半开放式鸡舍，其优点是节省了通风设备的投

资；缺点是通风量随外界天气变化而变化，不能根据需要进行调节和控制。

自然通风的动力是风力和温差。当自然界有风时，吹到鸡舍墙壁上，使迎风面的风压大于舍内气压，而同时背风面的气压小于舍内气压，这样空气通过开在迎风面的窗户（进气口）流入舍内，由背风面的窗户（出气口）流出，这就是风压通风。若外界风力大，进气口面积大，则通风量大。

舍内养鸡时，舍内空气被鸡体加温变热变轻而上升，通过上部出气口排出舍外，舍外空气则由开设于鸡舍下部的进气口流入舍内，如为窗户，则窗上部为出气口，下部为进气口。若舍内外温差大，通风口面积大，则通风量大。

鸡舍采取自然通风时，在设计上应注意以下几个问题：

（1）鸡舍跨度不宜超过7m，饲养密度不可过大。

（2）根据当地主风向，在鸡舍迎风面的下方设置进气口，背风面上部设排气口。

（3）为了更有效地进行通风，宜在鸡舍屋顶设置通风管。屋顶外通风管的高度为60～100cm，其上安装防雨帽。通风管舍内部分的长度不应小于60cm。排风管内应安装调节板，可随时调节启闭，控制风量。

（4）鸡舍各部位结构要严密，门、窗、排风管等应合理设置，启闭调节灵活，以免鸡舍局部区域出现低温、贼风等恶劣小气候环境。

2. 机械通风 适用于密闭式鸡舍和跨度较大的半开放式鸡舍，分正压通风、负压通风、正压、负压综合通风。

（1）正压通风。采用风机及通至舍内的管道，管道上均匀开有送风孔。开动风机强制进气，使舍内空气压力稍高于舍外大气压，舍内空气则从排气孔排出。在多风和天气极冷极热地区，多将管道送风机设置在鸡舍屋顶（图1-7），这样吸进来的空气可以经过预热或冷却及过滤处理再分配到舍内，最后污浊空气由墙脚的出风口排出。

（2）负压通风。在排气孔安装通风机进行强制排气，使舍内空气压力稍低于舍外大气压，舍外空气则由进气孔自然流入。负压通风方式投资少，管理比较简单，进入舍内气流速度较慢，鸡体感觉较舒适。鸡舍采用负压通风时，风机的安装方式主要有以下3种：

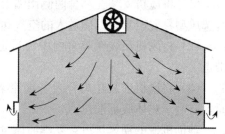

图1-7 屋顶管道送风式通风

①将风机安装在鸡舍一侧墙壁下方，对侧墙壁上方为进风口，舍外空气由一侧进风口进入鸡舍与舍内空气混合，另一侧由风机排出舍内空气，气流形成穿透式（图1-8）。这种通风方式比较简单，但鸡舍跨度不得超过10～12m，如多幢并列鸡舍，需采取对侧排气，以避免一幢鸡舍排出的污浊气体进入另一幢鸡舍。

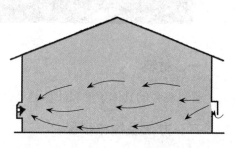

图1-8 穿堂负压式通风

②将风机安装在鸡舍屋顶的通风管内，两侧墙壁设置进风口（图1-9）。这种方式适用于跨度较大的（12～18m）多层笼养鸡舍，舍内污浊空气从鸡舍屋顶排出，舍外新鲜空气由

两侧进风口自然进入舍内，在停电时可进行自然通风。

③将风机安装在鸡舍两侧墙壁上，屋顶为进气孔（图1-10）。这种方法适用于大跨度多层笼养或高床平养鸡舍，有利于保温。

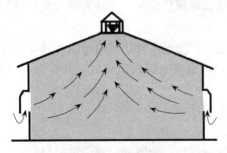
图1-9 屋顶排风式通风

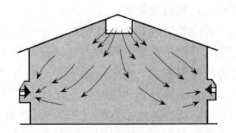
图1-10 侧壁排风式通风

（3）综合通风。即采用进气、排气相结合的综合机组同时进行排气和进气。此种方式多是专门的通风设备，目前在我国养鸡场中尚不多见。

采用机械通风时出入门及应急窗要严密，风机和进出气口位置要合理，防止气流短路和气流直接送到鸡体。密闭式无窗鸡舍须设应急窗，停电时可以打开窗户通风，以防舍内环境恶化。一般每$100m^2$使用面积要有$2.5m^2$应急窗面积。

3. 辅助机械通风 在半开放式鸡舍内，高温无风天气时自然通风明显不足，因而可增设风机辅助通风。辅助机械通风主要有以下3种方式。

（1）将风机安装在鸡舍两侧山墙上，向舍内送风。这种方式的辅助通风要求鸡舍长度与所选风型号要恰当，以使送入的空气达到整个鸡舍。

（2）将风机吊装在鸡舍内中央过道上方，开动风机时可使舍内空气流动加速，将热量带走。

（3）将风机安装在鸡舍内一端笼架下，开动风机时可带走一部分鸡粪蒸发的水分。同时，有利于鸡体腹部散热。

辅助机械的通风量可按夏季通风量的1/3~1/2来考虑。

技能训练　蛋鸡舍通风量的计算

一、材料

提供鸡舍的具体条件和计算器等。

二、方法及操作步骤

1. 查出每只鸡每小时平均必需换气量标准 不同阶段的蛋用型鸡，在不同环境温度下所需最大通风量查表1-1。

2. 计算舍内需要换气量 用表1-1列出的不同阶段的蛋用型鸡每千克体重每小时换气量乘以鸡群平均体重，再乘以舍内鸡群容纳数量，即为舍内换气总需要量。如环境最高温度为27℃左右，某幢鸡舍内容纳平均体重为1.75kg的产蛋鸡5 000只，则该幢鸡舍需换气量为：7.5×1.75×5 000＝65 625（m³/h）。

3. 确定风机的型号 风机的风扇直径及风扇马力大小不同，每小时的换气量也不相同，求出舍内总换气量后，根据每隔4～5m安装1台风机计算，确定风机的型号。

4. 确定换气口面积 进气口设在窗下或屋顶上，其进气口面积按1 000m³/h换气量需0.09m³进气口面积计算。若进气口有遮光装置，则应增加到0.12m³。

5. 通风量的控制 目前多将风机分成若干组，如24台风机，每3台1组，共分8组，每组的通风换气量占总量的12.5％，根据天气变化确定打开多少风机。最好设通风量风速调节器，以便根据季节及昼夜舍温不同对风机进行变速调整。

任 务 评 估

一、填空题

1. 鸡舍的类型按饲养方式和设备可分为_____和_____；按饲养鸡的种类可分为_____、_____和_____；按鸡的生长阶段可分为_____、_____和_____。

2. 鸡舍屋顶的形状有多种，主要有_____、_____、_____、_____、_____、_____等。目前，国内养鸡场常见的主要是_____和_____鸡舍。

3. 设计鸡舍的跨度时，若采用3层全阶梯浅笼饲养蛋鸡，2组鸡笼排列，跨度以_____m为宜。目前，常见的鸡舍跨度为：开放式鸡舍_____m；密闭式鸡舍_____m。

4. 设计鸡舍高度时，若跨度不大、平养方式或在不太热的地区，则鸡舍不必太高，一般鸡舍屋檐高_____m；跨度大、夏季天气较热的地区，又是多层笼养，鸡舍应高_____m左右；若为高床密闭式鸡舍，由于下部设有粪坑，一般高_____m。

5. 笼养鸡舍无论跨度多大，过道位置均应依鸡笼的排列方式而定，一般鸡笼之间过道宽为_____m。

二、问答题

1. 什么是半开放式鸡舍？有什么优缺点？
2. 什么是开放式鸡舍？有什么优缺点？
3. 什么是密闭式鸡舍？有什么优缺点？
4. 什么是平养鸡舍？有什么优缺点？
5. 什么是笼养鸡舍？有什么优缺点？
6. 鸡舍通风有什么作用？
7. 鸡舍采取自然通风时，在设计上应注意什么问题？

三、技能评估

1. 根据鸡舍的具体情况，所需最大通风量查表准确。

2. 舍内需要换气量计算准确。
3. 风机的型号确定合适。
4. 确定换气口面积合适。
5. 风机分组合理。

项目三 鸡舍的主要设备

任务1 育雏供暖设备的使用

【技能目标】了解鸡舍需要的各种供暖设备并掌握使用方法。

一、煤炉

多用于地面育雏或笼育雏时的室内加温设施，保温性能较好的育雏室每 15~25m² 放1个煤炉。煤炉内部结构因用煤不同而有一定差异，煤饼炉保温示意图见图1-11。在生产中，煤炉应接排气管通到室外，以免造成煤气中毒。

二、火墙

用于地面育雏或笼养育雏时的室内加温，即在舍内砌火墙，也称地上烟道。其具体砌法是将加温的地炉砌在育雏舍外间，炉子走烟的火口与烟道直接相连。舍内烟道靠近墙壁10cm，距地面30~40cm，由热源向烟囱方向要稍有坡度，使烟道向上倾斜。烟道上方设置保温棚（如搭设塑料棚），在棚下距地面5cm处悬挂温度计，以测量育雏温度（图1-12）。这种育雏方式设备简单，取材方便，不足之处是有时漏烟。

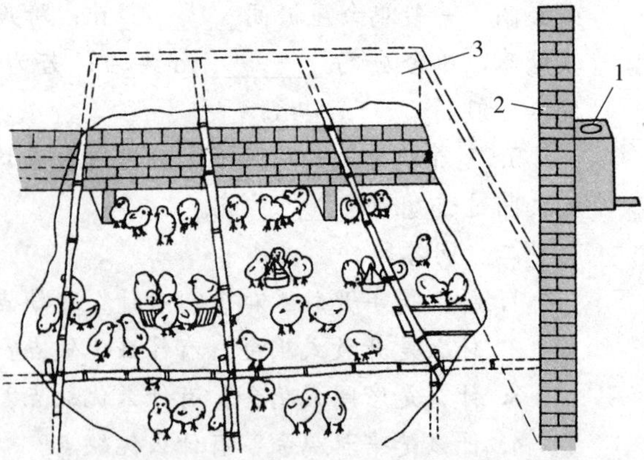

三、保姆伞及围栏

保姆伞有折叠式和不可折叠两种。不可折叠式又分方形、长方形及圆形等。伞内热源有红外线灯、电热丝、煤气燃料等，采用自动调节温度装置。

折叠式保姆伞（图1-13）适用于网上育雏和地面育雏。伞内用陶瓷远红外线加热，使

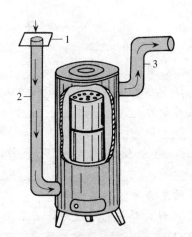

图1-11 煤饼炉保温示意图
1. 玻璃盖 2. 进气孔 3. 出气孔

图1-12 地上烟道育雏示意图
1. 灶 2. 墙 3. 塑料棚

用寿命较长。伞面用涂塑尼龙丝纺成，保温耐用。伞上装有电子自动控温装置，省电，育雏率高。

不可折叠式方形保姆伞，长宽各为1～1.1m，高70cm，向上倾斜45°角（图1-14），一般可用于250～300只雏鸡的保温。

一般保姆伞外围要设围栏，以防止雏鸡远离热源受凉，热源距围栏75～90cm（图1-15）。雏鸡3日龄后逐渐向外扩大，10日龄后撤掉围栏。

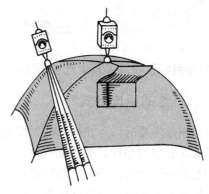

图1-13 折叠式保姆伞

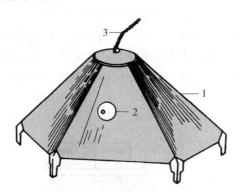

图1-14 不可折叠式方形保姆伞
1. 保温伞 2. 调节器 3. 电热线

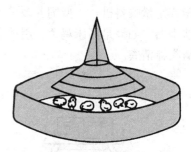

图1-15 保姆伞外的围栏示意图

四、红外线灯

红外线灯分亮光和没有亮光两种。目前，生产中大部分用亮光的，每只红外线灯为250～500W，灯泡悬挂在距地面40～60cm处。距地面的高度应根据育雏需要的温度进行调节。通常3～4只为1组，轮流使用，饲料槽（桶）和饮水器不宜放在灯下，每只灯可保温雏鸡100～150只。

在生产中，育雏舍内除用红外线灯供热外，还可用暖气、地下烟道、燃气加热器、电热育雏笼等供热。

任 务 评 估

一、问答题

1. 怎样利用煤炉育雏？煤炉育雏有什么优缺点？
2. 折叠式保姆伞适用于哪种育雏方式？有什么优缺点？
3. 保姆伞育雏为什么要在外围设围栏？
4. 怎样利用红外线灯育雏？红外线灯育雏有什么优缺点？

二、思考题

在生产中，怎样利用煤炉、火墙育雏，提高育雏率？

任务2　笼养设施的使用

【技能目标】了解养鸡生产中所需要的各种笼养设施并掌握使用方法。

一、鸡笼的组成形式

鸡笼组成主要有以下几种形式，即全阶梯式、半阶梯式、叠层式、阶梯叠层综合式（两重一错式）和单层平置式等，又有整架、半架之分。无论采用哪种形式都应考虑以下几个方面：即有效利用鸡舍面积，提高饲养密度；减少投资与材料消耗；有利于操作，便于鸡群管理；各层笼内的鸡都能得到良好的光照和通风。

1. 全阶梯式　见图1-16。上、下层笼体相互错开，基本上没有重叠或稍有重叠，重叠的尺寸最多不超过护蛋板的宽度。全阶梯式鸡笼的配套设备是：喂料多用链式喂料机或轨道车式定量喂料机，小型饲养多采用船形料槽，人工给料；饮水可采用杯式、乳头式或水槽式饮水器。如果是高床鸡舍，用铲车铲除鸡粪；若是一般鸡舍，鸡笼下面应设粪槽，用刮板式清粪器清粪。

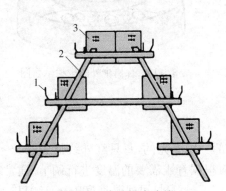

图1-16　全阶梯式鸡笼
1. 饲槽　2. 笼架　3. 笼体

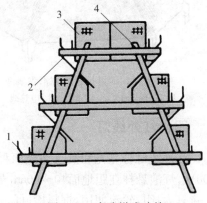

图1-17　半阶梯式鸡笼
1. 饲槽　2. 承粪板　3. 笼体　4. 笼架

全阶梯式鸡笼的优点是鸡粪可以直接落进粪槽，省去各层间承粪板；通风良好，光照幅面大。缺点是笼组占地面积较大，饲养密度较低。

2. 半阶梯式　见图1-17。上下层笼部分重叠，重叠部分有承粪板。其配套设备与全阶梯式相同，承粪板上的鸡粪用两翼伸出的刮板清除，刮板与粪槽内的刮板式清粪器相连。

半阶梯式笼组占地宽度比全阶梯式窄，舍内饲养密度高于全阶梯式，但通风和光照不如全阶梯式。

3. 叠层式　见图1-18。上下层鸡笼完全重叠，一般为3～4层。喂料可采用链式喂食机；饮水可采用长槽式或乳头式饮水器；层间可用刮板式清粪器或带式清粪器将鸡粪刮至每列鸡笼的一端或两端，再由横向螺旋刮粪机将鸡粪刮到舍外；小型的

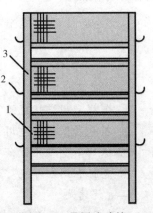

图1-18　叠层式鸡笼
1. 笼体　2. 饲槽　3. 笼架

叠层式鸡笼可用抽屉式清粪器，清粪时由人工拉出，将粪倒掉。

叠层式鸡笼的优点是能够充分利用鸡舍地面和空间，饲养密度大，冬季舍温高。缺点是各层鸡笼之间光照和通风状况差异较大，各层之间要有承粪板及配套的清粪设备，最上层与最下层的鸡只管理不方便。

4. 阶梯叠层综合式 见图1-19。最上层鸡笼与下一层鸡笼形成阶梯式，而下两层鸡笼完全重叠，下层鸡笼在顶网上面设置承粪板，承粪板上的鸡粪需用手工或机械刮粪板清除，也可用鸡粪输送带代替承粪板将鸡粪输送到鸡舍一端。配套的喂料、饮水设备与阶梯式鸡笼相同。

以上各种组合形式的鸡笼均可做成半架式（图1-20），也可做成2层、4层或多层。如果机械化程度不高，若层数过多，操作不方便，也不便于观察鸡群。目前，我国生产的鸡笼多为2～3层。

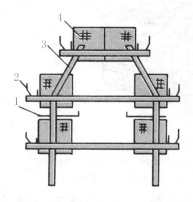

图1-19 阶梯叠层综合式鸡笼
1. 承粪板 2. 饲槽 3. 笼架 4. 笼体

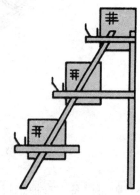

图1-20 半架式鸡笼

5. 单层平置式 见图1-21。鸡笼摆放在一个平面上，笼组之间不留通道，管理鸡群等一切操作全靠运行于鸡笼上面的天车来承担。其优点是鸡群的光照、通风比较均匀、良好；两行鸡笼之间共用一趟集蛋带、料槽、水槽，节省设备投资。缺点是饲养密度小，两行笼共用一趟集蛋带，增加了蛋的碰撞，破损率较高。

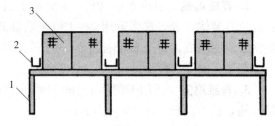

图1-21 单层平置式鸡笼
1. 笼架 2. 饲槽 3. 笼体

二、鸡笼的种类及特点

鸡笼因分类方法不同而有多种类型，如按其组装形式可分为全阶梯式、半阶梯式、叠层式、阶梯叠层综合式和单层平置式；按鸡笼距粪沟的距离可分为普通式和高床式；按其用途可分为产蛋鸡笼、育成鸡笼、育雏鸡笼、种鸡笼和肉用仔鸡笼。

1. 产蛋鸡笼 我国目前生产的蛋鸡笼有适用于轻型蛋鸡（如海兰白蛋鸡、迪卡白蛋鸡等）的轻型鸡笼和适用于中型蛋鸡（海兰褐蛋鸡、伊莎褐蛋鸡等）的中型蛋鸡笼，多为3层全阶梯或半阶梯组合方式。

(1) 笼架。是承受笼体的支架，由横梁和斜撑组成。横梁和斜撑一般用厚 2.0～2.5mm 的角钢或槽钢制成。

(2) 笼体。鸡笼是由冷拔钢丝经点焊成片，然后镀锌再拼装而成，包括顶网、底网、前网、后网、隔网和笼门等。一般前网和顶网压制在一起，后网和底网压制在一起，隔网为单网片，笼门作为前网或顶网的一部分，有的可以取下，有的可以上翻。笼底网要有一定坡度（即滚蛋角），一般为 6°～10°，伸出笼外 12～16cm 形成集蛋槽。笼体的规格，一般前高 40～45cm，深为 45cm 左右，每个小笼养鸡 3～5 只。笼体结构见图 1-22。

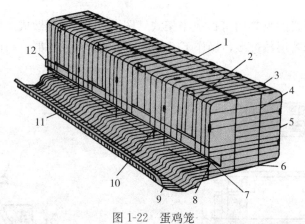

图 1-22 蛋鸡笼

1. 前顶网　2. 笼门　3. 笼卡　4. 隔网　5. 后底网　6. 护蛋板
7. 蛋槽　8. 滚蛋间隙　9. 缓冲板　10. 挂钩　11. 后网　12. 底网

(3) 附属设备。有护蛋板、料槽及水槽等。护蛋板为一条镀锌薄铁皮，放于笼内前下方，下缘与底网间距为 5.0～5.5cm。若间距过大，鸡头可伸出笼外啄食蛋槽中的鸡蛋；若间距过小，蛋不能滚落。

2. 育成鸡笼　也称青年鸡笼，主要用于饲养 60～140 日龄的青年母鸡，一般采取群体饲养。其笼体组合方式多采用 3~4 层半阶梯式或单层平置式。笼体由前网、顶网、后网、底网及隔网组成，每个大笼隔成 2～3 小笼或者不分隔，笼高为 30～35cm，笼深 45～50cm，大笼长度一般不超过 2m。

3. 育雏鸡笼　适用于饲养 1～60 日龄的雏鸡，生产中多采用叠层式鸡笼。一般笼架为 4 层 8 格，长 180cm，深 45cm，高 165cm。每个单笼长 87cm、高 24cm、深 45cm。每个单笼可养雏鸡 10～15 只。

9DYL-4 型电热育雏笼（图 1-23）是 4 层叠层式鸡笼，由 1 组电加热笼、1 组保温笼和 4 组运动笼 3 部分组成。适于饲养 1～45 日龄蛋用雏鸡，饲养密度比平养高 3～4 倍。可饲养 1～15 日龄雏鸡 1 400～1 600 只；16～30 日龄雏鸡 1 000～1 200 只；31～45 日龄雏鸡 700～800 只。外形尺寸为 4 500mm×1 450mm×1 727mm，占地面积 6.2m^2。每层笼高 333mm，采用电加热器和自动控温装置以保持笼内的温度和湿度，适于雏鸡生长。可调温度为 20～40℃，控温精度小于±1℃，总功率为 1.95kW。笼内清洁，防疫效果好，成活率可达 95%～99%。

4. 种鸡笼　多采用 2 层半阶梯式或单层平置式。①适用于种鸡自然交配的群体笼，前网高 720～730mm，中间不设隔网，笼中公、母鸡按一定比例混养。②适用于种鸡人工授精的鸡笼，分为公鸡笼和母鸡笼。母鸡笼的结构与蛋鸡笼相同；公鸡笼中没有护蛋板底网，没有滚蛋角和滚蛋间隙，其余结构与蛋鸡笼相同。

5. 肉鸡笼 多采用层叠式，多用金属丝和塑料加工制成。目前，制作鸡笼的主要原料为无毒塑料。该鸡笼具有使用方便、节约垫料、易消毒、耐腐蚀、降低肉鸡胸囊肿发病率等优点，价格比同类铁丝降低30%左右，寿命延长2～3倍（图1-24）。

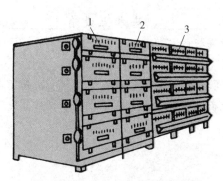

图1-23　9DYL-4型电热育雏笼
1.加热育雏笼　2.保温育雏笼　3.雏鸡活动笼

图1-24　塑料肉用仔鸡笼示意图

技能训练　产蛋鸡笼的整体安装

一、材料

提供所需要的笼架、笼网、料槽、水槽、饮水器等。

二、方法及操作步骤

1. 组装鸡笼时，先装好笼架，然后用笼卡固定连接各笼网，使之形成笼体。一般4个小笼组成1个大笼，每个小笼长50cm左右，1个大笼长2m。

2. 组合成笼体后，中下层笼体一般挂在笼架突出的挂钩上，笼体隔网的前端由钢丝挂钩挂在饲槽边缘上，以增强笼体前部的刚度，在每一大笼底网的后部中间另设两根钢丝，分别吊在两边笼架的挂钩上，以增加笼体底网后部的刚度。上层鸡笼由两个外形尺寸相同的笼体背靠背装在一起，两个底网和两个隔网分别连成一个整体，以增强刚度，隔网前面的挂钩挂住饲槽边缘，底网中间搁置在笼架的纵梁上。笼体与笼架挂结方法见图1-25。

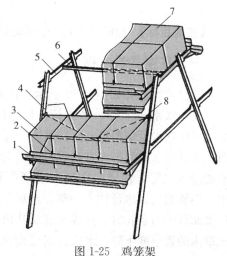

图1-25　鸡笼架
1.饲槽　2.挂钩　3.下层笼　4.斜撑
5.槽梁　6.纵梁　7.上层笼　8.笼架挂钩

3. 在每个小笼上缘安装饮水器，若安装水槽，则应设置在料槽的上侧。

任 务 评 估

一、填空题

1. 鸡笼组成形式主要有_____、_____、_____、_____和_____等，_____又有_____、_____之分。
2. 全阶梯式鸡笼，上、下层笼体_____，基本上没有_____或_____，_____的尺寸最多不超过护蛋板的宽度。
3. 半阶梯式鸡笼，上下层笼_____，_____部分有承粪板。
4. 阶梯叠层综合式鸡笼，最上层鸡笼与下一层鸡笼形成_____，而下两层鸡笼完全_____，下层鸡笼在顶网上面设置承粪板。

二、问答题

1. 全阶梯式鸡笼有什么优缺点？
2. 半阶梯式鸡笼有什么优缺点？
3. 阶梯叠层综合式鸡笼有什么优缺点？

三、技能评估

1. 笼架安装合适，牢固。
2. 笼体安装合适，牢固。
3. 笼体与笼架组装合适，牢固。
4. 料槽、水槽、饮水器等安装合适。

任务3　饮水设备的使用

【技能目标】了解养鸡生产中所需要的饮水设备并掌握使用方法。

一、真空式饮水器

真空式饮水器如图1-26所示，由水罐和饮水盘两部分组成。饮水盘上开一个水槽。使用时将水罐倒过来装水，再将饮水盘倒覆其上，扣紧后一起翻转180°放置于地面。水从出水孔流出，直到将孔淹没为止。这时外界空气不能进入水罐，使罐内水面上空产生真空，水就不再流出。当雏鸡从饮水盘饮去一部分水后，盘内水面下降，一旦水面低于出水孔时，外界空气又从出水孔进入水罐，使水罐内的真空度下降，水又自动流出，直到再次将孔淹没为止。这样，饮水盘中始终能保持一定量的水。真空饮水器如需吊挂使用，水槽与水盘需要用螺扣连接或用其他方

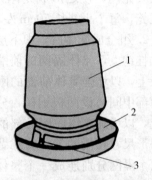

图1-26　真空式饮水器
1.水罐　2.饮水盘　3.出水孔

式固定。

二、"U"形长水槽

1. 长流水式长水槽 如图 1-27，在水槽的一端安装一个经常开着的水龙头，另一端安装一个溢流塞和出水管，用以控制液面的高低。清洗时，卸下溢流塞即可。

2. 浮子阀门式长水槽 如图 1-28，水槽一端与浮子室相连，室内安装一套浮子和阀门。当水槽内水位下降时，浮子下落将阀门打开，水流进水槽；当水面达到一定高度后，浮子又将阀门关闭，水就停止流入。

3. 弹簧阀门式长水槽 如图 1-29，整个水槽吊挂在弹簧阀门上，利用水槽内水的重量控制阀门启闭。

图 1-27 长流水式饮水槽

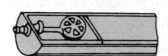
图 1-28 浮水阀门式饮水槽

图 1-29 弹簧阀门式饮水槽

三、吊塔式饮水器

吊塔式饮水器吊挂在鸡舍内，不妨碍鸡活动，多用于平养，由饮水盘和控制机构两部分组成（图 1-30）。饮水盘是塔形的塑料盘，中间是空心的，边缘有环形槽供鸡饮水。控制出水的阀门体上端用软管和主水管相连，另一端用绳索吊挂在天花板上。饮水盘吊挂在阀门体的控制杆上，控制出水阀门的启闭。当饮水盘无水时，重量减轻，弹簧克服饮水盘的重量，使控制杆向上运动，将出水阀门打开，水从阀门体下端沿饮水盘表面流入环形槽。当水面达到一定高度后，饮水盘重量增加，加大弹簧拉力，使控制杆向下运动，将出水阀门关闭，水就停止流出。

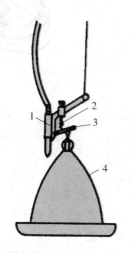
图 1-30 吊塔式饮水器
1. 阀门体 2. 弹簧 3. 控制杆 4. 饮水盘

四、乳头式饮水器

乳头式饮水器由阀芯和触杆构成，直接与水管相连（图 1-31）。由于毛细管的作用，触杆部经常悬着一滴水，鸡需要饮水时，只要啄动触杆，水即流出。鸡饮水完毕，触杆将水路封住，水即停止外流。饮水器安装在鸡头上方处，让鸡抬头喝水。目前，养鸡生产中使用这种饮水器较多。安装时要随鸡的大小调节高度，可安装在笼内，也可安装在笼外。

五、杯式饮水器

杯式饮水器的形状为小杯状，与水管相连（图 1-32）。杯内有一个触板，平时触板上总

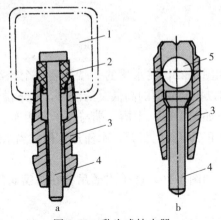

图 1-31 乳头式饮水器
a. 半封闭式　b. 双封闭式
1. 供水管　2. 阀　3. 阀体　4. 触杆　5. 球阀

是存留一些水，在鸡啄动触板时，通过联动杆即将阀门打开，水流入杯内。借助于水的浮力使触板恢复原位，水就不再流出。

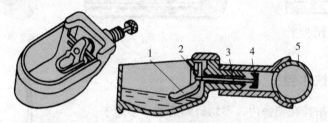

图 1-32 杯式饮水器
1. 触板　2. 板轴　3. 顶杆　4. 封闭帽　5. 供水管

任 务 评 估

一、问答题

1. 目前，养鸡生产中使用的"U"形长水槽多由什么材料制成？与过去使用的 V 形长水槽（用金属材料制成）相比，"U"形长水槽有什么优点？
2. 如何安装吊塔式饮水器？
3. 如何安装乳头式饮水器？
4. 如何安装杯式饮水器？

二、思考题

阐述真空式饮水器的使用原理。在生产中怎样合理使用真空式饮水器？

任务 4　喂料设备的使用

【技能目标】了解养鸡生产中所需要的喂料设备并掌握使用方法。

一、贮料塔

贮料塔一般用 1.5mm 厚的镀锌薄钢板冲压组合而成,上部为圆柱形,下部为圆锥形,以利于卸料。贮料塔放在鸡舍的一端或侧面,里面贮装该鸡舍 2d 的饲料量,给鸡群喂食时,由输料机将饲料送往鸡舍内的喂食机,再由喂食机将饲料送到饲槽,供鸡自由采食。贮料塔的供料过程见图 1-33。

二、输料机

生产中常见的有螺旋搅龙式输料机和螺旋弹簧式输料机等。螺旋搅龙式输料机的叶片是整体的,生产效率高,但只能作直线输送,输送距离也不能太长。因此,将饲料从贮料塔送往各喂食机时,需分成两段,使用两个螺旋搅龙式输料机;螺旋弹簧式输料机可以在弯管内送料,因此不必分成两段,可以直接将饲料从贮料塔底送到喂食机,如图 1-33。

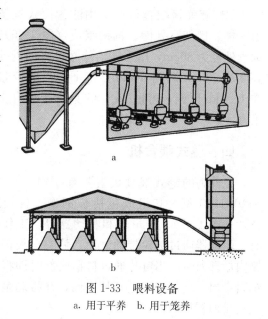

图 1-33 喂料设备
a. 用于平养 b. 用于笼养

三、饲槽

饲槽是养鸡生产中的重要设备。鸡的大小、饲养方式不同对饲槽的要求也不同,但无论哪种类型的饲槽,均要求平整光滑,鸡只采食方便,不浪费饲料,便于清刷消毒。制作材料可选用木板、镀锌铁皮及硬质塑料等。

1. 开食盘 用于 1 周龄前的雏鸡,大都是由塑料和镀锌铁皮制成。用塑料制成的开食盘,中间有点状乳头,使用卫生,饲料不易变质和浪费。其规格为长 54cm、宽 35cm、高 4.5cm。

2. 船形长饲槽 这种饲槽无论是平养还是笼养均可采用。其形状和槽断面,因饲养方式和鸡的大小不同而不同(图 1-34)。一般笼养产蛋鸡的料槽多为"冂"形,底宽 8.5～8.8cm,深 6～7cm(用于不同鸡龄和供料系统时,其深度也不相同),长度依鸡笼长度而定。

图 1-34 各种船形饲槽横断面

3. 干粉料桶 由一个悬挂着的无底圆桶和一个直径比圆桶略大些的底盘组成,由短链连接,并可调节桶与底盘之间的距离。料桶底盘的正中有一个圆锥体,其尖端正对吊桶中心(图 1-35),为防止桶内的饲料积存于盘内,该圆锥体与盘底的夹角一定要大。另外,为了防止料桶摆动,可适当加重些。

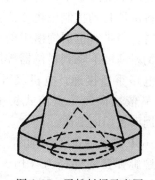

图 1-35 干粉料桶示意图

4. 盘筒式饲槽 有多种形式，适用于平养，其工作原理基本相同。我国生产的9WT-60P型螺旋弹簧喂食机所配用的盘筒式饲槽由料桶、栅架、外圈、饲槽组成（图1-36）。饲盘外径为80cm，用手转动外圈可将饲盘的高度从60mm调到96mm。每个饲盘的容量在1~4kg可调，可供25~35只产蛋鸡自由采食。

四、链式喂食机

笼养鸡的链式喂食机主要有9WL-42型和9WL-50型。其组成包括长饲槽、料箱、链片（图1-37）、转角轮和驱动器等。工作时，驱动器通过链轮带动链片，使它在长饲槽内循环回转。当链片通过料箱底部时即将饲料带出，均匀地运送到长饲槽，并将剩余饲料带回料箱。

在3层笼养中，每层笼上安装1条自动输料机上料。为防止饲料浪费，可在料箱内加回料轮，回料轮由链片直接带动。

9WL-42型和9WL-50型链式喂食机喂料线长度最大可达300m，链条线速度为6~7m/min，输料量为200kg/h左右，驱动功率为0.75kW，减速器的减速比为1：80~100。

五、螺旋弹簧喂食机

螺旋弹簧式喂食机（9WT-60P）多用于平养的商品蛋鸡、种鸡和育成鸡的喂料作业，主要由料箱、螺旋弹簧、输料管、盘筒式饲槽、带料位器的饲槽和传动装置等组成（图1-38）。其中，螺旋弹簧是主要输送部件，具有结构简单，能作水平、垂直和倾斜输送等特点。工作时，由电机经一级皮带传动，将动力传至驱动轴，带动螺旋弹簧旋转，将料箱中的粉料沿输料管螺旋式推进，顺序向每个盘筒式饲槽加料。当最末端的那个带料位器的饲槽被加满后，料位器自动控制电机使之停转，从而停止供料。当带料位器饲槽中的饲料被鸡采食后，饲料高度下降到料位器控制的位置以下时，电路重新接通，电机又开始转动，螺旋弹簧又依次向每个盘筒式饲槽补充饲料，如此周而复始地工作。

9WT-60P螺旋弹簧喂食机的配套动力为1.1kW，螺旋弹簧的外径为（45±2）mm，螺距为（60±5）mm，转速为350r/min，喂

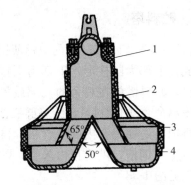

图1-36 盘筒式饲槽
1. 料桶 2. 栅架 3. 外圈 4. 饲槽

图1-37 链式喂料机的饲槽和链片

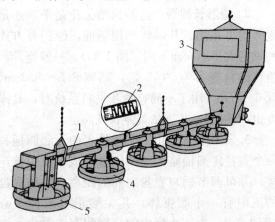

图1-38 螺旋弹簧式喂食机
1. 输料管 2. 螺旋弹簧 3. 料箱
4. 盘筒式饲槽 5. 带料位器的饲槽

料线的最大长度为 60m,每小时可输送配合饲料 600kg,挂 91 只饲盘,可喂养产蛋鸡 2 200~3 200 只。

任 务 评 估

1. 在养鸡生产中,怎样合理利用贮料塔?
2. 在养鸡生产中,怎样合理使用输料机?
3. 在养鸡生产中,怎样合理使用开食盘?
4. 在养鸡生产中,怎样合理使用船形长饲槽?
5. 在养鸡生产中,怎样合理使用干粉料桶?
6. 在养鸡生产中,怎样合理使用盘筒式饲槽?
7. 在养鸡生产中,怎样合理使用链式喂食机?
8. 在养鸡生产中,怎样合理使用螺旋弹簧喂食机?

任务 5　其他设备的使用

【技能目标】了解养鸡生产中所需要的其他设备并掌握使用方法。

一、断喙设备

1. 断喙机　断喙机型号较多,其用法不尽相同。9QZ 型断喙机(图 1-39)是采用红热烧切,既断喙又止血,断喙效果好。该断喙机主要由调温器、变压器及上刀片、下刀口组成。它用变压器将 220V 的交流电变成低压大电流(即 0.6V、180~200A),使刀片工作温度在 820℃以上,刀片红热时间≤30s,消耗功率 70~140W,其输出电流的值可调,以适应不同鸡龄断喙的需要。

2. 简易断喙装置　没有断喙机时,对小日龄雏鸡,也可选用电烙铁进行断喙。其方法是:取一块薄铁板,折弯(折角为 90°角)钉在桌、凳上,铁板靠上端适当位置钻一圆孔,圆孔大小依鸡龄而定(以雏鸡喙插入后,另一端露出上喙 1/2 为宜),直径 0.40~0.45cm(图 1-40);取功率为 150~250W(电压 220V)的电烙铁一把,顶端磨成坡形(呈刀状)。断喙时,先将电烙铁通电 10~15min,使铬铁尖发红,温度达 800℃以上,然后操作者左手持鸡,大拇指顶住鸡头的后侧,食指轻压鸡咽部,使之缩舌。中指护胸,手心握住鸡体,无名指

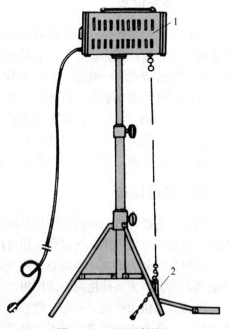

图 1-39　9QZ 型断喙机
1. 断喙机　2. 脚踏板

与小指夹住鸡爪固定。同时，使鸡头部略朝下，将鸡喙斜插入（呈45°角）铁板孔内，右手持通电的电烙铁，沿铁板由上向下将露于铁板另一端的雏鸡喙部分切掉（上喙约切去1/2，上下喙呈斜坡状），其过程应控制在3s以内。

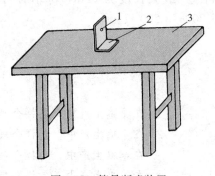

图1-40 简易断喙装置
1. 断喙孔 2. 铁板 3. 木桌

二、降温设备

当舍外气温高于30℃时，通过加大通风换气量已不能为只提供舒适的环境，此时必须采用机械降温。常用的降温设备有高、低压喷雾系统、湿帘—风机系统，饲养规模较大的禽舍多采用纵向通风设备，宜用湿帘降温系统。湿帘常安装在两侧墙上，采用纵向负压通风。这种设备运行费用较少，温度与风速较均匀，降温效果好。在高温高湿地区不宜采用高、低压喷雾系统。

三、控湿设备

由于家禽的呼吸、排粪和舍内作业用水，易使禽舍的湿度（除育雏前10d外）超出所需要的标准，因此，养禽生产中常用控湿设备来调节舍内的湿度。最常用的降湿设备是风机，还可以通过减少舍内作业用水、及时清粪、使用乳头式饮水器来辅助控制。在炎热的季节增湿可以降温。常用的增湿设备是湿帘，寒冷的季节用热风炉取暖既能保证舍内温度又能通风降湿。

四、采光设备

实行人工控制光照或补充照明是现代养禽生产中不可缺少的重大技术措施之一。目前，禽舍人工采光的灯具比较简单，主要有白炽灯、荧光灯和节能灯3种。白炽灯具有灯具成本低、耗损快的特点，一般25、40、60W灯泡能使舍内光照度均匀，饲养场使用白炽灯较多。荧光灯的灯具虽然成本高，但光效率高且光线比较柔和，一般使用40W的荧光灯较多。实践中按15m² 面积安装1个60W灯泡或1个40W荧光灯就能得到10lx的有效光照度。节能灯具有节电节能的优点，一般使用8、15、25W的较多。安装这些灯具时要分设电源开关，以便能调节育雏舍、育成舍和产蛋舍所需的不同光照度。

五、通风设备

禽舍安置通风机的目的是进行强制性通风换气，即供给禽舍新鲜空气，排出舍内多余的水汽、热量和有害气体。气温高时还可以增大舍内气体流动量，使禽有舒适感。

通风机可分为轴流式和离心式两种。采用负压通风的禽舍，使用轴流式排风机；采用正压通风的禽舍，主要使用离心式风机。

轴流式风机由叶轮、外壳、电机及支座组成。叶轮由电机直接驱动。叶轮旋转时，叶片推动空气，将舍内的污浊空气不断地沿轴向排出，使舍内呈负压状态。此时，舍外气压比舍内高，新鲜空气在压力差的作用下，从进气口进入。

六、集蛋设备

鸡舍内的集蛋方式可分为人工拣蛋和机械集蛋。小规模平养鸡和笼养鸡均可采取人工拣蛋，将蛋装入手推车运走；网上平养种鸡，产蛋箱应靠墙安置，在产蛋箱前面安装水平集蛋带，将蛋运送到鸡舍一端，再人工装箱（图1-41）。也可在由纵向水平集蛋带将鸡蛋送到鸡舍一端，再由横向水平集蛋带将两条纵向集蛋带送来的鸡蛋汇合在一起运向集蛋台，由人工装箱。高床笼养鸡，鸡蛋可从鸡笼底网直接滚落到蛋槽，这样只需将纵向水平集蛋带放在蛋槽上即可。集蛋带通常宽95～110mm，运行速度为0.8～1.0m/min。由纵向水平集蛋带将鸡蛋送到鸡舍一端后，再由各自的垂直集蛋机将几层鸡笼的蛋集中到一个集蛋台，由人工或吸蛋器装箱。

图1-41　网上平养的集蛋设备

七、清粪设备

鸡舍内常用的清粪方法有两类。一类是经常性清粪，即每天清粪1～3次，所用设备有刮板式清粪机、带式清粪机和抽屉式清粪板。刮板式清粪机多用于阶梯式笼养和网上平养；带式清粪机多用于叠层式笼养；抽屉式清粪板多用于小型叠层鸡笼。另一类是一次性清粪，即每隔数天、数月甚至一个饲养周期才清1次粪。此类清粪方法必须配备较强的通风设备，使鸡粪能及时干燥，以减少有害气体的产生。常用的人工清粪设备是拖拉机前悬挂式清粪铲，多用于高床笼养。

1. 刮板式清粪机　刮板式清粪机是用刮板清粪的设备，由电动机、减速器、绞盘、钢丝绳、转向滑轮、刮粪器等组成（图1-42）。刮粪器由滑板和刮粪板组成（图1-43）。工作时，电动机驱动绞盘，通过钢丝绳牵引刮粪器。向前牵引时，刮粪器的刮粪板呈垂直状态，紧贴地面刮粪，到达终点时刮粪器碰到行程开关，使电动机反转，刮粪器也随之返回。此时，

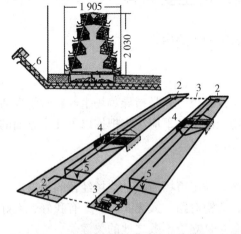

图1-42　刮板式清粪机布置图（单位：cm）
1. 绞盘　2. 行程开关　3. 钢丝绳　4. 刮粪器
5. 横向粪沟　6. 横向螺旋式清粪机

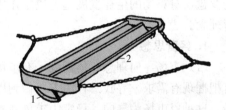

图1-43　刮粪器
1. 滑板　2. 刮粪板

刮粪器受背后的钢丝绳牵引,将刮粪板抬起越过粪堆,因而后退不刮粪。刮粪器往复走1次即完成1次清粪工作。通常刮粪板式清粪机用于双列鸡笼,1台刮粪时,另1台处于返回行程不刮粪,使鸡粪都被刮到鸡舍同一端,再由横向螺旋式清粪机送出舍外。刮粪机的工作速度一般为 0.17~0.2m/s。

2. 带式清粪机 带式清粪主要由主动辊、被动辊、托辊和输送带组成(图1-44)。每层鸡笼下面安装1条输送带,上下各层输送带的主动辊可用同一动力带动。鸡粪直接落到输送带上,定期启动输送带,将鸡粪送到鸡笼的一端,由刮板将鸡粪刮下,落入横向螺旋清粪机,再

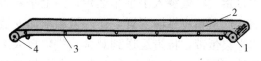

图1-44 带式清粪机(一层)
1. 被动辊 2. 输送带 3. 托辊 4. 主动辊

排出舍外。输送带的速度为 5~10m/min,一般 50m 长的 4 层叠层式鸡笼用的带式清粪机功率约需 0.75kW。

任 务 评 估

1. 在养鸡生产中,怎样合理利用断喙机?
2. 在养鸡生产中,怎样合理利用简易断喙装置?
3. 在养鸡生产中,怎样合理利用降温设备?
4. 在养鸡生产中,怎样合理利用控湿设备?
5. 在养鸡生产中,怎样合理利用采光设备?
6. 在养鸡生产中,怎样合理利用通风设备?

项目四 养鸡场的经营管理

任务1 鸡场经营管理的主要内容

【技能目标】了解鸡场经营管理并熟悉经营决策的主要内容。

一、经营思想与经营策略

行成于思,任何一个鸡场都要有一个正确的经营思想,它是指导鸡场生产经营管理活动的罗盘,对鸡场的生存发展起着决定作用。在市场经济条件下应牢牢把握以下几个方面的经营理念。

1. 经营思想

(1)市场导向理念。俗话说,有市场就有财路。满足市场需求是鸡场经营的出发点,只有把握现有需求,寻找潜在需求,做到以销定产、适销对路、人无我有、人有我好、人好我新。这种以市场为导向,稳定中求创新的市场观念才是立于不败之地的关键。

(2)质量加服务理念。现代养鸡应注重质量,质量就是信誉,信誉是企业的生命。但只靠以质取胜还不够,还必须有优质的服务,"酒香不怕巷子深"的年代已经成为过去,良好

的品质加上优质的服务才能赢得更多的客户。

（3）信息理念。鸡场应做到利用计算机互联网、农业信息中心、政府相关部门、民间组织和各种中介组织、新闻媒体及时了解市场供求状况，本行业竞争对手，国家宏观政策及相关产品信息，这样才能准确预测市场。相反，在信息不清、经营者心中无数的情况下经营，不是冒险就是失策。

（4）竞争理念。竞争是市场经济的必然产物。竞争的实质是鸡场间科学技术之争，是经营管理水平之争，归根结底是人才之争。竞争就意味着优胜劣汰，我国鸡蛋市场多年来一直处于波动起伏状态，很多中小型鸡场因经营不善在市场竞争中倒闭。因此，鸡场经营过程中，应制订正确的竞争策略，使自己处于主动和优势地位，并注意影响竞争力的几个主要因素，即品种、质量、价格、交货日期、销售方式、服务态度及企业信誉等。

（5）创新理念。鸡场应重视科学知识的学习和实践总结，增加产品的科技含量，通过科学的饲养方法提高产量。还应根据市场热点，利用科学技术进行产品创新。在重视环保、重视绿色食品的今天应该通过科学的方法增加产品的营养含量，降低抗生素及有害元素的残留。例如，近年来兴起的绿壳蛋、药蛋（营养蛋）、乌鸡产品等。

（6）法制理念。作为一个鸡场，它的所有经营活动都必须在政策法令许可范围内进行，经营者应自觉遵守和维护法律法规。此外，还应学会利用法律保护自己的合法权益，处理好经济纠纷。

2. 经营策略　鸡场必须根据正确的经营思想确定科学的经营策略。在市场经济条件下应做到以市场为导向，在市场预测的基础上稳扎稳打，靠质量、靠服务、靠科技、靠创新在市场占有一席之地。

二、经营决策

鸡场的经营决策必须以经营思想为指南，结合自身实际情况对为实现奋斗目标所采取的重大措施作出选择与决定，它包括经营方向、生产规模、饲养方式、鸡种选择、鸡舍建筑等。

1. 经营方向　兴办鸡场首先遇到的问题就是经营方向。即要办什么样的鸡场，是办综合性的，还是办专业化的；是养种鸡，还是养商品代鸡；是养蛋鸡，还是养肉鸡。综合性的鸡场经营范围较广，规模较大，需要财力、物力较多，要求饲养技术，经营管理水平较高，一般多由合资企业兴办。专门化鸡场是以饲养某一种鸡为主的鸡场。例如，办种鸡场，只养种鸡或同时经营孵化厂；办蛋鸡场，只养产蛋鸡；办肉鸡场，只养肉用仔鸡等，这类鸡场除由合资企业经营外，也比较适合目前农村家庭经营。具体办哪种类型的鸡场，主要取决于所在地区的条件、产品销路，以及企业、家庭自身的经济、技术实力，在做好市场预测的基础上，慎重考虑并做出决定。一般情况下，在城镇郊区或工矿企业密集区，可办肉鸡场，就近销售，也可办蛋鸡场，为市场提供鲜蛋。而广大偏远农村，则适合办蛋鸡场，生产商品鸡蛋远销外地。若本地区养鸡业发展较快，雏鸡销路看好，市场价格较高，则可办种鸡场，养种鸡进行孵化，为周围农村供应雏鸡。有育雏经验和设备的可办育成鸡场，以满足缺乏育雏经验或无育雏房舍的养鸡户需要。此外，绿色产品、环保产品是近来市场需求的一种趋势。有一定技术水平的农户可以通过学习，兴办科技含量较高的生态养鸡场，生产绿色产品，将会获得较高的经济效益。

2. 生产规模 经营方向确定后，紧接着应研究鸡场的生产规模，以便做到适度规模经营。养鸡业的产品不同于工业品，不管行情好与坏都不能积压。特别是行情差的时候，孵化出的雏苗若卖不出去就意味着销毁，会造成很大的经济损失。适度规模可缓冲市场行情的冲击。但中小鸡场在经营中对市场终端的把握与行情认识，一方面依靠媒体提供信息，另一方面靠客户反馈，还可凭经营者自身的经验判断。切忌行情好时扩大规模，行情差时缩减规模。在市场信息经济面前要做主动的经营者，应根据自己的资金情况、市场价格情况确定适宜的规模。我国现阶段鸡场规模大体上分为3种类型。

（1）大型鸡场 指生产规模在10万只以上的蛋鸡场和肉用仔鸡场。这类鸡场多由合资企业投资兴办，机械化程度较高，生产量较大。

（2）中型鸡场 指生产规模为1万~10万只的蛋鸡场和肉用仔鸡场。这类鸡场有合资企业经营的，也有农户家庭兴办的，一般采取半机械化饲养。

（3）小型鸡场 指生产规模为1万只以下的蛋鸡场和肉用仔鸡场。这类鸡场多由农户家庭兴办，设备比较简陋，技术水平要求较低。

一般来说，规模大的鸡场，可以选择先进的工艺和设备，以便于组织专业化大批量生产，实现较高的效率，获得高质量的产品，做到消耗小，成本低，在市场上具有较强的竞争能力，容易形成"拳头产品"。而规模小的鸡场，投资少，收效快，对建设条件要求不高，且适应性强，可以利用分散的自然资源，调动各方面的积极性，做到就地生产，就地销售，减少运输，也便于根据市场变化灵活组织生产。

3. 饲养方式 饲养方式主要有地面平养、网养（或栅养）、笼养等，各种饲养方式均有不同的优缺点。究竟采用哪种饲养方式，要根据经营方向、资金状况、技术水平和房舍条件等因素来确定，在目前生产中，产蛋鸡多采用笼养，种鸡和育成鸡多采用网养或笼养，幼雏可采用地面平养、网养或笼养。

4. 鸡品种选择 目前，国内鸡的品种有许多，其中绝大多数是商品杂交鸡，主要分为蛋鸡系和肉鸡系两大系列。蛋鸡系按蛋壳颜色又分为白壳蛋鸡和褐壳蛋鸡。白壳蛋鸡共同特点是体型小，一般成年母鸡体重1.5~1.7kg，22~23周龄开产，年产蛋260~280枚，蛋重60g，料蛋比为2.4~2.5，适合笼养，每个标准小笼容纳4只。属于这类鸡种的有"海兰白蛋鸡""迪卡白蛋鸡""京白鸡"等。

褐壳蛋鸡体型比白壳蛋鸡稍大，成年母鸡体重2.0~2.4kg，兼有产蛋和产肉双重性能，产蛋量一般不如白壳蛋鸡，为240~280枚，但肉质比白壳蛋鸡好，蛋重比白壳蛋鸡大，蛋的营养成分基本相同。褐壳蛋鸡的开产日龄与白壳蛋鸡基本一致，其性情温驯，活动量较小，生长发育快，生长期的饲料转化率高于白壳蛋鸡。但在产蛋期，由于体重稍大，维持需要较多，所以饲料转化率低于白壳蛋鸡，料蛋比为2.5~2.7。褐壳蛋鸡商品代大都具有羽色自别雌雄的特点，即初生雏白色羽毛为公雏，红色羽毛为母雏。笼养时，每个标准小笼容纳鸡3只。属于这类鸡种的有"伊沙褐蛋鸡""迪卡褐蛋鸡""海兰褐蛋鸡"等。

综上所述，在选择鸡的饲养品种时，要根据经营方向、饲养方式及其产品的市场销售价格，在经济效益上进行总体对比再作决定。如一般笼养蛋鸡，应尽量选择体型较小、抗病力强、产蛋量多、饲料转化率高的杂交品种。

5. 鸡舍建筑 在实际生产中，要根据生产规模、饲养方式、资金状况等确定鸡舍建筑形式和规格。大型鸡场尤其是种鸡场要按标准建筑鸡舍，以保证投产后获得较高的生产效率。

任 务 评 估

一、填空题

1. 在市场经济条件下，办好鸡场应牢牢把握以下 6 个方面经营理念，即_____、_____、_____、_____、_____和_____。
2. 鸡场的经营决策必须以经营思想为指南，主要包括_____、_____、_____、_____、_____几个方面。

二、问答题

1. 如何确定兴办鸡场的经营方向？
2. 我国现阶段鸡场规模大体上分为哪几种类型？各有什么特点？
3. 选择养鸡品种应注意哪些问题？

三、思考题

如何树立兴办鸡场的经营思想？

任务 2　鸡群周转计划的制订

【技能目标】掌握鸡群周转的基本方法，能够编制鸡群周转计划。

一、材料

鸡场生产规模、生产工艺流程、生产技术指标，及其他相关资料、计算器等。

二、方法及步骤

1. 成鸡的周转计划

（1）根据鸡场生产规模确定年初、年终各类鸡的饲养只数。
（2）根据鸡场生产工艺流程和生产实际确定鸡群死淘率指标。
（3）计算每月各类鸡群淘汰数和补充数。
（4）统计全年总饲养只日数和全年平均饲养只数。

全年总计饲养只日数＝∑（1月＋2月＋…＋12月饲养只日数）

月饲养只日数＝（月初数＋月末数）÷2×本月的天数

全年平均饲养只数＝全年总计饲养只日数÷365

例如：某父母代种鸡场年初饲养规模为 1 万只种母鸡和 800 只种公鸡，年终保持这一规模不变，实行"全进全出"流水作业，并且只养一年鸡，在 11 月大群淘汰。其周转计划见表 1-2。

表1-2 鸡群周转计划

群别	月份	1	2	3	4	5	6	7	8	9	10	11	12	合计	全年总计饲养只日数	全年平均饲养只数
一、成鸡																
1. 种公鸡	月初现有数	800	800	800	800	800	800	800	800	800	800	800	800		292 000	800
	淘汰率（%）										100			100		
	淘汰数										800			800		
	由雏鸡转入										800					
2. 一年种母鸡	月初现有数	10 000	9 800	9 600	9 400	9 200	9 000	8 750	8 500	8 200	7 900	7 400				2 825 925	7 742
	淘汰率（占年初数%）	2.0	2.0	2.0	2.0	2.0	2.5	2.5	3.0	3.0	5.0	74.0				
	淘汰数	200	200	200	200	200	250	250	300	300	500	7 400		10 000		
3. 当年种母鸡	月初现有数												10 231		623 986	1 710
	淘汰率（%）											2.0	2.0	4.0		
	（占年初数%）											209	209	418		
	淘汰数															
二、雏鸡																
1. 种公雏	转入数					1 800										
	月初现有数（月底）						1 800	1 620	1 404	1 381	1 340			55.6	214 255	587
	死淘率（%）（占转入数%）						10.0	12.0	1.3	2.3	30					
	死淘数						180	216	23	41	540			1 000		
	转入当年种公鸡数（月底）										800			800		
2. 种母雏	转入数					12 000										
	月初现有数（月底）						12 000	11 040	10 800	10 680	10 560			13.0	166 160	4 552
	死淘率（%）（占转入数%）						8.0	2.0	1.0	1.0	1.0					
	死淘数						960	240	120	120	120			1 560		
	转入当年种母鸡数（月底）										10 440			10 440		

2. 雏鸡的周转计划

（1）根据成鸡的周转计划确定各月份需要补充的鸡只数。

（2）根据鸡场生产实际确定育雏、育成期的死淘率指标。

（3）计算各月次现有鸡只数、死淘鸡只数及转入成鸡群只数，并推算出育雏日期和育雏数。

（4）根据表1-2，统计出全年总饲养只数和全年平均饲养只数。

此外，在实际编制鸡群周转计划时还应考虑鸡的生产周期。一般蛋鸡的生产周期育雏期为42d（0~6周龄）、育成期为98d（7~20周龄）、产蛋期为364d（21~72周龄），而且每批鸡生产结束后要留一定时间清洗、消毒、预热等。不同经济类型的鸡生产周期不同，在编制计划时，要根据各类鸡群的实际生产周期，确定合适的鸡舍类型比例，使各类型鸡舍既能满足需要又能正常周转，以减少空舍时间，提高鸡舍利用率。

任 务 评 估

为一个年初和年终均保持5000只种母鸡、400只种公鸡的父母代肉种鸡场编制鸡群周转计划。该鸡场全年生产，且只养一年鸡、不养二年鸡，生产指标参照有关资料结合生产实际确定。要求：

1. 在规定时间1h内完成。
2. 鸡群组别确定合理。
3. 死淘率指标确定合理、符合生产实际。
4. 鸡群周转计算正确。
5. 结构合理、层次清晰。
6. 口述回答问题正确无误。

任务3 产品生产计划的制订

【技能目标】掌握制订种蛋生产计划和孵化计划的基本方法，并学会编制种蛋生产计划和孵化计划。

 技能训练 制订种蛋生产及孵化计划

一、材料

鸡群周转计划、种鸡生产指标（表1-3）及有关资料、计算器等。

表1-3 白壳蛋系父母代种鸡生产指标

产蛋月 项目	1	2	3	4	5	6	7	8	9	10	11	12	平均
产蛋率（%）	30	75	85	85	80	75	70	70	65	65	60	60	68.3

(续)

产蛋月 项目	1	2	3	4	5	6	7	8	9	10	11	12	平均
种蛋合格率（%）	20	60	90	95	95	95	95	95	94	93	90	90	84.3
入孵蛋孵化率（%）	70	80	85	86	86	85	84	82	81	80	78	76	81.1

二、方法及步骤

1. 种蛋生产计划

（1）根据种鸡的生产性能和鸡场的生产实际确定月平均产蛋率和种蛋合格率。

（2）计算每月每只产蛋量和每月每只种蛋数。

$$每月每只产蛋量 = 月平均产蛋率 \times 本月天数$$

$$每月每只产种蛋数 = 每月每只产蛋量 \times 月平均种蛋合格率$$

（3）根据成鸡周转计划中的月平均饲养母鸡数，计算月产蛋量和月产种蛋数。

$$月产蛋量 = 每月每只产蛋量 \times 月平均饲养母鸡只数$$

$$月产种蛋数 = 每月每只产种蛋数 \times 月平均饲养母鸡只数$$

（4）统计全年总计概数，根据表 1-2 鸡群周转计划成鸡资料，编制种蛋生产计划（表 1-4）。

表 1-4　种蛋生产计划

月份 项目	1	2	3	4	5	6	7	8	9	10	11	12	全年总计概数
平均饲养母鸡数（只）	9 900	9 700	9 500	9 300	9 100	8 875	8 625	8 350	8 050	7 650	14 036	10 127	9 434
平均产蛋率（%）	50	70	75	80	80	70	65	60	60	60	50	70	65.8
种蛋合格率（%）	80	90	90	95	95	95	95	95	90	90	90	90	91.25
平均每只产蛋量（枚）	16	20	23	24	25	21	20	19	18	19	15	22	242
平均每只产种蛋数（枚）	13	18	21	23	24	20	19	18	16	17	14	20	223
总产蛋量（枚）	158 400	194 000	218 500	223 200	227 500	186 375	172 500	158 650	144 900	145 350	210 540	222 794	2 283 028 (2 262 709)
总产种蛋量（枚）	128 700	174 600	199 500	213 900	218 400	177 500	163 875	150 300	128 800	130 050	196 504	202 540	2 103 782 (2 084 669)

注：①月平均饲养母鸡数为成鸡周转计划中（月初现有数+月末现有数）÷2。
　　②全年总计概数中括弧内的数字为实际计算的数值。

2. 孵化计划

（1）根据鸡场孵化生产成绩和孵化设备条件确定月平均孵化率。

（2）根据种蛋生产计划计算每月每只母鸡提供雏鸡数和每月总出雏数。

$$每月每只母鸡提供雏鸡数 = 平均每只产种蛋数 \times 平均孵化率$$

$$每月总出雏数 = 每月每只母鸡提供雏鸡数 \times 月平均饲养母鸡数$$

（3）统计全年总计概数，仍以前例，在鸡场全年孵化生产情况下，孵化计划编制见表

1-5。在制订孵化计划的同时对入孵工作也要有具体安排,包括入孵的批次、入孵日期、入孵数量、照蛋、移盘、出雏日期等,以便统筹安排生产和销售工作。此外,虽然鸡的孵化期为21d,但种蛋预热及出雏后期的处理工作也需要一定时间,在安排入孵工作时也要予以考虑。

表1-5 孵化计划

项目＼月份	1	2	3	4	5	6	7	8	9	10	11	12	全年总计概数
平均饲养母鸡数（只）	9 900	9 700	9 500	9 300	9 100	8 875	8 625	8 350	8 050	7 650	14 036	10 127	9 434
入孵种蛋数（%）	128 700	174 600	199 500	213 900	218 400	177 500	163 875	150 300	128 800	130 500	196 504	202 540	2 103 782 (2 084 669)
平均孵化率（%）	80	80	85	86	86	85	84	82	80	80	78	76	81.8
每只母鸡提供雏鸡数（只）	10.4	14.4	17.9	19.9	20.6	17.0	16.0	14.8	12.8	13.6	10.9	15.2	183.5
总出雏数（只）	102 960	139 680	170 050	185 070	187 460	150 875	138 000	123 580	103 040	104 040	152 992	153 930	1 731 139 (1 711 677)

任 务 评 估

根据任务2任务评估中种鸡场情况,制订种蛋生产计划和孵化计划。鸡场采取全年孵化,孵化及种蛋生产指标参照有关资料结合生产实际自行确定。要求:
1. 两种计划均在规定时间30min内完成。
2. 种鸡各项生产指标确定合理、符合实际。
3. 计算正确。
4. 结构合理、层次清晰。
5. 口述回答问题正确无误。

任务4 饲料计划的制订

【技能目标】掌握编制饲料计划的基本方法,并能根据鸡场实际情况制订饲料计划。

技能训练 制订饲料计划

一、材料

鸡群周转计划、鸡场生产指标及相关资料、计算器等。

二、方法及步骤

1. 根据鸡群周转计划，计算月平均饲养鸡只数。月平均饲养成鸡数为种公鸡、一年种母鸡和当年种母鸡的月平均数之和；月平均饲养雏鸡数为母雏、公雏的月平均饲养数之和。
2. 根据鸡场生产记录及生产技术水平，确定各类鸡群每只每月饲料消耗定额。
3. 计算每月饲料需要量。

$$每月饲料需要量 = 每只每月饲料消耗定额 \times 月平均饲养鸡只数$$

4. 统计全年饲料需要总量。

如前例，鸡场使用全价配合饲料时的饲料计划见表1-6。

表1-6 饲料计划

月份 项目	1	2	3	4	5	6	7	8	9	10	11	12	全年合计
一、成鸡平均饲养数（只）	10 700	10 500	10 300	10 100	9 900	9 675	9 425	9 150	8 850	8 450	14 836	10 927	10 234
月消耗量（kg/只）	3.3	3.2	3.5	3.4	3.4	3.3	3.4	3.4	3.3	3.3	3.2	3.3	40
月累计耗料（kg）	35 310	33 600	36 050	34 340	33 660	31 928	32 045	31 110	29 205	27 885	47 475	36 059	409 360 (408 667)
二、雏鸡月平均饲养数（只）						13 230	12 432	12 133	11 981	11 570			12 469
月消耗量（kg/只）						0.6	1.6	1.8	2.0	2.2			8.2
月累计耗料（kg）						7938	19 891	21 840	25 962	25 454			102 246 (101 085)
月总累计耗料（kg）	35 310	33 600	36 050	34 340	33 660	39 866	51 936	52 950	55 160	53 339	47 475	36 059	511 606 (509 745)

此外，编制饲料计划时还应考虑以下因素：

（1）鸡的品种、日龄。不同品种、不同日龄对鸡饲料的需要量各不相同，在确定鸡的饲料消耗定额时，一定要严格对照品种标准、结合本场生产实际，决不能盲目照搬，否则将导致计划失败，造成重大经济损失。

（2）饲料来源。鸡场如果自配饲料，还需按照上述计划中各类鸡群的饲料需要量和相应的饲料配方中各种原料所占比例折算出原料用量，另外增加10%～15%的保险量；如果采用全价配合饲料且质量稳定、供应及时，每次购进饲料一般不超过3d用量。饲料来源要保持相对稳定，禁止随意更换，以免使鸡群产生应激。

（3）饲养方案。采用分段饲养，在编制饲料计划时还应注明饲料的类别，如幼雏料、中雏料、大雏料、蛋鸡1号料、蛋鸡2号料等。

任 务 评 估

根据本分单元任务二任务评估中种鸡场情况和自编的鸡群周转计划制订饲

料计划。该鸡场全部使用自配饲料，配方可参照有关资料结合生产实际自行确定。

要求：

1. 在1h内完成。
2. 配方制订合理，满足鸡的生产需要；配方选用的饲料原料符合本地资源实际。
3. 鸡的饲料消耗定额确定合理、符合实际。
4. 计算正确。
5. 结构合理、层次清晰。
6. 口述回答问题正确无误。

任务5　鸡场生产成本核算

【技能目标】了解养鸡场生产成本的构成；能进行养鸡场生产成本项目的归集和计算；掌握养鸡场不同生产对象成本核算的计算方法。

生产成本核算就是把养鸡场生产产品所发生的各项费用，按用途、产品进行汇总、分配，计算出产品的实际总成本和单位产品成本的过程。生产成本核算是成本管理的重要组成部分，通过成本核算可以确定养鸡场在本期的实际成本水平，准确反映养鸡场生产经营的经济效益，以便为进一步改进管理，降低成本，增加盈利提供可靠的依据。

一、生产成本的构成

生产成本一般分为固定成本和可变成本两大类。固定成本由固定资产（鸡场场房、饲养设备、运输工具、动力机械及生活设施等）折旧费、土地税、基建贷款利息和管理费用等组成。组成固定成本的各种费用必须按时支付，即使鸡场停产仍然要支付。可变成本是养鸡场在生产和流通过程中使用的资金，即流动资金。其特征是只参加一次生产过程就被消耗掉，而且它随生产规模、产品产量而变化，如饲料、兽药、疫苗、燃料、水电、雇工工资等支出。养鸡场生产成本一般由以下列项目构成：

1. 雇工工资　指直接从事养鸡生产的人员的工资、津贴、奖金、福利等。

2. 饲料费　指鸡场各类鸡群在生产过程中实际耗用的自产和外购的各种饲料原料、预混料、饲料添加剂和全价配合饲料等的费用及其运杂费。

3. 疫病防治费　指用于鸡病防治的疫苗、药品、消毒剂、检疫费、专家咨询费等。

4. 燃料及动力费　指直接用于养鸡生产的燃料、动力、水电费和水资源费等。

5. 固定资产折旧费　指鸡舍和专用机械设备的折旧费。房屋等建筑物一般按10~15年折旧，鸡场专用设备一般按5~8年折旧。

6. 固定资产修理费　是为保持鸡舍和专用设备的完好所发生的一切维修费用，一般占年折旧费的5%~10%。

7. 种鸡摊销费　指生产每千克蛋或每千克活重所分摊的种鸡费用。

$$种鸡摊销费（元/kg）=\frac{种蛋原值（元）-种鸡残值（元）}{只鸡产蛋重（kg）}$$

8. **低值易耗品费用** 指低价值的工具、材料、劳保用品等易耗品的费用。

9. **其他直接费用** 凡不能列入上述各项而实际已经消耗的直接费用。

10. **期间费用** 包括企业管理费、财务费和销售费用。企业管理费、销售费是指鸡场为组织管理生产经营、销售活动等发生的各种费用。包括非直接生产人员的工资、办公、差旅费，以及各种税金、产品运输费、产品包装费、广告费等。财务费主要是贷款利息、银行及其他金融机构的手续费等。按照我国新的会计制度，期间费用不能计入成本，但是养鸡场为了便于各群鸡的成本核算，便于横向比较，都把各种费用列入来计算单位产品的成本。

二、生产成本的计算方法

生产成本的计算是以一定的产品为对象，归集、分配和计算各种物料的消耗及各种费用的过程。鸡场生产成本的计算对象一般为雏鸡、育成鸡、种蛋、种雏、肉仔鸡和商品蛋等。

1. 雏鸡、育成鸡生产成本的计算 雏鸡、育成鸡的生产成本按平均每日每只雏鸡、育成鸡的饲养费用计算。

$$\text{雏鸡（育成鸡）饲养只日成本} = \frac{\text{期内全部饲养费} - \text{副产品价值}}{\text{期内饲养只日数}}$$

$$\text{期内饲养只日数} = \text{期初只数} \times \text{本期饲养日数} + \text{期内转入只数} \times \text{自转入至期末日数} - \text{死淘鸡只数} \times \text{死淘日至期末日数}$$

期内全部饲养费用是上述所列生产成本核算内容中 10 项费用之和，副产品价值是指淘汰鸡等项收入。雏鸡（育成鸡）饲养只日成本直接反映饲养管理的水平。饲养管理水平越高，饲养只日成本就越低。

2. 种蛋生产成本的计算

$$\text{每枚种蛋成本} = \frac{\text{种蛋生产费用} - \text{副产品价值}}{\text{入舍种鸡出售种蛋数}}$$

种蛋生产费为每只入舍种鸡自入舍至淘汰期间的所有费用之和。其中，入舍种鸡自身价值以种鸡育成费体现。副产品价值包括期内淘汰鸡、期末淘汰鸡、鸡粪等的收入。

3. 种雏生产成本的计算

$$\text{种雏只成本} = \frac{\text{种蛋费} + \text{孵化生产费} - \text{副产品价值}}{\text{出售种雏数}}$$

孵化生产费包括种蛋采购费、孵化生产过程的全部费用，以及各种摊销费、雌雄鉴别费、疫苗注射费、雏鸡发运费、销售费等。副产品价值主要是未受精蛋、毛蛋和公雏等的收入。

4. 肉仔鸡生产成本的计算

$$\text{每千克肉仔鸡成本} = \frac{\text{肉仔鸡生产费用} - \text{副产品价值}}{\text{出栏肉仔鸡总量（kg）}}$$

$$\text{每只肉仔鸡成本} = \frac{\text{肉仔鸡生产费用} - \text{副产品价值}}{\text{出栏肉仔鸡只数}}$$

肉仔鸡生产费用包括入舍雏鸡鸡苗费与整个饲养期其他各项费用之和，副产品价值主要是鸡粪收入。

5. 商品蛋生产成本的计算

$$每千克鸡蛋成本 = \frac{蛋鸡生产费用 - 副产品价值}{入舍母鸡总产蛋量}$$

蛋鸡生产费用是指每只入舍母鸡自入舍至淘汰期间的所有费用之和。副产品价值包括期内淘汰鸡、期末淘汰鸡、鸡粪等的收入。

技能训练 商品蛋生产成本核算

一、材料

鸡场相关资料、计算器等。

鸡场经营管理资料：某鸡场一幢半开放鸡舍投资30 000元（预计15年折旧完），购买配套饲养设备10 000元（预计6年折旧完），全阶梯3层笼养蛋鸡，采用自然通风、人工补充光照、人工拣蛋、人工清粪。转入141日龄青年蛋鸡2 000只，承包给一职工管理（年工资12 000元）。504日龄全群淘汰，全程死亡率5%，入舍母鸡平均产蛋率78%，平均蛋重59g，全程只均耗料40.5kg，每千克饲料2.20元，每只鸡防疫治疗费0.5元。分摊期间费300元/年，年水电燃料费600元，转入的141日龄蛋鸡的鸡身价值为18元/只，大群淘汰每只鸡收入14元，鸡粪收入2 500元。

二、方法及步骤

（一）生产成本构成

该鸡舍生产全程成本项目如下：

1. 工资 直接生产人员的全程工资为12 000元。

2. 饲料费

全程耗料量 = 全程只均耗料 × 入舍母鸡数 ×（1 − 死亡率÷2）
= 40.5 × 2 000 ×（1 − 5%÷2）= 78 975（kg）

全程饲料费 = 全程耗料量 × 单价
= 78 975 × 2.20 = 173 745（元）

注：死亡鸡只饲料消耗按一半折算。

3. 疫病防治费 0.5 × 2 000 = 1 000（元）

4. 水电燃料费 全程共600元。

5. 固定资产折旧费 （30 000÷15）+（10 000÷6）= 3 666.67（元）

6. 鸡身价值 18 × 2 000 = 36 000（元）

7. 期间费用 全程分摊期间费300元。

（二）商品蛋生产成本计算

1. 蛋鸡生产费用 全程蛋鸡生产费用为上述1～7项成本之和。

蛋鸡生产费用 = 12 000 + 173 745 + 1 000 + 600 + 3 666.67 + 36 000 + 300
= 227 311.67（元）

2. 副产品价值 包括淘汰鸡收入和鸡粪收入两项。

淘汰鸡收入＝14×2 000×（1－5％）＝26 600（元）

副产品价值＝26 600＋2 500＝29 100（元）

3. 入舍母鸡总产蛋量

入舍母鸡总产蛋量＝平均蛋重×入舍母鸡平均产蛋率×入舍母鸡数×饲养日数

＝59×78％×2 000×365＝33 594 600（g）

＝33 594.6（kg）

4. 每千克鸡蛋成本

$$每千克鸡蛋成本 = \frac{蛋鸡生产费用 - 副产品价值}{入舍母鸡总产蛋量}$$

$$= \frac{194\ 911.67 - 29\ 100}{33\ 594.6} = 4.94（元/kg）$$

即每生产1kg鲜蛋的成本为4.94元，说明如果市场蛋价高于4.94元/kg，鸡场就盈利；市场蛋价低于4.94元/kg，鸡场就会亏损。

任 务 评 估

1. 什么是生产成本核算？
2. 养鸡场生产成本一般由哪些项目构成？
3. 以育成鸡、种鸡、种雏、肉仔鸡和商品蛋为核算对象时，怎样计算养鸡场的生产成本？
4. 实地考察一鸡场，了解其经营状况，并对其生产成本进行核算。
(1) 成本核算项目齐全、归类正确。
(2) 成本各构成项目的费用计算方法正确、计算准确。
(3) 成本核算对象确定准确。
(4) 单位产品成本计算正确。
(5) 口述回答问题正确无误。

项目五 无公害禽产品质量控制

【**技能目标**】了解生产无公害禽产品的要求。

一、无公害禽产品的概念及特征

1. 无公害禽产品的概念 无公害禽产品是指在家禽生产过程中，养禽场、禽舍内外环境中空气、水质等符合国家有关标准要求，整个饲养过程严格按照饲料、兽药使用准则、兽医防疫准则以及饲养管理规范，生产出得到法定部门检验和认证合格获得认证证书，并允许使用无公害农产品标识的禽产品。

2. 无公害禽产品的特征

(1) 强调产品出自最佳生态环境。无公害禽产品的生产从家禽饲养的生态环境入手，通过对养禽场周围及禽舍内的生态环境因子严格监控，判定其是否具备生产无公害产品的基础条件。

(2) 对产品实行全程质量控制。在无公害禽蛋、禽肉生产过程中，从产前环节的饲养环境监测和饲料、兽药等投入品的检测，产中环节具体饲养规程、加工操作规程的落实，以及产后环节产品质量、卫生指标、包装、保鲜、运输、储藏、销售控制，确保生产出的禽蛋、禽肉质量，并提高整个生产过程的技术含量。

(3) 对生产的无公害禽产品依法实行标识管理。无公害农产品标识是一个质量证明商标，属知识产权范畴，受《中华人民共和国商标法》保护。

二、生产无公害禽产品的意义

1. 动物性食品的安全现状　所谓动物性食品安全，是指动物性食品中不应含有可能损害或威胁人体健康的因子，不应导致消费者急性或慢性毒害或感染疾病，或产生危及消费者及其后代健康的隐患。

纵观近年来我国养禽业的发展，禽蛋、禽肉产品安全问题已成为生产中的一个主要矛盾。兽药、饲料添加剂、激素等的使用，虽然对养禽生产和禽蛋、禽肉数量的增长发挥了一定作用，但同时也给禽产品安全带来了隐患。家禽产品中因兽药残留、激素残留和其他有毒有害物质超标造成的餐桌污染时有发生。

(1) 滥用或非法使用兽药及违禁药品，使生产出的禽蛋、禽肉中兽药残留超标，当人们食用了残留超标的禽蛋和禽肉后，会在体内蓄积，发生过敏、畸形、癌症等不良症状及疾病，直接危害人体的健康及生命。

对人体影响较大的兽药及药物添加剂主要有抗生素类（青霉素类、四环素类、大环内酯类、氯霉素等），合成抗生素类（呋喃唑酮、乙醇、恩诺沙星等），激素类（己烯雌酚、雌二醇、丙酸睾丸酮等），肾上腺皮质激素，β-兴奋剂（瘦肉精）、杀虫剂等。从目前看，禽蛋、禽肉里的残留主要来源于3个方面：一是来源于饲养过程，有的养禽户及养殖场为了达到防疫治病，减少死亡的目的，实行药物与饲料同步；二是来源于饲料，目前饲料中常用的添加药物主要有4种：防腐剂、抗菌剂、生长剂和镇静剂，其中任何一种添加剂残留于家禽体内，通过食物链均会对人体产生危害；三是加工过程的残留，目前部分禽产品加工经营者在加工贮藏过程中，为使禽蛋、禽肉产品鲜亮好看，非法使用一些硝、漂白粉，或色素、香精等，有的加工产品为延长产品货架期，添加抗生素以达到灭菌的目的。

(2) 存在于禽蛋、禽肉中的有毒、有害物质，如铅、汞、镉、砷、铬等化学物质危害人体健康。这些有毒物质，通过动物性食品的聚集作用使人体中毒或给人体带来危害。

(3) 养禽生产中的一些人兽共患病对人体也有严重的危害。

2. 生产无公害禽产品的重要性

(1) 提高产品价格，增加农民收入的需要。无公害禽产品的生产不是传统养殖业的简单回归，而是通过对生产环境的选择，以优良品种、安全无残留的饲料、兽药的使用，以及科学有效的饲养工艺为核心的高科技成果组装起来的一整套生产体系。无公害禽产品生产可使生产者在不断增加投入的前提下获得较好的产品产量和质量。目前，国内外市场对无公害禽产品的需求十分旺盛，销售价格也很可观。因此，大力发展无公害禽产品是农民增收和脱贫致富的有效途径之一。

（2）保护人们身体健康、提高生活水平的需要。目前，市场上出售的禽蛋、禽肉以药残超标为核心的质量问题已成为人们关注的热点，因此，无公害禽产品的上市可满足消费者的需求，进而确保人们的身心健康。

（3）提高禽产品档次，增强禽产品国际竞争力的需要。我国已成为WTO的一员，开发无公害禽产品，提高禽产品质量，进而增强禽产品国际竞争力，使更多的禽产品打入国际市场。

（4）维护生态环境条件与经济发展协调统一，促进我国养禽业可持续发展的需要。实践证明，开发无公害禽产品可以促进我国养禽业的可持续发展。发展禽业生产必须控制污染、减少化学投入，这样才能保证发展经济和保护环境的协调统一。

三、影响无公害禽产品生产的因素

影响无公害禽产品生产的因素主要是工农业生产造成的环境污染、家禽饲养过程中不规范使用兽药、饲料添加剂，以及销售、加工过程的生物、化学污染，导致产品有毒有害物质的残留。主要包括以下几个方面。

1. 抗生素残留 抗生素残留是指因家禽在接受抗生素治疗或食入抗生素饲料添加剂后，抗生素及其代谢物在家禽体组织及器官内蓄积或贮存。抗生素在改善家禽的某些生产性能或者防治疾病中，起到了一定的积极作用，但同时也带来了抗生素的残留问题，残留的抗生素进入人体后具有一定的毒性反应，如病菌耐药性增加以及产生过敏反应等。

2. 激素残留 激素残留是指家禽生产中应用激素饲料添加剂，以达到促进家禽生长发育、增加体重和肥育效果，从而导致家禽产品中激素的残留。这些激素多为性激素、生长激素、甲状腺素和抗甲状腺素及兴奋剂等。这些药物残留后可产生致癌作用及病理表现，对人体产生伤害。β-兴奋剂在肉鸡饲养上有促生长作用，曾一度为许多养殖户大量使用，但β-兴奋剂会使人出现心动过速、肌肉震颤、心悸和神经过敏等不良症状。

3. 致癌物质残留 凡能引起动物或人体的组织、器官癌变形成的物质均称为致癌物质。目前，受到人们关注的能污染食品并致癌的物质主要是曲霉素、苯并芘、亚硝胺、多氯联苯等。这些致癌物质的来源：一是饲喂家禽不良饲料后在组织中蓄积或引起中毒；二是产品在加工及贮存过程中受到污染；三是因使用添加剂不合理而造成污染，如在肉产品加工中使用硝酸盐或亚硝酸盐做增色剂等。

4. 有毒有害物质污染 有毒有害元素主要是指汞、镉、铅、砷、铬、氟等，这类元素在机体内蓄积，超过一定的量将对人与动物产生毒害作用，引起组织器官病变或功能失调等。在家禽的饲养过程中禽蛋、禽肉中的有毒有害物质来源广泛：①自然环境因素，有的地区因地质地理条件特殊，水和土壤及大气中某些元素含量过高，导致其在动物体内积累，如生长在高氟地区的植物，其体内氟含量过高。②在饲料中过量添加某些元素，以达到促生长的目的，如在饲料中添加高剂量的铜、砷制剂等。③由于工业"三废"和农药化肥的大量使用造成的污染，如"水俣病"，是由于工业排放含镉和汞的污水，通过食物链进入人体引起的。④产品加工、饲料加工、贮存、包装和运输过程中的污染，机械、容器使用不合理及加入不纯的食品添加剂或辅料，均会增加有害元素。

5. 农药残留 农药残留系指用于防治病虫害的农药在食品、畜禽产品中的残留。其进入人体后，可积蓄或贮存在细胞、组织、器官内。由于目前使用农药的量及品种在不断增加，加之有些农药不易分解，如六六六、滴滴涕等，使农作物（饲料原料）、畜禽、水产等动植物体内受到不同程度的污染，通过食物链的作用，危害人们的健康与生命。在家禽生产中农药对禽蛋、禽肉的污染途径主要是通过饲料中的农药残留转移到家禽体上，在生产玉米、大麦、豆粕等饲料原料中不正确使用农药，易引起农药残留。由于有机氯农药在饲料中残留高，所以其在禽蛋、禽肉中的残留也相当高。

6. 养禽生产中的环境污染

（1）生物病源污染。主要包括养禽场中的细菌、病毒、寄生虫，它们有的通过水源，有的通过空气传染或寄生于家禽体和人体，有的通过土壤或附着于农产品进入体内。

（2）恶臭的污染。养禽场将大量的含硫、含氮化合物或碳氧化合物排入大气，这些化合物与其他来源的同类化合物一起对人和动植物产生直接危害。

（3）养禽场排出的粪便污染。养禽场粪便污染水源，会引起一系列危害，如水质恶化不能饮用；鱼类等动植物的死亡；湖泊的衰退与沼泽化；沿海港湾的赤潮等。使用粪便污水不恰当也易引起土壤污染，并导致食物中的硝酸盐、亚硝酸盐增加。

（4）蚊蝇滋生的污染。蚊蝇携带大量致病微生物，对人和动物以及饲养家禽造成潜在的危害。

四、无公害禽产品生产的基本技术要求

1. 科学选择场址 应选择地势较高、容易排水的平坦或稍有向阳坡度的平地。土壤未被传染病或寄生虫病的病原体污染，透气透水性能良好，能保持场地干燥。水源充足、水质良好。周围环境安静，远离闹市区和重工业区，提倡分散建场，不宜搞密集小区养殖。交通方便，电力充足。

建造鸡舍可根据养殖规模、经济实力等情况灵活搭建。其基本要求是：房顶高2.5m，两侧高2.2m，设对流窗，房顶向阳侧设外开天窗，鸡舍两侧山墙设大窗或门，并安装排气扇。此设计可结合使用自然通风与机械通风，以达到有效通风并降低成本的目的。

2. 严格选雏

（1）引进优质高产的肉、蛋种禽品种，选择适合当地生长条件的具有高生产性能、抗病力强，并能生产出优质后代的种禽品种。净化禽群，防止疫病垂直传播。

（2）严格选雏，确保雏禽健壮、抗病力强、生产潜力大。

3. 严格用药制度

（1）采用环保型消毒剂，勿用毒性杀虫剂和毒性灭菌（毒）、防腐药物。

（2）加强药品和添加剂的购入、分发、使用的监督指导。严格执行国家《饲料和饲料添加剂管理条例》和《兽药管理条例及其实施细则》的相关规定，从正规大型规范厂家购入药品和添加剂。药品的分发、使用须由兽医开具处方，并监督指导使用，以改善禽体内环境，增强其抵抗力。

（3）兽用生物制品购入、分发、使用必须符合国家《兽用生物制品管理办法》相关规定。

（4）统一规划，合理建筑禽舍，确保利于消毒隔离，统一生物安全措施与卫生防疫制度。

4. 强化生物安全 禽舍内外、场区周围要搞好环境卫生。舍内垫料不宜过脏、过湿，灰尘不宜过多，用具安置要有序，经常杀灭舍内外蚊蝇。场区内要铲除杂草，不能乱放死

禽、垃圾等，保持良好的卫生状况。场区门口和禽舍门口要设有烧碱消毒池，并保持烧碱的有效浓度，进出场区或禽舍要脚踩消毒水，以杀灭来往车辆的轮胎及人员鞋底携带的病菌。饲养管理人员要穿工作服，限制外人参观养禽场，不准运禽车辆进入。

5. 规范饲养管理 加强饲养管理，改善舍内小气候，为禽只提供舒适的生产环境，重视疾病预防以及早期检测与治疗工作，减少和杜绝禽病的发生，减少用药。

（1）为不同周龄的家禽提供相应的温度、湿度。

（2）确保舍内空气质量良好，应充分通风，改善舍内小气候。

（3）根据家禽的生长发育规律，制订科学的光照制度与限饲程序，使光照时间与强度符合不同阶段的鸡只生长需要，使日粮更接近家禽的营养需要，进而提高饲料转化率。

6. 严格绿色生产

（1）垫料用微生态制剂喷洒处理，每周处理1次，同时每周撒1次硫酸氢钠，以改变垫料的酸碱环境，抑制有害菌滋生。

（2）合理处理和利用生产中所产生的废弃物，固体粪便可经无害化处理制成复合有机肥，污水须经不少于6个月的封闭体系发酵后施放。

7. 严把绿色饲料生产关

（1）严把饲料原料关。要求种植生产基地生态环境优良，水质未被污染，远离工矿企业，大气未被污染，收购时要严格检测药残留、重金属及霉菌毒素等。

（2）饲料配方科学。营养配比要考虑各种氨基酸的消化率和磷的利用率，并注意添加合成氨基酸以降低饲料蛋白质水平，这样既符合家禽需要，又可减少养分排泄。

（3）注意饲料加工、贮存和包装运输的管理。饲料原料和成料包装及运输过程中，应严禁各种污染，饲料中严禁添加激素、抗生素、兽药等添加剂，并严格控制各项生产工艺及操作规程，严格控制饲料的营养与卫生品质，确保生产出安全、环保型绿色饲料。

（4）科学使用无公害的高效添加剂。科学使用无公害的高效添加剂，如微生态制剂、酶制剂、酸制剂、植物性添加剂、生物活性肽及高利用率的微量元素，可以调节禽类肠道菌群平衡，提高消化率，促进生长，改善产品品质，减少废弃物排出，减少疾病发生。

附：无公害鸡蛋的微生物和理化指标

1. 微生物指标 不得检出高致病性禽流感，大肠杆菌O157、李氏杆菌、结核分支杆菌、鸡白痢、鸡志贺氏菌、鸡葡萄球菌、鸡溶血性链球菌，菌落总数不超过$5×10^4$，大肠杆菌不超过100。

2. 理化指标的最大限值 汞0.03mg/kg，铅0.1mg/kg，砷0.5mg/kg，铬1.0mg/kg，金霉素1mg/kg，土霉素0.1mg/kg，磺胺类0.1mg/kg，任何一项超标，都不属于无公害鸡蛋，在销售中会受到限制，价格也会受到影响。

任 务 评 估

一、填空题

1. 无公害禽产品是指在家禽生产过程中，养禽场、禽舍内外环境中空气、水质等符合国家有关标准要求，整个饲养过程严格按照_____、_____使用准则、兽医防疫准则以及饲养管理规范，生产出得到_____检验和认证合格获得认证证书，并允许使用无公害农产品标识的禽产品。

2. 无公害禽产品生产强调产品出自最佳_____环境。

3. 在无公害禽蛋、禽肉生产过程中，从产前环节的_____和_____、_____的检测，产中环节_____、_____规程的落实，以及产后环节_____、卫生指标、包装、保鲜、运输、储藏、销售控制，确保生产出的禽蛋、禽肉质量，并提高整个生产过程的技术含量。

二、问答题

1. 生产无公害禽产品的重要性有哪些？
2. 影响无公害禽产品生产的因素有哪些？
3. 无公害禽产品生产的基本技术要求有哪些？

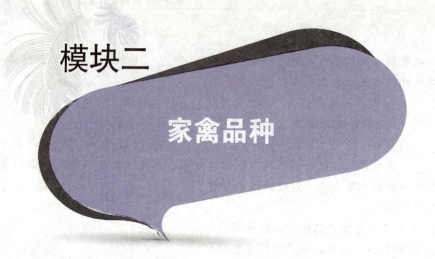

模块二 家禽品种

项目一　家禽外貌

【技能目标】熟悉家禽外貌部位名称及其与年龄、性别、生产性能的关系。

技能训练　家禽外貌的识别

一、材料

1. 鸡、鸭、鹅体外貌部位名称挂图、幻灯片或相关课件。
2. 禽笼，鸡、鸭、鹅各若干只。

二、操作方法与步骤

结合挂图、幻灯片或相关课件，对照实体讲解家禽的外貌各部位名称、特征及其在生产实践中的相关作用、意义。

（一）鸡的外貌特征识别

鸡体可分为头部、颈部、体躯、翅、尾部、腿6个部分。其各部位名称见图2-1。

1. 头部　头部的形态及发育程度能表现品种、性别、生产力高低和体质情况。

（1）冠。冠在头的上部，为皮肤的衍生物，是富有血管的上皮构造。冠的发育受性激素控制，能表示性征。公鸡的冠比母鸡发达，去势公鸡与休产母鸡的冠萎缩。鸡冠按其形状分主要有4种类型（图2-2）。

①单冠。由喙的基部至头顶的后部，为单片的皮肤衍生物。由冠基、冠体和冠峰3部分构成。

图2-1　鸡体外貌部位名称

1. 冠　2. 头顶　3. 眼　4. 鼻孔　5. 喙　6. 肉髯
7. 耳孔　8. 耳叶　9. 颈和颈羽　10. 胸　11. 背
12. 腰　13. 主尾羽　14. 大镰羽　15. 小镰羽
16. 覆尾羽　17. 鞍羽　18. 翼羽　19. 腹　20. 胫
21. 飞节　22. 跖　23. 距　24. 趾　25. 爪

②豆冠。由3个小的单冠组成，又称三叶冠，中间一叶较高，有明显的冠齿。

③玫瑰冠。冠表面有很多突起，前宽后尖，形成冠尾，冠形似玫瑰花。

④草莓冠。与玫瑰冠相似，但无冠尾，冠体较小，冠形似草莓。

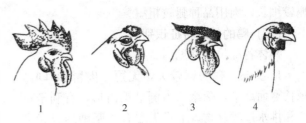

图 2-2　常见的几种冠形
1. 单冠　2. 豆冠　3. 玫瑰冠　4. 草莓冠

（2）肉髯。又称肉垂，位于颔的下部，左右对称。

（3）喙。由表皮衍生的角质化产物，呈圆筒状。喙色因品种而异，多与胫色一致。

（4）脸。为眼周围皮肤裸露部分。应清秀，尤其是蛋用鸡应无肉，无堆积的脂肪，脸毛细而少，皮肤细致，一般为鲜红色；强健的鸡脸有光泽而无皱纹，老弱的鸡脸苍白而有皱纹。

（5）眼。位于脸中央，应圆、大、有神，向外突出，反应敏锐。虹彩的颜色因品种而异，常见的有橘红、橘黄及灰墨色等。

（6）鼻孔。位于喙的基部，左右对称。

（7）耳孔。位于眼的后下方，周围有卷毛覆盖。

（8）耳叶。位于耳孔的下方，椭圆形，无毛，有皱褶，颜色因品种而异，常见的有红色和白色两种。

2. 颈部　蛋用型鸡颈较细长，肉用型鸡颈较粗短。颈部羽毛具有第二性特征。公鸡颈羽细长，末端尖而有光泽。母鸡颈羽短，末端钝圆，缺乏光泽。

3. 体躯　体躯包括胸、腹、背腰3部分。

（1）胸部。胸部是心脏和肺所在的部位。

（2）腹部。腹部为消化器官和生殖器官所在的部位。

（3）背腰部。蛋用品种背腰较长，肉用品种背腰较短。生长在腰部的羽毛称为鞍羽。公鸡的鞍羽长而尖，母鸡的短而钝。

4. 翅　翅上的主要羽毛名称为：翼前羽、翼肩羽、主翼羽、副翼羽、轴羽、覆主翼羽和覆副翼羽。主翼羽10根，副翼羽一般12~14根，主翼羽与副翼羽间的一根羽毛称轴羽。鸡翅羽各部位名称见图2-3。

5. 尾部　有主尾羽和副尾羽。公鸡紧靠主尾羽的覆尾羽特别发达，形如镰刀，称镰羽，最长的一对称大镰羽，较长的3~4对称小镰羽。肉用型鸡尾羽较短，蛋用型鸡羽尾较长。

图 2-3　翅羽各部位名称
1. 翼前羽　2. 翼肩羽　3. 覆主翼羽
4. 主翼羽　5. 覆副翼羽　6. 副翼羽　7. 轴羽

6. 腿部　腿部由股、胫、飞节、跖、趾、爪等部分构成。跖、趾和爪称为脚，表面生有鳞片，颜色与品种有关，鸡趾一般为4个，少数为5个。公鸡在跖内侧生有距，距随年龄的增长而增长，故可根据距的长短来鉴别公鸡的年龄。蛋用型品种腿较细长，肉用品种腿较粗短。

（二）鸭的外貌特征识别

鸭体各部位名称见图2-4。

1. 头部 鸭头部较大，无冠、肉髯和耳叶，喙长宽而扁平，喙缘两内侧呈锯齿形，有利于觅食和排水过滤食物。上喙尖端有一坚硬的豆状突起，称为喙豆。

2. 颈部 鸭无嗉囊，食道成袋状，称食道膨大部。一般肉用型鸭颈较粗短，蛋用型鸭颈较细长。

3. 体躯 呈扁圆形，背长而直，向后下方倾斜。蛋用型鸭体形较小，体躯较细长，肉用型鸭体躯宽深而下垂。公鸭体型较母鸭体型大。

4. 尾部 尾短，尾羽不发达，成年公鸭的覆尾羽有2~4根向上卷起的羽毛，称为性羽。据此可鉴别公鸭、母鸭。

5. 翅 翼羽较长，有些品种的翼羽有较光亮的青绿色羽毛，称为镜羽。

6. 腿部 腿短，稍偏后躯，脚除第一趾外，其余趾间有蹼。

（三）鹅的外貌特征识别

鹅体各部位名称见图2-5。

1. 头部 鹅头部无冠、肉髯和耳叶，起源于鸿雁的鹅品种（如中国鹅）在前额部位有额瘤，源于灰雁的鹅品种（如欧洲鹅）没有额瘤。公鹅头较大，母鹅头较小；喙形扁阔，喙前端略弯曲，呈铲状，质地坚硬。有的品种在颌下长有咽袋。

2. 颈部 中国鹅颈细长，弯长如弓，能灵活转动、伸缩，颈背微曲。国外鹅品种多数颈较粗短。

3. 腹部 成年母鹅腹部皮肤有较大的皱褶，形成肉袋，俗称蛋袋。

4. 翅 鹅翅羽较长，常重叠交叉于背上。鹅的翼羽上无镜羽。

5. 腿部 鹅腿粗，跗骨较短。脚的颜色有橘红和灰黑色两种。

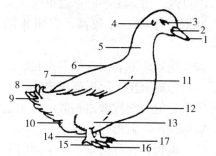

图2-4 鸭体外貌部位名称

1. 喙豆 2. 鼻孔 3. 眼 4. 耳孔 5. 颈
6. 背 7. 腰 8. 雄性羽 9. 尾羽 10. 腹
11. 翅 12. 胸 13. 飞节 14. 跖
15. 趾 16. 爪 17. 蹼

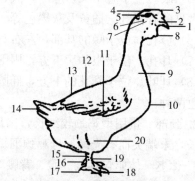

图2-5 鹅体外貌部位名称

1. 喙 2. 鼻孔 3. 肉瘤 4. 头 5. 眼
6. 耳叶 7. 脸 8. 咽袋 9. 颈 10. 胸
11. 翅 12. 背 13. 腰 14. 尾羽 15. 腹
16. 趾 17. 爪 18. 蹼 19. 跗 20. 胫

任 务 评 估

1. 能准确描述鸡的外貌部位名称及其与年龄、性别、生产性能的关系。
2. 能准确描述鸭的外貌部位名称及其与年龄、性别、生产性能的关系。
3. 能准确描述鹅的外貌部位名称及其与年龄、性别、生产性能的关系。

项目二　家禽品种

任务 1　家禽品种的分类

【技能目标】了解家禽品种的分类方法及不同类型家禽的特征，能根据体形外貌识别不同用途的品种。

一、标准品种分类法

20 世纪 50 年代前，"大不列颠家禽协会"和"美洲家禽协会"制定了各种家禽品种标准，经鉴定承认并列入标准品种志中的品种为标准品种。我国列为标准品种的家禽有九斤黄鸡、狼山鸡、丝毛乌骨鸡、北京鸭和中国鹅。鸡标准品种分类法把家禽分为类、型、品种和品变种，是当时国际上公认的标准分类法。

1. 类　按家禽的原产地划分为亚洲类、美洲类、地中海类和欧洲类等。

2. 型　按家禽的主要经济用途划分为蛋用型、肉用型、兼用型和观赏型。

3. 品种　指通过系统选育、有特定的经济用途、外貌特征相似、遗传性稳定、具有一定数量的家禽种群。

4. 品变种　指在同一品种内根据羽色、冠形等外貌特征差异而建立的种群。

例如，来航鸡、洛克鸡的具体划分见表 2-1。

表 2-1　标准品种分类法

家禽种类	类	型	品种	品变种
来航鸡	地中海类	蛋用型	来航鸡	单冠白来航、褐来航等
洛克鸡	美洲类	兼用型	洛克鸡	白洛克、芦花洛克等

二、现代品种分类法

（一）标准品种

标准品种的主要特点是具有较一致的外貌特征和较好的生产性能，遗传性稳定，但对饲养管理条件要求高。按家禽的经济用途可分为蛋用型、肉用型、兼用型和观赏型。下面以鸡为例比较不同经济类型的特征。

1. 蛋用型　以产蛋多为主要特征。体型较小，体躯较长，颈细尾长，腿高胫细，肌肉结实，羽毛紧凑，性情活泼，行动敏捷，觅食力强，神经质，易受惊吓。5～6 月龄开产，年产蛋 200 枚以上，产肉少，肉质差，无就巢性。

2. 肉用型　以产肉多、生长快、肉质好为主要特征。体型大，体躯宽深，颈粗尾短，腿短胫粗，肌肉丰满，羽毛蓬松。性情温驯，行动迟缓，觅食力强。7～8 月龄开产，年产蛋 130～160 枚。

3. 兼用型　生产性能和体形外貌介于肉用形和蛋用形之间。性情温驯，觅食力较强。6～7 月龄开产，年产蛋 160～180 枚，产肉较多，肉质较好，有就巢性。

4. 观赏型 属专供人们观赏或争斗娱乐的品种。一般有特殊外貌，或性凶好斗，或兼有其他特殊性能，如丝毛鸡、斗鸡、矮脚鸡等。

（二）地方品种

地方品种是指在育种技术水平较低的情况下，没有经过系统选育，在某一地区长期饲养而形成的品种。我国是家禽地方品种最多的国家，1989年出版的《中国家禽品种志》收录了52个地方品种。其中，鸡地方品种27个，鸭地方品种12个，鹅地方品种13个。地方品种的主要特点是适应性强，肉质好，但生产性能较低，体型外貌不一致，商品竞争能力差，不适宜高密度饲养。

（三）现代鸡种（现代商品杂交鸡）

随着育种工作的开展，出现了现代鸡种。现代鸡种都是配套品系，是经过配合力测定筛选出的杂交优势最好的杂交组合，因此又称为杂交商品系。现代鸡种在育种过程中，运用先进的现代育种方法，充分利用杂种优势，其商品代杂交鸡具有生活力强，生产性能高并且整齐一致，适于大规模集约化饲养的特点。现代鸡种按其经济用途可分为蛋鸡系和肉鸡系。

1. 蛋鸡系 主要用于生产商品蛋和繁殖蛋鸡的配套品系，按所产蛋蛋壳颜色分为白壳蛋系、褐壳蛋系、粉壳蛋系和绿壳蛋系。

（1）白壳蛋系。主要是以单冠白来航鸡为素材培育而成的配套品系，产白壳蛋。因体型较小，又称轻型蛋鸡。其主要优点是体型小、耗料少、产蛋量高、适应能力强，适宜集约化工厂化笼养。缺点是比较神经质，抗应激能力差，蛋重小，啄癖较严重，死亡淘汰率较高。

（2）褐壳蛋系。主要是由原兼用型品种（如洛岛红、新汉夏、浅花苏赛斯等）为素材培育而成的配套品系，产褐壳蛋。因体型稍大，又称为中型蛋鸡。大多数褐壳蛋鸡商品代可羽色自别雌雄。其主要优点是蛋重大，破损率低，便于运输；性情温驯，对应激敏感性低；啄癖少，死亡率低，好管理。缺点是体重较大，耗料多，饲养面积大，耐热性差，蛋中血斑率、肉斑率高。

（3）粉壳蛋系。是由白壳蛋鸡和褐壳蛋鸡杂交培育的配套品系，蛋壳颜色介于白壳蛋与褐壳蛋之间，呈浅褐色（粉色）。生活力强，适应性好，性情与褐壳蛋鸡相似，产蛋量高，蛋重比白壳蛋大，饲料转化率高，具有两个亲本的优点，近来饲养量有增加的趋势。

（4）绿壳蛋鸡。是一种集天然黑色食品与绿色食品为一体的特禽新品种，是世界罕见的珍禽极品，大多由我国地方品种乌鸡培育而成，蛋壳为绿色。绿壳蛋含有大量的卵磷脂、维生素、赖氨酸，微量元素硒、碘、铁、锌的含量比普通鸡蛋高5~10倍，具有特殊的营养价值和药用价值。如江西华绿黑羽绿壳蛋鸡、江苏三凤青壳蛋鸡等。

2. 肉鸡系 专门用于生产肉用仔鸡的配套品系。肉鸡系按生长速度划分为快大型肉鸡和优质型肉鸡。

（1）快大型肉鸡。按羽色分为白羽肉鸡和有色羽肉鸡。目前主要以白羽快大型肉鸡为主。有专门化的父系（白考尼什）和专门化的母系（白洛克）配套杂交而成。特点是生长速度快，饲料转化率高，6周龄平均体重可达2.5kg，饲料转化率2.0以下，羽毛为纯白色，胫部为黄色。

（2）优质型肉鸡。是由我国地方良种鸡经选育或杂交培育而成。特点是生长慢，饲料转化率低，但肉质好，肉味鲜美，羽色多为黄色、麻色。在我国根据生长速度又将其分为快速型、中速型、慢速型3种。快速型以上海、江苏、浙江和安徽等地为主要市场。要求49日龄上市体重 1.3~1.5kg。中速型以我国香港、澳门和广东珠三角地区为主要市场，要求 80~100 日龄上市体重 1.5~2.0kg。优质型以广西、广东为主要市场，要求 90~120 日龄上市体重 1.1~1.5kg。

任 务 评 估

1. 按标准分类法分，家禽品种可分为哪几类？
2. 按经济用途划分，家禽品种可分为哪些类型？各具有什么特点？
3. 现代鸡种如何分类？各具有什么特点？

任务 2　家禽品种介绍

【技能目标】了解国内外主要的家禽品种的产地、外貌特征和生产性能；能根据体型外貌识别当地饲养较多的家禽品种。

一、鸡的主要品种

（一）标准品种

鸡的标准品种很少直接作为商品养殖使用，而主要作为现代家禽育种的素材。其中，白来航鸡常作为现代白壳蛋鸡的亲本，洛岛红鸡、新汉夏鸡、横斑洛克鸡、浅花苏赛斯鸡常作为现代褐壳蛋鸡的亲本，考尼什鸡、白洛克鸡常作为现代快大型白羽肉鸡的亲本。

1. 来航鸡　原产于意大利，是世界最著名的蛋用型鸡种，来航鸡品种按羽色和冠形可分为 10 多个品变种。其中，白色来航鸡（简称白来航，图 2-6）应用最广，也是现代培育白壳蛋鸡的主要素材。白来航鸡体小轻秀，羽毛白色，单冠，冠髯发达，皮肤、喙、胫均为黄色，耳叶白色。性成熟早，母鸡 5 月龄左右开产，年产蛋量在 200 枚以上，蛋重 54~60g，蛋壳白色。成年公鸡体重 2.0~2.5kg，母鸡 1.5~2.0kg。活泼好动，善飞跃，富神经质，易受惊吓，易发生啄癖，无就巢性，适应性强。

2. 洛岛红鸡　原产于美国，属蛋肉兼用型（图 2-7），有玫瑰冠和单冠两个品变种。体长似长方形，背长且平，羽毛为深红色，尾羽黑色，喙和皮肤黄色，耳叶红色。6 月龄开产，年产蛋 160~180 枚，蛋重 60~65g，蛋壳褐色。成年公鸡体重 3.5~3.8kg，母鸡 2.2~

图 2-6　白来航鸡

图 2-7　洛岛红鸡

3.0kg。是现代培育褐壳蛋鸡的主要素材，用作商品杂交配套系的父本，生产的商品蛋鸡可按羽色自别雌雄。

3. 新汉夏鸡 育成于美国，属蛋肉兼用型（图2-8）。体型外貌与洛岛红相似，但背部较短，羽色呈黄褐色，尾羽黑色，单冠，喙浅黄褐色，胫、皮肤黄色，耳叶红色。母鸡7月龄左右开产，年产蛋170～200枚，蛋重60g，蛋壳深褐色。成年公鸡体重3.0～3.5kg，母鸡2.0～2.5kg。

图2-8 新汉夏鸡

4. 横斑洛克鸡 原产于美国，属蛋肉兼用型，在我国称为芦花（洛克）鸡（图2-9）。体型大，呈椭圆形，羽毛为黑白相间的横斑纹。单冠，喙、胫和皮肤为黄色，耳叶红色。母鸡6～7月龄开产，年产蛋180枚，高产品系达250枚以上，蛋重50～55g，蛋壳褐色。成年公鸡体重4.0～4.5kg，母鸡3.0～3.5kg。

图2-9 芦花鸡

5. 浅花苏赛斯鸡 原产于英国的英格兰苏赛斯，属肉蛋兼用型（图2-10）。体型长，宽而深，胫短。单冠，耳叶红色，皮肤白色。产肉性能良好，易育肥。年产蛋150枚，蛋重56g左右，蛋壳浅褐色。成年公鸡体重约4kg，母鸡3kg左右。在近代肉鸡育种中常作杂交配套的母系。

6. 狼山鸡 原产于我国江苏省，属蛋肉兼用型（图2-11）。有黑羽和白羽两个品变种，以黑羽居多。体型高大，背短呈"U"形。单冠，喙、胫为黑色，皮肤白色，耳叶红色，有的鸡胫外侧有羽毛。经江苏省家禽科学研究所引入澳洲黑鸡血缘培育成"新狼山鸡"，产蛋量显著提高，年产蛋达192枚，蛋重57g，公鸡体重3.4kg，母鸡体重2.0～2.25kg。

7. 白洛克鸡 育成于美国，属于洛克鸡的一个品变种，属肉蛋兼用型（图2-12）。羽毛为白色，单冠，喙、胫、皮肤为黄

图2-10 浅花苏赛斯鸡

图2-11 狼山鸡

色，耳叶红色。母鸡 7 月龄开产，年产蛋 150～180 枚，蛋重 60g 左右，蛋壳浅褐色。成年公鸡体重 4.0～4.5kg，母鸡 3.0～3.5kg，是目前白羽肉鸡母本品系的选育素材。

8. 科尼什鸡 原产于英国，属肉用型。有深花、白、红羽白边、浅黄 4 个不同羽色的品变种。生产中主要应用的是白科尼什鸡（图 2-13）。羽毛为白色，豆冠，喙、胫、皮肤为黄色，皮肤白色。早期生长快，体大，胸宽深，肩部宽，胸肌、腿肌发达，胫粗壮。成年公鸡体重 4.5～5.0kg，母鸡体重 3.5～4.0kg，年产蛋 120 枚左右，蛋重 54～57g，蛋壳浅褐色。后因引进白来航显性白羽基因，育成为肉鸡显性白羽父系，已不完全为豆冠，是现代白羽肉鸡父本品系的选育素材。

图 2-12　白洛克鸡

图 2-13　白科尼什鸡

9. 丝毛乌骨鸡 又称泰和鸡、竹丝鸡（图 2-14）。原产于我国江西、广东、福建等省，属观赏型或药用型。体型小巧、性情温驯、行动迟缓。冠形有桑葚形和单冠两种。标准的丝毛乌骨鸡具有"十全"特征，即紫冠、缨头、绿耳、胡子、五爪、毛脚、丝毛、乌皮、乌骨、乌肉。此外，眼、喙、趾、内脏及脂肪均为黑色。成年公鸡体重 1.3～1.8kg，母鸡 1.0～1.5kg，170～250 日龄开产，年产蛋 80～120 枚，蛋重 40～45g，蛋壳浅褐色。该品种与其他羽色的鸡杂交可以培育出黄羽乌骨鸡、黑羽乌骨鸡、麻羽乌骨鸡等。

图 2-14　丝毛乌骨鸡

（二）地方品种

1. 仙居鸡 原产于浙江省仙居县，属蛋用型（图 2-15）。体型轻小紧凑，腿高、颈长、尾翘、骨细，毛色以黄色为主，单冠，喙、胫、皮肤为黄色。母鸡 5 月龄开产，年产蛋量 180～220 枚，蛋重 42g，蛋壳褐色。成年公鸡体重约

图 2-15　仙居鸡

1.44kg，母鸡体重约1.25kg。

2. 浦东鸡 原产于上海市黄浦江以东地区，属肉用型。体躯硕大宽阔，母鸡羽毛多为黄色、麻黄色或麻褐色，公鸡多为金黄色或红棕色。单冠，喙、胫、皮肤黄色，耳叶红色。7~8月龄开产，年产蛋120~150枚，蛋重55~60g，蛋壳深褐色。成年公鸡体重4~4.5kg，母鸡体重2.5~3kg。上海市农业科学院畜牧兽医研究所经多年选育已育成新浦东鸡（图2-16），其肉用性能已有较大提高。

3. 北京油鸡 产于北京市郊区，属肉用型（图2-17）。具有三羽特征，即凤头、毛脚、胡子嘴。根据体型和毛色可分为黄色油鸡和红褐色油鸡两个类型。黄色油鸡羽毛浅黄色，单冠，冠多皱褶成"S"形，冠毛少或无，脚爪有羽毛。生长缓慢，性成熟晚，母鸡7月龄开产，年产蛋120枚左右，成年公鸡体重2.5~3.0kg，母鸡2.0~2.5kg。红褐色油鸡羽毛红褐色，单冠，冠毛特别发达，常将眼的视线遮住，脚羽发达。公鸡体重2~2.5kg，母鸡体重1.5~2.0kg，蛋重约59g。

图2-16 新浦东鸡　　　　　　　　图2-17 北京油鸡

4. 寿光鸡 原产于山东省寿光县，属肉蛋兼用型（图2-18），以产大蛋而闻名。体躯高大，胸深背长，腿高胫粗，羽毛黑色闪绿色光泽，单冠，喙、胫为灰黑色，耳叶红色，皮肤白色。母鸡8~9月龄开产，年产蛋120~150枚，成年公鸡体重约3.8kg，母鸡体重约3.1kg，蛋重58g以上，蛋壳深褐色。

5. 桃源鸡 原产于湖南省桃源县，属肉用型（图2-19）。体型高大，腿高，胫长粗，公鸡羽毛黄红色，母鸡多为黄色，单冠，喙、胫为青灰色，耳叶红色，皮肤白色。母鸡6~7月龄开产，年产蛋100~120枚，蛋重57g，蛋壳淡褐色。成年公鸡体重3.5~4kg，母鸡体重2.5~3kg。

图2-18 寿光鸡　　　　　　　　图2-19 桃园鸡

6. 庄河鸡 又称大骨鸡，原产于辽宁省庄河市，属蛋肉兼用型（图2-20）。体高颈长，胸深背长，公鸡羽毛棕红色，尾羽黑色并带金属光泽。母鸡多呈麻黄色，单冠，喙、胫黄色，耳叶红色。母鸡7月龄开产，年产蛋160枚左右，蛋重62~64g，蛋壳深褐色。成年公鸡体重2.9~3.75kg，母鸡体重约2.3kg。

7. 惠阳鸡 原产于广东省惠阳、博罗、惠东等县，属肉用型（图2-21）。其标准特征为颌下有发达而展开的胡须状髯羽，无肉垂或仅有一点痕迹。体型中等，头大颈粗，胸深背宽，身短脚矮，黄羽，单冠，喙、胫为黄色，皮肤白色。母鸡5月龄开产，年产蛋70~90枚，蛋重47g，蛋壳浅褐色。成年公鸡体重1.5~2.0kg，母鸡体重1.25~1.50kg。

图2-20 庄河大骨鸡　　　　　　　　图2-21 惠阳鸡

8. 固始鸡 原产于河南省固始县，属蛋肉兼用型（图2-22）。体型中等，羽色以黄色、黄麻色为主，冠有单冠和豆冠两类，以单冠居多，冠叶分叉。耳叶红色，喙青黄色，胫青色。母鸡6~7月龄开产，年产蛋量约140枚，蛋重约52g，蛋壳深褐色。成年公鸡体重约2.5kg，母鸡体重约1.8kg。

9. 清远麻鸡 原产于广东省清远市一带，属肉用型（图2-23）。其体型外貌可概括为"一楔、二细、三麻身""一楔"指母鸡体型为楔形，前躯紧凑，后躯肥圆；"二细"指头细、脚细；"三麻身"指母鸡背羽主要有麻黄、麻棕、麻褐3种颜色。单冠直立，耳叶红色，喙黄、脚黄。性成熟早，母鸡5~7月龄开产，年产蛋70~80枚，平均蛋重46.6g，蛋壳浅褐色。成年公鸡体重约2.18kg，母鸡体重约1.75kg。120日龄公鸡体重约1.25kg，母鸡体重约1.00kg。

图2-22 固始鸡　　　　　　　　图2-23 清远麻鸡

10. 霞烟鸡 原产于广西容县石寨乡下烟村一带，属于肉用型（图2-24）。体躯短圆，腹部丰满，胸宽、胸深与骨盆宽三者长度相近，整个外形呈方形。公鸡腹部皮肤多呈红色，母鸡羽毛黄色。单冠，耳叶红色，喙基部深褐色，喙尖浅黄色。皮肤白色或黄色。成年公鸡体重约2.18kg，母鸡体重约1.92kg。母鸡170~180日龄开产，年产蛋110枚左右，平均蛋重为43.6g。

11. 广西三黄鸡 主要产区为广西东南部县市，是由本地的黄鸡为原种选育而成的肉用型品种（图2-25）。其中，广西玉林市饲养广西三黄鸡数量最多，2004年被命名为"中国三黄鸡之乡"。三黄鸡具有"三黄"特征，即黄羽、黄脚、黄喙，公鸡羽毛酱红，颈羽颜色比体羽浅。翼羽常带黑边。尾羽多为黑色。单冠，耳叶红色，脚胫短细、骨骼细小、皮薄、肉质细嫩、味鲜多汁。适应性和抗病力强。成年公鸡体重1.98~2.32kg，母鸡体重1.39~1.85kg。150~180d开产，年产蛋约77.1枚。平均蛋重41.1g，蛋壳浅褐色。目前，经选育已形成具有一定特征的三黄鸡品系，有体重较大、生长中速的博白三黄鸡，体型较小生长较慢的岑溪三黄鸡，体重体型介于两者之间的凉亭三黄鸡等。

图2-24 霞烟鸡　　　　　　　　　图2-25 广西三黄鸡

（三）现代鸡种

1. 蛋鸡系

（1）白壳蛋鸡。

①星杂288白壳蛋鸡（图2-26）。由加拿大雪佛种鸡有限公司育成。具有成活率高、体型小、耗料少、早熟和产蛋多等优点，商品代72周龄产蛋260~285枚，平均蛋重60.8~62.5g，料蛋比2.25~2.40:1。

②迪卡白壳蛋鸡（图2-27）。由美国迪卡布公司育成。具有开产早、产蛋多、饲料转化率高、抗病力强等特点。商品代开产日龄为146d，体重约1.32kg，72周龄产蛋295~305枚，平均蛋重约61.7g，料蛋比为2.25~2.35:1。

③海兰白壳蛋鸡（图2-28）。由美国海兰国际公司育成。该鸡体型小、性情温驯，耗料少、抗病能力强、适应性好，产蛋多，饲料转化率高，脱肛、啄羽发生率低。商品代开产日龄为155d，入舍鸡80周龄产蛋330~339枚，产蛋期成活率93%~96%，蛋重63.0g，料蛋比1.99:1。

④巴布可克白壳蛋鸡。由法国伊莎公司育成。该鸡外形特征与白来航鸡相似，体型轻小，性成熟早，产蛋多，蛋个大，

图2-26 星杂288白壳蛋鸡

饲料转化率高，死亡率低。商品代开产日龄为150d左右，72周龄产蛋量285枚，产蛋期成活率94%，料蛋比2.3~2.5∶1。

⑤海赛克斯白壳蛋鸡（图2-29）。由荷兰优布里德公司育成。该鸡体型小，羽毛白色且紧贴，外形紧凑，生产性能好，属来航鸡型。商品代开产日龄为157d，82周龄入舍母鸡产蛋314枚，平均蛋重60.7g，料蛋比2.34∶1。

图2-27 迪卡白壳蛋鸡

图2-28 海兰白壳蛋鸡

图2-29 海赛克斯白壳蛋鸡

⑥罗曼白壳蛋鸡（图2-30）。由德国罗曼家禽育种公司育成。商品代开产日龄为150~155d，72周龄产蛋290~300枚，平均蛋重62~63g，产蛋期存活率94%~96%，料蛋比为2.1~2.3∶1。

⑦伊利莎白壳蛋鸡。由上海新杨家禽育种中心育成。具有适应性强、成活率高、抗病力强、产蛋率高和自别雌雄等特点。商品代开产日龄为150~158d，入舍母鸡80周龄产蛋322~334枚，平均蛋重61.5g，料蛋比2.15~2.3∶1。

⑧北京白鸡（图2-31）。由北京市种禽公司育成。具有单冠白来航的外貌特征，体型小、早熟、耗料少、适应性强。目前，优秀的配套系是北京白鸡938，商品代可羽速自别雌雄。72周龄产蛋282~293枚，蛋重59.42g，21~72周存活率94%，料蛋比2.23~2.31∶1。

（2）褐壳蛋鸡。

①伊莎褐蛋鸡（图2-32）。由法国伊莎公司育成。具有高产、适应性强、整齐度好等优点。商品代可羽色自别雌雄，开产日龄168d，76周龄入舍母鸡产蛋约292枚，产蛋期存活

图2-30 罗曼白壳蛋鸡

图2-31 北京白鸡

图2-32 伊莎褐壳蛋鸡

率93%，料蛋比2.4~2.5∶1。

②罗斯褐蛋鸡（图2-33）。由英国罗斯育种公司育成。商品代雏鸡可羽色自别雌雄。开产日龄126~140d，入舍母鸡72周龄产蛋270~280枚，平均蛋重62g以上，料蛋比为2.4~2.5∶1。

③星杂579褐壳蛋鸡（图2-34）。由加拿大雪佛公司培育。具有适应性强、体型小、饲料转化率高、产蛋量高、产蛋高峰持续时间长等优点。开产日龄168d，72周龄入舍母鸡产蛋250~270枚，平均蛋重63g，产蛋期成活率92%~94%，料蛋比2.6~2.8∶1。

④海兰褐壳蛋鸡（图2-35）。美国海兰国际公司育成。该鸡生活力强，产蛋多，死亡率低，饲料转化率高，适应性强。商品代可羽色自别雌雄。开产日龄151d，72周龄入舍母鸡产蛋299枚，平均蛋重63.1g，产蛋期成活率95%~98%，料蛋比2.2~2.5∶1。

图2-33　罗斯褐壳蛋鸡

图2-34　星杂579褐壳蛋鸡

图2-35　海兰褐壳蛋鸡

⑤黄金褐蛋鸡（图2-36）。是由美国迪卡布家禽公司培育的优良蛋鸡新品种。其特点是体型小、产蛋早、成活率高、产蛋高峰持久、耐热。商品代育成期成活率99%，产蛋期成活率95%。开产日龄145d，入舍母鸡72周龄产蛋305枚，平均蛋重63.25g，料蛋比2.90∶1。

⑥迪卡褐蛋鸡（图2-37）。由美国迪卡布家禽公司育成。该鸡适应性强、发育匀称、开产早、产蛋期长、蛋大、饲料转化率高，商品代可羽色自别雌雄。开产日龄为150~160d，入舍母鸡72周龄产蛋285~292枚，平均蛋重64.1g，产蛋期存活率95%，料蛋比2.3~2.4∶1。

⑦海赛克斯褐壳蛋鸡（图2-38）。由荷兰尤利布里德公司育成。该鸡以适应性强、成活率高、开产早、产蛋多、饲料转化率高而著称。商品代可羽色自别雌雄。开产日龄158d，入舍母鸡78周龄产蛋307枚，平均蛋重63.2g，料蛋比2.39∶1。

⑧罗曼褐蛋鸡（图2-39）。由德国罗曼家禽育种公司育成。商品代可羽色自别雌雄。具有适应性强、耗料少、产蛋多和成活率高的优良特点。开产日龄145~150d，入舍母鸡72周龄产蛋295~305枚，平均蛋重63.5~65.5g，产蛋期成活率94%~96%，料蛋比2.0~2.1∶1。

⑨雅发褐壳蛋鸡。由以色列PBU家禽育种公司育成。商品代可羽色自别雌雄。开产日龄为160~167d，70周龄产蛋265~280枚，平均蛋重61~63g，产蛋期成活率92%~94%，

图 2-36　黄金褐蛋鸡　　　　图 2-37　迪卡褐壳蛋鸡　　　　图 2-38　海赛克斯褐壳蛋鸡

料蛋比 2.0∶1。亚康是该公司产粉壳蛋另一配套系。

⑩金慧星褐壳蛋鸡。由法国伊莎公司育成。商品代开产日龄 150~155d，76 周龄入舍母鸡产蛋 305 枚，平均蛋重 63g，产蛋期成活率 95%。

⑪伊利莎褐壳蛋鸡。又称新杨褐壳蛋鸡，由上海新杨家禽育种中心育成。具有产蛋率高、成活率高、饲料转化率高和抗病力强等优点。开产日龄 154~161d，72 周龄入舍母鸡产蛋 266~277 枚，平均蛋重 63.5g，料蛋比 2.25~2.4∶1，产蛋期成活率 93%~97%，可羽色自别雌雄。

⑫宝万斯褐壳蛋鸡。由荷兰汉德克家禽育种有限公司育成。开产日龄 138~145d，80 周龄入舍母鸡产蛋 330~335 枚，平均蛋重 62g，料蛋比 2.2~2.3∶1，产蛋期成活率 94%~95%。

图 2-39　罗曼褐壳蛋鸡

⑬种禽褐壳蛋鸡。由北京市华都种禽有限公司培育，分种禽褐和种禽 8 号两种。种禽褐商品代 72 周龄入舍母鸡产蛋 290~308 枚，平均蛋重 62g，料蛋比 2.35~2.41∶1，产蛋期成活率 91%~93%。种禽褐 8 号商品代 72 周龄入舍母鸡平均产蛋 302 枚，平均蛋重 64g。

(3) 粉壳蛋鸡。

①京白 939 粉壳蛋鸡（图 2-40）。由北京市种禽公司培育而成的浅粉壳蛋鸡配套系。具有产蛋多、耗料少、体型小、抗逆性强等优点。商品代可羽速自别雌雄。0~20 周龄成活率为 95%~98%，20 周龄体重 1.45~1.46kg，开产日龄 155~160d，21~72 周龄成活率 92%~94%，72 周龄入舍母鸡产蛋 270~280 枚，平均蛋重 62g，料蛋比 2.30~2.35∶1。

图 2-40　京白 939 蛋鸡

②雅康粉壳蛋鸡。由以色列 PBU 家禽育种公司培育而成的高产浅粉壳蛋鸡。它具有体型小，适应性强，产蛋率高等特点。商品代可羽速自别雌雄。开产日龄为 152~161d，72 周龄入舍母鸡产蛋 270~285 枚，平均蛋重 61~63g。

③尼克珊瑚粉壳蛋鸡（图 2-41）。由美国辉瑞公司育成。开产日龄 140~150d，80 周龄

入舍母鸡产蛋345～355枚，平均蛋重63.7g，料蛋比2.0～2.2∶1，产蛋期成活率91%～94%。

④罗曼粉蛋鸡（图2-42）。由德国罗曼家禽育种公司育成。商品代开产日龄140～150d，72周龄入舍母鸡产蛋300～310枚，蛋重63.0～64.0g，料蛋比2.1～2.2∶1，产蛋期成活率94%～96%。

⑤海赛克斯粉壳蛋鸡。由荷兰尤利布里德公司育成。商品代开产日龄140d左右，72周龄入舍母鸡产蛋310枚，平均蛋重61.3g，料蛋比2.1∶1，产蛋期成活率93.6%。

⑥海兰灰蛋鸡（图2-43）。由美国海兰国际公司育成。商品代平均开产日龄151d，74周龄入舍母鸡平均产蛋305枚，平均蛋重62g，产蛋期成活率93%。

图2-41 尼克珊瑚粉壳蛋鸡

图2-42 罗曼粉壳蛋鸡

图2-43 海兰灰蛋鸡

（4）绿壳蛋鸡。

①华绿黑羽绿壳蛋鸡。由江西省东乡县农科所和江西省农科院畜牧兽医研究所培育而成。该鸡体型较小，行动敏捷，适应性强，羽毛全黑、乌皮、乌骨、乌肉、乌内脏，喙、趾均为黑色。成年鸡体重1.45～1.5kg，开产日龄140～160d，72周龄产蛋量140～160枚，蛋重46～50g，蛋壳绿色。

②三凤青壳蛋鸡。由江苏省家禽科学研究所育成。有黄羽、黑羽两个品系，其血缘均来自于我国的地方品种，单冠、黄喙、黄腿、耳叶红色。成年公鸡体重1.85～1.90kg，母鸡1.5～1.6kg。成年鸡体重1.75～2.0kg，开产日龄155～160d，72周龄产蛋190～205枚，蛋重50～55g，蛋壳青绿色，料蛋比为2.3∶1。

③三益绿壳蛋鸡。由武汉市东湖区三益家禽育种有限公司杂交培育而成，其最新的配套组合为东乡黑羽绿壳蛋鸡公鸡做父本，国外引进的粉壳蛋鸡做母本，进行配套杂交。商品代鸡群中麻羽、黄羽、黑羽基本上各占1/3，可羽速自别雌雄。母鸡单冠、耳叶红色、青腿、青喙、黄皮；成年母鸡体重约1.5kg。开产日龄150～155d，开产体重约1.25kg，72周龄产蛋量约210枚，蛋重50～52g。

2. 肉鸡系

(1) 快大型肉鸡。

①艾维茵肉鸡（图2-44）。由美国艾维茵国际禽业有限公司育成。羽毛白色，皮肤黄色，具有增重快，饲料转化率高，适应性强等优点。商品代42日龄体重1.859kg，饲料转化率1.85∶1；49日龄体重约2.287kg，饲料转化率1.97∶1。在传统艾维茵肉鸡配套系基础上由美国科宝公司培育而成的艾维茵48肉鸡，商品代42日龄体重2.58kg，饲料转化率为1.721∶1；49日龄体重约3.113kg，饲料转化率1.848∶1。

②爱拔益加肉鸡（图2-45）。简称"AA"肉鸡，由美国爱拔益加家禽育种公司育成。羽毛白色，特点是体型大、生长快、饲料转化率高、耐粗饲、适应性强。有常规型和多肉型（AA^+）两种类型。常规型商品代49日龄体重约2.94kg，饲料转化率1.91∶1；AA^+商品代49日龄体重2.9kg左右，饲料转化率2.0∶1。

图2-44 艾维茵肉鸡

图2-45 爱拔益加肉鸡

图2-46 罗斯308肉鸡

③罗斯肉鸡。由英国罗斯育种公司育成。培育有罗斯308（图2-46）、罗斯508等配套系。其中，罗斯308全身白色羽，体质健壮，成活率高，增重速度快，出肉率高，商品代42日龄体重约2.474kg，饲料转化率为1.721∶1；49日龄体重约3.052kg，饲料转化率1.85∶1。

④科宝500肉鸡。由美国泰臣食品国际家禽育种公司育成。羽毛白色，体型大，肌肉丰满，成活率高，增重速度快，出肉率高和饲料转化率高，初生雏可羽速自别雌雄，商品代42日龄体重约2.474kg，饲料转化率为1.721∶1；49日龄体重约3.052kg，饲料转化率1.85∶1。公司还推出了科宝700肉鸡配套系，胸肌更发达，适合作为分割鸡饲养。

⑤哈巴德肉鸡（图2-47）。由美国哈伯德公司培育的常规型肉鸡，后由合并后的哈伯德—伊莎家禽育种集团培育成宽胸（高出肉率型）新品系。羽色白色，胸肉率高，生长快，抗逆性强，初生雏可羽速自别雌雄，宽胸型商品代42日龄体重2.24kg左右，饲料转化率为1.82∶1；49日龄体重2.71kg，饲料转化率1.96∶1。

⑥罗曼肉鸡（图2-48）。由德国罗曼家禽育种公司育成。羽毛白色，早期生长快，饲料转化率高，适应性强。商品代42日龄体重1.65kg，饲料转化率为1.90∶1；49日龄体重约2.0kg，饲料转化率2.05∶1；56日龄体重约2.35kg，饲料转化率2.2∶1。

⑦宝星肉鸡。由加拿大雪佛公司育成。白羽，生长快，耗料少，成活率高。商品代8周龄平均体重2.17kg，饲料转化率为2.4∶1。

图 2-47 哈伯德肉鸡

图 2-48 罗曼肉鸡

⑧红宝肉鸡。又称红布罗红羽肉鸡,由加拿大雪佛公司育成。羽毛为红黄色,具有黄喙、黄腿、黄皮肤的三黄特征。性情温驯,生长快。商品代42日龄公母鸡平均体重1.58kg,饲料转化率1.85∶1,49日龄公母鸡平均体重1.93kg,饲料转化率2.0∶1。

(2) 优质型肉鸡。

①石歧杂肉鸡(图2-49)。是我国香港渔农自然护理署根据香港的环境和市场需求,选用广东3个著名的地方良种——惠阳鸡、清远麻鸡和石岐鸡为主要改良对象,并先后引用新汉夏、白洛克、科尼什和哈巴德等外来品种进行杂交育成。保持了三黄鸡的黄毛、黄皮、黄脚、黄脂、短腿、单冠、圆身、薄皮、细骨、脂丰、肉厚、

图 2-49 石歧杂鸡

味浓等多个特点。此外,还具有适应性好、抗病力强、成活率高、个体发育均匀等优点。商品代105日龄体重约1.65kg,饲料转化率3.0∶1。

②京星肉鸡(图2-50)。由中国农业科学院畜牧研究所利用我国培育的D型矮洛克与引进良种和地方良种参与配套,两系或三系配套繁育而成的优质肉鸡。京星101商品代90日龄体重1.78~2.0kg;京星102,7周龄体重2.0~2.2kg,饲料转化率分别为3∶1和2.6∶1。成活率在97%~98%。京星201商品代7周龄体重为2.1~2.4kg,饲料转化率为2∶1,成活率96%~98%。因种母鸡具有天然的dw基因,是著名的节粮型肉用鸡。

③苏禽黄鸡(图2-51)。由江苏省家禽科学研究所育成的三系配套商品鸡。商品代羽毛黄色,胸肌发达,体脂适度,肉质细嫩,肉味鲜美。商品代70日龄公鸡体重约1.745kg,母鸡体重约1.314kg,饲料转化率3∶1。

图 2-50 京星肉鸡

④江村黄鸡。由广州市江丰实业股份有限公司育成。江村黄鸡是利用几个不同产地的"石岐杂鸡"与地方品种鸡杂交，以后又引入隐性白羽基因培育而成。江村JH-2、JH-3（图2-52）通过国家畜禽品种审定委员会审定。鸡嘴、鸡脚、鸡毛、皮肤呈现黄色。头部较小，体型短而宽，肌肉丰满。JH-256日龄平均体重1.36kg，饲料转化率2.33：1；JH-356日龄平均体重1.3g，饲料转化率2.35：1。

图2-51 苏禽黄鸡

图2-52 江村黄JH-3号父母代

⑤康达尔黄鸡。由深圳康达尔有限公司家禽育种中心育成。商品代麻黄羽，脚黄，皮黄，脚矮细，早熟，胸肌发达，商品代56日龄公鸡体重约1.6kg，母鸡体重约1.25kg，饲料转化率2.1～2.2：1。70日龄公鸡体重约2.0kg，母鸡体重约1.6kg，饲料转化率2.3～2.5：1。

⑥岭南黄鸡。由广东省农业科学院畜牧研究所育成。共有4个配套系，可繁殖3种不同生长速度的肉用商品鸡。快速型鸡70日龄平均体重可达1.5kg，饲料转化率2：1；中速型鸡90日龄平均体重可达1.6kg，饲料转化率3.2：1；优质型鸡105日龄平均体重1.6kg，饲料转化率3.5：1。

⑦新兴黄鸡（图2-53）。由广东温氏食品集团南方家禽育种有限公司育成。新兴黄鸡2号、新兴矮脚黄鸡通过国家畜禽品种审定委员会审定。公鸡饲养60～70d，体重1.5～1.6g，饲料转化率2.1：1，母鸡饲养80～90d，体重1.3～1.4kg，饲料转化率3.0：1。

⑧良凤花鸡（图2-54）。由广西南宁良凤农牧有限责任公司育成。羽色多为麻黄、麻黑色，少量黑色。该鸡适应性强，耐粗饲，抗病力强，放牧饲养效果好。商品代60日龄体重1.7～1.8kg，饲料转化率2.2～2.4：1。

图2-53 新兴黄鸡

图2-54 良凤花鸡

二、鸭的主要品种

鸭的品种主要按照经济用途进行分类,可分为肉用型、蛋用型和兼用型 3 种类型。

(一) 肉用鸭品种

1. 北京鸭(图 2-55) 原产于北京,是世界著名的肉用鸭标准品种,对世界养鸭业的发展贡献巨大。北京鸭具有生长快、肥育性能好、肉味鲜美及适应性强等特点。其体形硕大丰满,头部长大,颈粗稍短,体长背宽,前胸突出,两翅较小而紧附于体,尾短而上翘。公鸭尾部有 4 根向背部卷曲的性羽。喙、胫、蹼为橘红色,眼的虹彩蓝灰色,雏鸭绒毛金黄色,成鸭羽毛为白色。性情温驯,好安静,适宜于集约化饲养。性成熟早,一般 150~180 日龄开产,年产蛋 200~240 枚,蛋重 90~95g,蛋壳白色。无就巢性。配套系商品肉鸭 49 日龄体重可达 3.0kg 以上,饲料转化率 2.8~3.0∶1。北京鸭填饲 2~3 周,肥肝重可达 300~400g。

图 2-55 北京鸭

2. 樱桃谷鸭(图 2-56) 由英国樱桃谷公司引进我国的北京鸭和埃里斯伯里鸭杂交培育而成的配套系鸭种,是我国养殖量最大的白羽肉鸭品种。樱桃谷鸭具有生长快、饲料转化率高、抗病力和适应性强、肉质好、耐旱地饲养等特点。外形酷似北京鸭,雏鸭绒毛呈淡黄色,成年鸭羽毛白色,少数有零星黑色杂羽。

图 2-56 樱桃谷鸭

体形硕大,头大额宽,体躯呈长方体,体躯倾斜度小,几乎与地面平行,喙、胫、蹼为橙黄色或橘红色。年产蛋 210~220 枚,蛋重 85~90g;商品代 49 日龄体重 3.0~3.5kg,饲料转化率为 2.7~2.8∶1。SM_2 系超级肉鸭,商品代 47 日龄活重 3.45kg,饲料转化率 2.32∶1。

3. 狄高鸭(图 2-57) 由澳大利亚狄高公司引进北京鸭育成。外形与北京鸭相似,具有抗寒耐热能力强,适应旱地饲养的特点。羽毛白色,头大且稍长,喙橙色,胫、蹼橘红色,背宽长,胸宽,尾稍翘起。年产蛋 200~230 枚,平均蛋重 88g,蛋壳白色。商品代 49 日龄体重达 3.0~3.5kg,饲料转化率 2.9~3.0∶1。

4. 奥白星肉鸭(图 2-58) 由法国克里莫兄弟育种公司培育而成的超级肉鸭。具有生长快、早熟易肥、体形硕大、屠宰率高等特点。外貌与樱桃谷鸭相似。鸭绒羽为黄色,成年鸭羽毛白色,喙、胫、蹼橙黄色。头大颈粗,胸宽,体躯稍长,胫短粗。该鸭喜干爽,能在陆地上进行自然交配,适应旱地圈养或网养。父母代性成熟 24 周龄,年产蛋 220~230 枚,商品代 45~49 日龄体重 3.2~3.3kg,饲料转化率 2.4~2.6∶1。

5. 天府肉鸭 由四川农业大学利用引进品种和地方良种杂交培育而成的大型肉鸭品种。羽色有白色(图 2-59)和麻色(图 2-60)两种。白羽类型是在樱桃谷鸭的基础上培育而成

图 2-57 狄高鸭

图 2-58 奥白星鸭

图 2-59 天府肉鸭（白鸭型）

图 2-60 天府肉鸭（麻鸭型）

的，外貌与樱桃谷鸭相似。麻羽类型是用四川麻鸭经杂交后选育而成的，外貌与北京鸭相似。白羽商品代肉鸭 49 日龄体重 3.0～3.20kg，饲料转化率 2.7～2.9∶1。

6. 瘤头鸭 又称番鸭、西洋鸭。原产于南美洲和中美洲热带地区。适合我国南方各省饲养。瘤头鸭与一般家鸭同科不同属。头大，颈粗短，眼至喙周围无羽毛，喙基部和眼周围有红色或黑色皮瘤，胸部宽平，腹部不发达，尾部较长，体形呈橄榄形。羽毛颜色主要有黑白两种，有少量黑白羽毛中含银灰色羽。黑色瘤头鸭的羽毛具有墨绿色光泽，喙肉红色有黑斑，皮瘤黑红色，胫、蹼多为黑色，虹彩浅黄色。白羽瘤头鸭的喙呈粉红色，皮瘤鲜红色，胫、蹼为黄色，眼的虹彩浅灰色。黑白花的瘤头鸭喙为肉红色，且带有黑斑，皮瘤红色，胫、蹼黑色。瘤头鸭生长快、体重大、肉质好，善飞而不善于游泳，适合舍饲。母鸭 6～7 月龄开产，一般年产蛋 80～120 枚，蛋重 65～70g，蛋壳多白色，也有淡绿色或深绿色。母鸭有就巢性。成年公鸭体重 2.5～4kg，母鸭 2～2.5kg，仔鸭 90 日龄体重公鸭 2.7～3kg，母鸭 1.8～2.4kg。饲料转化率 3.2∶1。瘤头鸭与家鸭杂交，杂交后代称"半番鸭"，杂交后代生长快，体重大，肉质好，抗病力强，但无繁殖能力。瘤头鸭肥肝性能好，10～12 周龄的瘤头鸭填饲 2～3 周后，肥肝重可达 300～353g，肝料比 1∶30～32。

（二）蛋用鸭品种

1. 绍鸭（图 2-61） 又名绍兴麻鸭，原产于浙江省绍兴地区，是我国优良的蛋鸭品种。

具有产蛋多、成熟早、体型小、耗料少等特点，既适于圈养，又适于放牧。有带圈白翼梢和红毛绿翼梢两个品系。带圈白翼梢的母鸭以棕黄麻色为主，颈中部有2～4厘米宽的白色羽环，主翼羽全白色，性情较躁，适于放牧。公鸭羽毛深褐色，头颈上部羽毛带墨绿色光泽，雄性羽墨绿色，喙橘黄色，胫、蹼橘红色。红毛绿翼梢的母鸭以红棕色麻羽为主，无白羽颈环，翼羽墨绿色，公鸭全身羽毛深褐色，头部、颈部羽毛具有墨绿色光泽，镜羽墨绿色，喙橘黄色，胫、蹼橘红色。性情温驯，适于圈养。早熟，100～120日龄开产，年产蛋260～300枚，蛋重66～68g，蛋壳多为白色。带圈白翼梢的公鸭体重约1.42kg，母鸭体重约1.27kg；红毛绿翼梢的公鸭体重约1.32kg，母鸭体重约1.26kg。

图2-61 绍鸭

2. 金定鸭（图2-62） 原产于福建省厦门地区，是优良的高产蛋鸭品种。具有勤觅食、适应性强、耐劳善走的特点，适于海滩、水田放牧饲养。公鸭胸宽背阔，体躯较长，头部和颈上部羽毛具有翠绿光泽，无明显的白颈

图2-62 金定鸭

圈，前胸赤褐色，背部灰褐色，腹部羽毛呈细节花斑纹。翼羽暗褐色，有镜心，母鸭体躯细长，匀称紧凑，外形清秀。脚胫橘红色，爪黑色。金定鸭产蛋期长，高产鸭在换羽期和冬季能持续产蛋而不休产，产蛋率高。110～120日龄开产，年产蛋280～300枚，平均蛋重70～72g，蛋壳多为青色，是我国麻鸭品种中产青壳蛋最多的品种。成年公鸭体重1.6～1.78kg，母鸭体重约1.75kg。

3. 卡基·康贝尔鸭（图2-63） 原产于英国，是世界著名的高产蛋鸭品种。具有适应性强、产蛋量高、饲料转化率高、抗病力强、肉质好等优点，体型较大，近似于兼用型，性情温驯，适于圈养。雏鸭羽毛深褐色，喙、脚为黑色，长大后羽色逐渐变浅，成年公鸭头、颈、翼、肩和尾部羽毛为青铜色，其余部位羽毛为暗褐色，喙墨绿色，胫、蹼橘红

图2-63 卡基·康贝尔鸭

色；成年母鸭的羽毛为暗褐色，头、颈部羽毛和翼羽为黄褐色，喙浅黑色或浅绿色；胫、蹼为深橘红色。成年公鸭体重2.3～2.5kg，母鸭体重2.0～2.2kg。开产日龄120～130d，年产蛋260～300枚，蛋重70～75g，蛋壳为白色。

（三）兼用型鸭品种

1. 高邮鸭（图 2-64）　主产于江苏省的高邮、兴化、定应等县市，以产双黄蛋而著称。具有体型大、生长快、善潜水、觅食能力强、耐粗饲等特点，适宜放牧饲养。公鸭体型较大，背阔肩宽，胸深，体形呈长方形。头颈上半部羽毛均为深绿色，背、腰为褐色花毛，前胸棕色，腹部白色，尾羽黑色。喙淡青色，胫、蹼橘红色，爪黑色。俗称"乌头白档，青嘴雄"。母鸭为麻雀色羽，淡褐色。一般180日龄开产，平均年产蛋180枚左右，蛋重80～85g，蛋壳以白色为主，双黄蛋占产蛋总数的0.3%左右。在放牧条件下，56日龄体重可达2.25kg，肉质鲜美。成年公鸭体重3～3.5kg，母鸭体重2.5～3kg。

2. 建昌鸭（图 2-65）　原产于四川省凉山、安宁一带，以肥肝性能好而著称。体躯宽阔，头大颈粗。公鸭头、颈上部羽毛墨绿色，具光泽，前胸及鞍羽红褐色，腹部羽毛银灰色，尾羽黑色，喙墨绿色，故有"绿头、红胸、银肚青嘴公"的描述。母鸭羽毛浅褐色，麻雀羽居多。母鸭150～180日龄开产，年产蛋150枚，蛋重72g，蛋壳青色。成年公鸭体重2.2～2.6kg，母鸭体重2.0～2.3kg。肉用仔鸭90日龄体重1.66kg，育肥后鸭肝可达400g以上。

图 2-64　高邮鸭　　　　　　　　　　图 2-65　建昌鸭

三、鹅的主要品种

鹅的品种通常按成年体重进行分类，分为大型鹅（成年公鹅体重在9kg以上，母鹅在8kg以上）、中型鹅（成年公鹅体重在5～7.5kg，母鹅在4.5～7kg）、小型鹅（成年公鹅体重在5kg以下，母鹅在4.5kg以下）。

（一）国内品种

1. 大型鹅品种　狮头鹅（图 2-66）：原产于广东饶平县，是我国最大型的鹅种，也是世界大型鹅种之一。因前额和颊侧肉瘤发达呈狮头状而得名。体形硕大，体躯呈方形。头部前额肉瘤发达，两颊有1～2对黑色肉瘤，颌下咽袋发达，一直延伸到颈部。喙短，质坚实，黑色，眼皮突出，多呈黄色，眼的虹彩为褐色，胫粗蹼宽为橙红色，有黑斑，皮肤米色或乳白色，体内侧有皮肤皱褶。全身背面羽毛、前胸羽毛及翼羽为棕褐色，由头顶至颈部的背面形成如鬃状的深褐色羽毛带，全身腹部的羽毛白色或灰色。成年公鹅体重10～12kg，母鹅体重9～10kg。母鹅开产日龄为180～240d，年产蛋25～35枚，平均蛋重203g，就巢性强。70～90日龄上市未经肥育的仔鹅，公鹅平均体重6.12kg，母鹅平均体重5.5kg。狮头鹅肥肝性能好，平均肝重706g，最大肥肝可达1.4kg，肝料比为1∶40，是我国生产肥肝的专用鹅种。

2. 中型鹅品种

(1) 四川白鹅（图2-67）。产于四川省温江、乐山、宜宾和达县等地。在我国中型鹅种中以产蛋量高而著称。四川白鹅作为配套系母本，与国内其他鹅种杂交，具有良好的配合力和杂交优势，是培育配套系中母系的理想品种。基本无就巢性，全身羽毛白色，喙、胫、蹼橘红色，眼的虹彩蓝灰色。公鹅体型稍大，头颈较粗，额部有半圆形的橘红色肉瘤；母鹅头清秀，颈细长，肉瘤不明显。成年公鹅体重5.0～5.5kg，母鹅体重4.5～4.9kg。60日龄体重约2.5kg，90日龄约3.5kg。母鹅开产日龄180～240d，年产蛋60～80枚，平均蛋重146g，蛋壳为白色。

图2-66　狮头鹅

图2-67　四川白鹅

(2) 浙东白鹅（图2-68）。原产于浙江东部的象山、定海、奉化等县。具有生长快、肉质好等特点。体型中等，呈长方形，全身羽毛白色，少数个体在头和背侧部夹杂少量斑点灰褐色羽毛。额上方肉瘤高突。无咽袋，喙、胫、蹼幼年时为橘黄色，成年后变为橘红色。成年公鹅体型高大，肉瘤高突，耸立于头顶，鸣声洪亮，好斗。成年母鹅肉瘤较低，性情温驯，鸣声低沉。腹部宽大下垂。成年公鹅体重约5.04g，母鹅体重约3.99g。放牧情况下70日龄体重3.24g。开产日龄150d，有4个产蛋期，每期产蛋8～12枚，1年可产40枚左右。平均蛋重149.1g，蛋壳白色。

(3) 皖西白鹅（图2-69）。原产于安徽省西部丘陵山区和河南固始县一带。具有生长快、觅食力强、耐粗饲，肉质好、羽绒品质优良等特点。前额有发达的肉瘤。体型中等，全身羽毛白色，喙和肉瘤呈橘黄色，胫、蹼橘红色。母鹅体躯一般稍圆，颈较细，公鹅肉瘤大而突出，颈粗长有力，呈弓形，体躯略长，胸部丰满。皖西白鹅只有少数个体颌下有咽袋，部分个体头顶后部生有球形羽束，称为"顶心毛"。成年公鹅体重约6.5kg，母鹅体重约6.0kg。粗放饲养条件下，60日龄达3.0～3.5kg，90日龄约4.5kg。母鹅开产日龄180d，年产两期蛋，抱两次窝。年产蛋25枚左右，平均蛋重142g，蛋壳白色。产绒性能好，羽绒洁白，尤以绒毛的绒朵大而著名。平均每只鹅可产羽绒约349g，其中纯绒40～50g。

3. 小型鹅品种

(1) 豁眼鹅（图2-70）。原产于山东莱阳地区，又称豁鹅、五龙鹅、疤拉眼鹅。体型轻小紧凑，全身羽毛洁白，头较小，颈细稍长，眼呈三角形，两眼上眼睑处均有明显的豁口，此为该品种独有的特征。喙、胫、蹼、肉瘤均为橘红色，爪为白色，眼睑淡黄色。公鹅体型

图 2-68 浙东白鹅

图 2-69 皖西白鹅

较短，呈椭圆形。母鹅体型稍长，呈长方形。山东的豁眼鹅有咽袋，少数有较小腹褶，东北三省的豁眼鹅多有咽袋和较深的腹褶。成年公鹅平均体重 4.0～4.5kg，母鹅平均体重 3.50～4.0kg。90 日龄仔鹅体重 3～4kg。母鹅在 7 月龄开产，无就巢性。放牧条件下，年产蛋 120～180 枚，蛋重 120～140g，蛋壳为白色。

（2）**太湖鹅**（图 2-71）。原产于江、浙两省沿太湖的县、市，现遍布江苏、浙江、上海等地。太湖鹅体型较小，全身羽毛洁白，体态结构细致紧凑。全身羽毛紧贴，肉瘤明显且圆而光滑，呈姜黄色。颈细长呈弓形，眼睑淡黄色，眼的虹彩灰蓝色，喙、跖、蹼呈橘红色，爪白色。公鹅的肉瘤较母鹅大而突出，喙较长。母鹅体略小，性情温驯，叫声低。太湖鹅颌下咽袋不明显，腹部无皱褶。成年公鹅体重 4.0～4.5kg，母鹅体重 3.0～3.5kg。太湖鹅性成熟较早，母鹅 160 日龄即可开产。一个产蛋期每只母鹅平均产蛋 60 枚，高产鹅群达 80～90 枚，高产个体达 123 枚，平均蛋重 135g，公母鹅配种比例一般为 1∶6～1∶7。母鹅就巢性弱，鹅群中约有 10％的个体有就巢性。70 日龄上市体重 2.25～2.5kg，舍内饲养则可达 3kg 左右。

图 2-70 豁眼鹅

图 2-71 太湖白鹅

（二）引进品种

1. 朗德鹅（图 2-72） 原产于法国西南部的朗德省，是世界著名的肥肝专用品种。毛色灰褐，在颈、背部都接近黑色，在胸部毛色较浅，呈银灰色，到腹下部则呈白色。也有部分白羽个体或灰白杂色个体。体型中等大，胸深背宽，腹部下垂，头部肉瘤不明显，喙尖而短，颌下有咽袋，喙橘黄色，胫、蹼肉色。成年公鹅体重7~8kg，成年母鹅体重6~7kg。8周龄仔鹅活重可达4.5kg左右。母鹅6月龄左右性成熟，年产蛋35~40枚，平均蛋重180~200g。种蛋受精率不高，仅65%左右。母鹅有就巢性，但较弱。肉用仔鹅经填肥后，活重达到10~11kg，肥肝重达700~800g。

2. 莱茵鹅（图2-73） 原产于德国莱茵州，是欧洲各个鹅种中产蛋量较高的品种，现广泛分布于欧洲各国。莱茵鹅适应性强，食性广，体型中等，喙、胫、蹼呈橘黄色，头上无肉瘤，颈粗短。初生雏背面羽毛为灰白色，随生长周龄增长而逐渐发生变化，至6周龄变为白色。成年公鹅体重5~6kg，母鹅体重4.5~5kg，母鹅开产日龄210~240d，年产蛋50~60枚，蛋重150~190g。仔鹅8周龄体重可达4~4.5kg，饲料转化率2.5~3.0。适合大群舍饲，是理想的肉用鹅种。产肥肝性能较差，平均肝重只有276g。作为母本与朗德鹅杂交，杂交后代产肥肝性能好。

图2-72 朗德鹅

图2-73 莱茵鹅

技能训练 家禽品种的识别

一、材料

1. 鸡、鸭、鹅品种图片、幻灯片、标本或相关课件。
2. 鸡、鸭、鹅各若干只。

二、方法及操作步骤

1. 放映品种图片或幻灯片或相关课件，边看边讲授，重点介绍品种产地、类形、体形外貌主要特征。
2. 展示活禽或标本，识别主要家禽品种的体型外貌。

任 务 评 估

1. 能说出若干国内主要家禽品种的产地、经济类型、外貌特征和生产性能；能说出若干当地饲养的主要现代鸡种的外貌特征、生产性能和主要优缺点。
2. 能根据图片、幻灯片、标本或活禽识别品种类型。
3. 能对照家禽品种的图片、标本或活禽，正确识别品种。

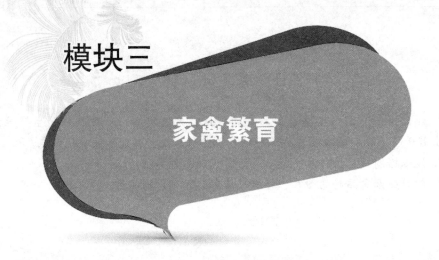

模块三 家禽繁育

项目一 家禽的生产性能

【技能目标】掌握家禽生产性能各项指标的计算公式,并熟练完成计算过程;了解影响产蛋量和产蛋率的生理因素。

一、产蛋性能

(一)产蛋量

1. 产蛋量的计算 产蛋量指母禽在一定时期的产蛋个(枚)数。在鸡育种场,为了育种必须清楚地记载每只鸡的产蛋量,即做个体产蛋量的测定。这就需要母鸡采用单鸡单笼饲养或在自闭产蛋箱中产蛋,以保证准确记录每个个体的产蛋数量。在繁殖场和商品场,只测定鸡群平均产蛋量。可用饲养日产蛋量和入舍母鸡产蛋量表示,计算公式如下:

$$饲养日产蛋量(个)\frac{统计期内的总产蛋量}{统计期内的总饲养日÷统计日数}$$

1只母鸡饲养1d为一个饲养日。

用前1d的存栏鸡数减去当天下班前的死亡数、淘汰数,为当天的存栏鸡数,即为当日的饲养日数。

例如:养鸡户李某某,5月7日某鸡舍存栏鸡数为5 000只,5月8~11日 4d鸡群总产蛋量17 423个。5月8日,当天死亡8只,存栏鸡数为4 992(5 000-8)只,这天的饲养日为4 992个饲养日。5月9日,死亡10只,存栏鸡数为4 982(4 992-10)只,这天的饲养日为4 982个饲养日。5月10日,没有死亡和淘汰的鸡只,存栏鸡数为4 982(4 982-0)只,这天的饲养日为4 982个饲养日。5月11日,淘汰20只,死亡6只,存栏鸡数为4 956(4 982-26)只,这天的饲养日为4 956个饲养日。所以,5月8~11日,这4d的总饲养日为:4 992+4 982+4 982+4 956=19 912个饲养日。5月8~11日鸡群饲养日产蛋量为:

$$饲养日产蛋量(个)\frac{17\ 423}{19\ 912÷4}=3.5(个)$$

$$入舍母鸡产蛋量(个)\frac{统计期内的总产蛋量}{入舍母鸡数}$$

从饲养日产蛋量的计算公式得知:饲养日产蛋量不受鸡死亡、淘汰的影响,反映实际存栏鸡的平均产蛋能力。

而由入舍母鸡产蛋量的计算公式得知：如果不考虑影响总产蛋量多少的其他因素，在入舍母鸡相同时，死亡和淘汰的越多，总产蛋量必然越少，入舍母鸡的平均产蛋量数值会越低。所以，死亡和淘汰数量也是制约统计期内总产蛋量的因素。入舍母鸡产蛋量则综合体现了鸡群的产蛋能力及存活率和淘汰率的高低。如果一个品种或品系的鸡群饲养日产蛋量很高，但产蛋期间母鸡的死亡率也很高，那么按实际饲养日计算的产蛋量，就不能反映出死亡率这一因素，因而产蛋的成本会大于产蛋量虽不是很高、但死亡率很低的另一个品种或品系。目前，普遍使用500日龄（72周龄）入舍母鸡产蛋量来表示鸡的产蛋数量，不仅客观准确地反映了鸡群的实际产蛋水平和生存能力，还进一步反映了鸡群的早熟性。计算公式如下：

$$500\text{日龄（72周龄）入舍母鸡产蛋量（个）} = \frac{500\text{日龄（72周龄）的总产蛋量}}{\text{入舍母鸡数}}$$

例如：养鸡户张某某入舍商品产蛋鸡19 000只，鸡群养至500日龄淘汰时，总产蛋量为5 348 500个，鸡群每只鸡500日龄产蛋量为：

$$500\text{日龄入舍母鸡产蛋量（个）} = \frac{5\ 348\ 500}{19\ 000} = 281.5\text{（个）}$$

2. 影响产蛋量的生理因素

（1）开产日龄。个体记录以产第一个蛋的日龄计算，群体记录鸡、鸭按日产蛋率达50%的日龄计算，鹅按日产蛋率达5%的日龄计算。新母鸡开始产第一个蛋称开产，也称性成熟。一般早熟的鸡全程产蛋数也多，但过于早熟的鸡产的蛋小，产蛋持续性差，其全程产蛋量也低。因而，我们强调适时开产才能保证高的产蛋能力。开产日龄的长短，因品种不同而不同。

（2）产蛋强度。用产蛋率表示，母鸡开产后，前几个月的产蛋强度与全年产蛋量有关。

（3）产蛋持久性。指鸡开产至停产换羽的产蛋期长短。持久性越好，其产蛋量越高。

（4）就巢性。就巢性也称为抱窝或抱性，是家禽繁殖后代的一种生理现象。在就巢期间，母鸡卵巢逐渐萎缩，以致停止产蛋，因此就巢性强的鸡产蛋少。

（5）冬休性。又称"冬歇""冬季休产性"。在冬季，如果休产在7d以上，而又不是抱性时，称产蛋冬休性。冬休的时间越长，冬休性越强；反之则弱。冬休性强的家禽年产蛋量低。应指出的是，现代工厂化养鸡采用人工控制环境，四季如春，应该不存在冬休现象。

（二）产蛋率

产蛋率指母禽在统计期内的产蛋百分率。

1. 产蛋率的计算

计算产蛋率的公式如下：

（1）饲养日产蛋率 $= \dfrac{\text{统计期内的总产蛋量}}{\text{统计期内的总饲养日}} \times 100\%$

如前例：养鸡户李某某，5月7日某鸡舍存栏鸡数为5 000只，5月8～11日 4d鸡群总产蛋量17 423个。该鸡群饲养日产蛋率为：

$$\text{饲养日产蛋率} = \frac{17\ 423}{19\ 912} \times 100\% = 87.5\%$$

（2）入舍母鸡产蛋量 $= \dfrac{\text{统计期内的总产蛋量}}{\text{入舍母鸡数} \times \text{统计日数}} \times 100\%$

如前例：养鸡户李某某，5月7日某鸡舍存栏鸡数为5 000只，5月8~11日4d鸡群总产蛋量17 423个。该鸡群入舍母鸡产蛋率为：

$$入舍母鸡产蛋率 = \frac{17\ 423}{5\ 000 \times 4} \times 100\% = 87.1\%$$

（3）日产蛋率 $= \dfrac{当日产蛋总数（含破蛋、软壳蛋）}{当日存栏数} \times 100\%$

例如：养鸡户张某某有1 900只存栏母鸡，于某天共产蛋17 400个。所以该群鸡当日产蛋率为：

$$日产蛋率 = \frac{17\ 400}{19\ 000} \times 100\% \approx 92\%$$

当日存栏数：即当日下班前实际在群数，即前1d存栏数减去当日死亡、淘汰鸡数后的余数。

2. 影响产蛋率的生理因素

（1）产蛋周期。母禽在产蛋期中产1个蛋或连续产若干个蛋后，紧接着停产1d或1d以上，然后再继续连产若干天蛋，紧接着又停产1d或1d以上。这样产若干天蛋和停产若干天蛋就构成了一个产蛋周期，此周期重复出现。在产蛋周期内，连产天数愈多，停产天数愈少，产蛋率愈高。

（2）产蛋持久性。产蛋持久性越好，产蛋率越高。

（3）冬休性。冬季停止产蛋天数少，产蛋率高。

（4）就巢性。就巢性弱，产蛋率高。

（三）蛋重

蛋重指蛋的大小，单位以克计。现代养鸡生产十分注重这一指标。产蛋量相同的鸡，蛋重大，总蛋重也大。蛋重用平均蛋重和总蛋重表示。统计数字表明，大多数品种的鸡、鸭在300日龄左右所产的蛋即可达全期平均蛋重。

1. 蛋重的测定

（1）平均蛋重。从300日龄开始计算，以克为单位。个体记录需连续称取3个以上的蛋求平均数；群体记录时，则应连续称取3d总产蛋重除以产蛋总个数求平均值；大型禽场按日产蛋量的5%称测蛋重，求平均值。

（2）总蛋重。

$$总蛋重（kg）= 平均蛋重（g）\times 产蛋量 \div 1\ 000$$

2. 影响蛋重的因素 除饲养管理因素外，受以下因素影响。

（1）品种。蛋重因品种而异，有的品种产的蛋大，有的品种产的蛋小。同一品种不同个体蛋重也有差别。

（2）年龄。刚开产时蛋重较小，随着日龄的增加，蛋重逐渐增大，到7月龄、8月龄以后，蛋重增加越来越缓慢；蛋重达到最大后，趋于稳定，保持到第2年。第2年以后，随禽只年龄增加，蛋重逐渐降低。

（四）蛋的品质

蛋的品质包括蛋形指数、蛋壳强度、蛋壳厚度、蛋壳密度、蛋壳颜色、蛋黄色泽、哈氏单位、血斑率和肉斑率等几个方面。现代养鸡业很重视蛋的品质，因它是衡量蛋质量的指标。蛋品质越好。越受消费者欢迎。所以蛋的品质直接影响家禽生产的效益。

应有相应的仪器测定蛋的品质,测定的蛋的数量应不少于 50 个。每批种蛋的品质应在产出后 24h 内进行测定。

(五) 料蛋比

产蛋期料蛋比是指产蛋期耗料量除以总产蛋重。计算公式为:

$$料蛋比 = \frac{产蛋期耗料量（kg）}{总产蛋重（kg）}$$

即产 1kg 蛋在产蛋期所需要的饲料量。料蛋比是表示饲料利用率的一项指标,又称饲料转化率或饲料报酬。饲料转化率小,可节省饲料,提高经济效益。目前饲养的商品蛋鸡在产蛋期内料蛋比一般为 2.2~2.8∶1。

例如:养鸡户李某某的某一幢鸡舍,饲养商品产蛋鸡 3 800 只,32 周龄内耗料 3 320kg,产蛋 1 320kg。所以该群在 32 周龄内的料蛋比为:

$$料蛋比 = \frac{3\ 320}{1\ 320} \approx 2.52$$

二、产肉性能

(一) 生长速度

现代肉禽生产主要指肉用仔禽的生产,肉用仔禽早期生长速度的快慢决定了生产的成败,因为肉仔禽早期生长速度快,其出栏就早、饲料效率高、肉质嫩、发病少等。所以早期生长速度是肉禽生产性能的一项重要指标,是一个重要经济性状。测定肉鸡的早期生长速度多以 7~8 周龄体重来表示。

(二) 体重

体重也是产肉性能的一项指标,包括初生重和成禽体重。初生重与肉用仔禽早期生长速度有关,初生重大,早期生长速度就快。体重愈大,屠宰率愈高,肉质也较好。因此,要求肉用型家禽应有较大的体重。但体重过大,用于自身维持的饲料消耗也较多,所以为了减少饲料消耗,肉用种鸡的体重要适当。

(三) 屠宰率

$$屠宰率 = \frac{屠体重}{活重} \times 100\%$$

屠体重指放血去羽后的重量。活重指在屠宰前停喂 12h 后的肉禽重量。二者均以克或千克为单位。屠宰率是肉用性能的重要指标。屠宰率的高低反映了肉禽肌肉丰满程度,屠宰率越高产肉量越多。

(四) 屠体品质

屠体品质包括胸肌丰满度、胸部囊肿、肌肉纤维的粗细和拉力等项指标。

1. 胸肌丰满度 是肉用仔鸡育种的重要指标之一,测量胸肌肉量,可用胸角器测量。

2. 胸部囊肿 肉用仔鸡出现胸部囊肿会降低屠体品质。

3. 肌纤维的粗细和拉力 可以判断肉质的老、嫩,纤维粗、拉力大,则肉质较差。

(五) 饲料转化率

$$肉用仔鸡饲料转化率 = \frac{肉用仔鸡全程耗料量（kg）}{总活重（kg）}$$

饲料转化率是饲料利用率的一项指标,即产 1kg 活重所需要的饲料量。饲料转化率小,就可节省饲料，降低成本，提高经济效益。目前，饲养的商品肉用仔鸡56日龄时一般为2.0～2.2∶1。

例如：养鸡户李某某的某一幢鸡舍，饲养肉仔鸡5 000只，8周龄出栏时共耗饲料24 675kg，出栏时该群鸡总活重为11 750kg。所以该群肉用仔鸡饲料转化率为：

$$饲料转化率 = \frac{24\,675}{11\,750} = 2.1$$

三、繁殖力

（一）种蛋合格率

种蛋合格率是指母禽在规定的产蛋期内所产符合本品种或品系要求的种蛋数占产蛋总数的百分比。一般要求种蛋合格率达到98%以上。

$$种蛋合格率 = \frac{合格的种蛋数}{产蛋总数} \times 100\%$$

例如：某种鸡场某天收集种蛋42 000个，经挑选，合格种蛋41 500个。所以种蛋合格率为：

$$种蛋合格率 = \frac{41\,500}{42\,000} \times 100\% \approx 98.8\%$$

（二）种蛋受精率

种蛋受精率是指受精蛋数占入孵蛋数的百分比。血圈蛋、血线蛋按受精蛋计算，散黄蛋按无精蛋计算。一般要求蛋用种鸡受精率达到90%以上，肉用种鸡受精率达到85%以上。

$$种蛋受精率 = \frac{受精蛋数}{入孵蛋数} \times 100\%$$

例如：某孵化厂某批次入孵种蛋60 000个，7d后验蛋时检出无精蛋285个。所以种蛋受精率为：

$$种蛋受精率 = \frac{60\,000 - 285}{60\,000} \times 100\% \approx 99.5\%$$

（三）孵化率

1. 受精蛋孵化率 指出雏数占受精蛋数的百分比。

$$受精蛋孵化率 = \frac{出雏数}{受精蛋数} \times 100\%$$

2. 入孵蛋孵化率 指出雏数占入孵蛋数的百分比。

$$入孵蛋孵化率 = \frac{出雏数}{入孵蛋数} \times 100\%$$

例如：某孵化厂某批次入孵种蛋60 000个，7d后验蛋时检出无精蛋285个，孵出雏鸡53 500只。所以受精蛋孵化率和入孵蛋孵化率分别为：

$$受精蛋孵化率 = \frac{53\,500}{60\,000 - 285} \times 100\% \approx 89.6\%$$

$$入孵蛋孵化率 = \frac{53\,500}{60\,000} \times 100\% \approx 89.2\%$$

一般要求受精蛋孵化率达到90%以上，入孵蛋孵化率达到85%以上。

（四）健雏率

健雏率指健康雏禽数占出雏数的百分比。健雏指按时出壳、绒毛正常、脐部愈合良好、活泼、无畸形者。一般要求健雏率达到98%以上。

$$健雏率 = \frac{健雏数}{出雏数} \times 100\%$$

例如：某孵化厂某批次孵出雏鸡53 500只，其中健雏53 400只。所以健雏率为：

$$健雏率 = \frac{53\ 400}{53\ 500} \times 100\% \approx 99.8\%$$

四、生活力

家禽的生活力是指其在一定的外界环境下的生存能力。用如下指标来衡量。

1. 雏禽成活率 雏禽成活率也称育雏率，指育雏期末成活雏禽数占入舍雏禽数的百分比。

$$雏禽成活率 = \frac{育雏期末成活雏禽数}{入舍雏禽数} \times 100\%$$

其中，雏鸡育雏期为0～6周龄，蛋用雏鸭育雏期为0～4周龄，肉用雏鸭育雏期为0～3周龄，雏鹅育雏期为0～4周龄。一般要求雏禽成活率达到90%以上。

例如：养鸡户赵某进雏鸡10 000只，育雏期满（6周龄）成活9 950只。所以育雏成活率为：

$$育雏成活率 = \frac{9\ 950}{10\ 000} \times 100\% = 99.5\%$$

2. 育成禽成活率 育成禽成活率也称育成率，指育成期末成活育成禽数占育雏期末入舍雏禽数的百分比。

$$育成禽成活率 = \frac{育成期末成活的育成禽数}{育成期初入舍雏禽数} \times 100\%$$

其中，蛋用鸡育成期为7～20周龄，肉用种鸡育成期为7～22周龄，蛋用鸭育成期为5～16周龄，肉用鸭育成期为4～22周龄，鹅的育成期为5～30周龄。一般要求育成禽成活率达到96%以上。

3. 母禽存活率 母禽存活率指入舍母禽数减去死亡、淘汰后的存活数占入舍母禽数的百分比。

$$母禽存活率 = \frac{入舍母禽数 - 死亡数 - 淘汰数}{入舍母禽数} \times 100\%$$

一般要求母禽存活率达到88%以上。

技能训练　生产性能指标的计算

一、材料

某种鸡群出壳至产蛋结束的生产记录资料，计算器。

鸡场生产资料：

1. 某鸡场某批次进雏鸡10 000只，育雏期满（6周龄）成活9 850只，育成期满（20周龄）转群 9 650 只，72 周龄淘汰时出售母鸡 9 450 只。

2. 某鸡场某批次 3 月 5 日开始育雏，育成期满（20 周龄）转群 9 650 只，8 月 10 日（每月按 30d 计算）鸡群产蛋率达 50%，鸡群 72 周龄（翌年 9 月 25 日）产蛋总数 2 750 250 个。

3. 某孵化厂某批次入孵种蛋 6 000 个，7d 后验蛋时检出无精蛋 60 个，孵出雏禽 9 400 只。

二、方法及操作步骤

1. 根据生产资料提供的数据，计算出雏禽、育成禽成活率和母禽存活率。
2. 根据生产资料，计算出鸡群的开产日龄，500 日龄入舍母鸡产蛋量、入舍母鸡产蛋率。
3. 根据生产资料，计算出受精率、受精蛋孵化率、入孵蛋孵化率。

任 务 评 估

一、名词解释

产蛋量　饲养日　开产日龄　产蛋率　蛋重　平均蛋重　总蛋重　料蛋比　屠宰率　饲料转化率　种蛋合格率　受精蛋孵化率　入孵蛋孵化率　健雏率　育雏率

二、计算题

1. 某一批次入舍母鸡 5 000 只，统计产蛋量和饲养日数的时间为 4 月 1～10 日，共统计 10d，总产蛋量为 42 500 个，鸡群在第 1 天（4 月 1 日）为 5 000 只，第 2 天死亡 4 只，第 7 天淘汰 5 只，第 9 天淘汰 4 只，该鸡群的饲养日产蛋率和入舍母鸡产蛋率分别是多少？

2. 某母鸡在 298 日龄、299 日龄、300 日龄、303 日龄、304 日龄各产一个蛋，通过称量得知 300 日龄蛋重为 61g，303 日龄蛋重为 61.8g，304 日龄蛋重为 61.8g，该鸡的平均蛋重为多少？

3. 某一群肉仔鸡，从开始饲养到出栏 8 周时间内共耗饲料 2 500kg，出栏时该群鸡总活重为 1 250kg，该群肉用仔鸡饲料转化率为多少？

4. 有 2 000 只存栏母鸡，于某天共产蛋 1 580 个，该群鸡当日产蛋率为多少？

三、技能评估

1. 育雏率、育成禽成活率、母禽存活率计算公式运用正确、结果准确。
2. 鸡群的开产日龄，500 日龄入舍母鸡产蛋量、入舍母鸡产蛋率计算公式运用正确、结果准确。
3. 受精率、受精蛋孵化率、入孵蛋孵化率计算公式运用正确、结果准确。

项目二 家禽的繁殖与现代家禽良种繁育体系

任务1 家禽的繁殖方法

【技能目标】学会种禽的选择方法，掌握种禽的公、母配偶比例；了解鸡人工授精的优点，掌握采精、精液的稀释和输精方法。

一、种禽的选择

（一）根据外貌和生理特征选择

1. 种用雏禽的选择

（1）肉用系。在肉用种禽6～8周龄时，选留生长速度快、体重大、羽毛丰满、没有生理缺陷的雏禽，淘汰与此相反的雏禽。

（2）蛋用系。选留羽毛生长迅速，体重适当（既不过小，也不过大）。淘汰所有生长缓慢、外貌和生理有缺陷的雏禽。选留和淘汰工作，也在6～8周龄时进行。

2. 种用育成禽的选择 选留体型结构、外貌特征符合本品种要求，外貌结构良好，身体健康，生长发育良好的育成禽。淘汰不健全（眼瞎、跛脚、伤残）和瘦弱的个体，在20～22周龄进行。

3. 成年种禽的选择

（1）种母鸡的选择。高产母鸡头清秀、头顶宽、呈方形，冠、髯较大、发育充分、细致，喙短、宽而微弯曲。胸宽、深、向前突出，胸骨长而直。体躯背部长、宽、深，腹部柔软，容积大，胸骨末端与耻骨间距4指以上。耻骨软而薄，相距三指以上。换羽迟、迅速。皮肤色素退色依序进行，退色彻底。

（2）种公鸡的选择。应选留身体各部匀称，发育良好。如为单冠品种，冠叶应大而直立，冠、髯颜色鲜红，组织细致，皮肤柔软有弹性，胸宽、深，向前突出，羽毛丰满、身体健壮。不符合上述要求的公鸡应予以淘汰。

（二）根据记录成绩选择

育种场应做好系统的记录工作。记录育种工作需要的数据、资料，作为选择与淘汰的依据。

应根据育种需要记录生产性能等性状。

选择方法有以下4种：

1. 根据谱系资料进行选择 即系谱选择。对于尚无生产性能记录的家禽或公禽，应根据它们的谱系资料进行选择，也就是依据其祖先的生产性能进行选择。运用谱系资料时，血缘愈近的影响愈大，因此一般着重比较亲代和祖代即可。

2. 根据本身成绩进行选择 即个体选择。谱系选择只能说明生产性能可能怎么样，而本身成绩则说明生产性能已是怎么样，因此是选择的重要依据。但应注意个体本身成绩的选择只适宜于遗传力高的性状。

3. 根据全同胞和半同胞生产成绩进行选择 即同胞选择。选择种禽，尤其是选择公禽，其本身不产蛋，又尚无女儿产蛋，要鉴定它的产蛋力，只能根据它的全同胞和半同胞的平均产蛋成绩来鉴定。

4. 根据后裔成绩进行选择　即后裔测定。这是根据记录成绩选择的最高形式，因为这一形式选取的种禽表明确实是优秀的，能够把遗传品质真实稳定地遗传给下一代。

二、配偶比例与种禽利用年限

1. 配偶比例　配偶比例，也就是家禽群体中的公、母比例。家禽应保持配偶比例适当，以保证较高的受精率。如果配偶比例不适当，若母禽过多，则不能得到公禽配种；公禽过多，则产生争配现象，这两种情况都会降低种蛋的受精率。各种家禽的适宜配偶比例如下：

轻型蛋用种鸡　　　　1：12～15
中型蛋用种鸡　　　　1：10～12
肉用种鸡　　　　　　1：8～10
麻鸭　　　　　　　　1：20～25
北京鸭　　　　　　　1：5～6
鹅　　　　　　　　　1：4～6

2. 种禽利用年限　家禽的种类和种禽场的性质不同种禽利用年限也不相同。公鸡配种第一年受精率最高，以后随着年龄的增加而逐渐降低。母鸡第一个产蛋年的产蛋量最高，以后每年递减15%～20%。所以为确保每年能繁殖出数量较多的雏鸡后代，繁殖场的种公鸡、母鸡一般都利用1年。为育种的需要，育种场种公鸡、母鸡利用2～3年。鹅的生长期较长，成熟较晚，第2年产蛋量比第1年增加15%～20%，第3年比第1年增加30%～45%，所以鹅一般利用4～5年。

三、家禽的自然交配

家禽的自然交配分大群配种和小群配种两种方法。

1. 大群配种　大群配种是指在一大群母禽内按公母比例放入一定数量的公禽，使每只公禽随机与母禽交配。此法简单易行，种蛋受精率高，但后代的血缘不清，即不能确知雏禽的父母。一般适用于一级种禽场（祖代场）和二级种禽场（父母代场）。

2. 小群配种　小群配种是在一个配种小间放入1只公禽与一小群母禽配种的方法。母禽、公禽均编脚号或肩号，配置自闭产蛋箱，每个种蛋均记上配种间号数和母禽的脚号或肩号，这样可准确地知道雏禽的父母，血缘清楚，适用于育种场，可用来测定母禽的生产性能。

四、鸡的人工授精

1. 人工授精的优点

（1）可少养公鸡，节省饲料和鸡舍，降低生产成本。因为自然交配每只公鸡能配10～15只母鸡，而人工授精一只公鸡可以配30～50只母鸡。

（2）可以克服公母鸡体重相差悬殊，以及不同品种间的鸡杂交造成的困难，从而提高受精率。

（3）腿部或有其他外伤的优秀公鸡，无法进行自然交配，人工授精可以继续发挥该公鸡的作用。

（4）笼养种鸡由于不能自然交配，必须进行人工授精，因而采用人工授精技术使种鸡笼养成为可能。

（5）如能使用冷冻保存的精液，则可以使优秀种公鸡的精液运往其他地方的种鸡场，将该鸡精液输给更多的母鸡，提高优秀种公鸡的利用率。

2. 人工授精的操作方法　鸡的人工授精包括采精、精液品质检查、输精等过程，其操作方法见技能训练部分。

技能训练　鸡的采精、精液检查与稀释及输精

一、鸡的采精

（一）材料用具

经训练的公鸡数只，母鸡一群，毛剪、采精杯、集精杯、干燥箱、消毒盒、脱脂棉球、刻度吸管、试管、显微镜、载玻片、盖玻片、血球计数板、恒温箱、保温瓶（杯）、pH 试纸、消毒药品等。

（二）方法及操作步骤

1. 采精前的准备

（1）公鸡的隔离和调教。公鸡在配种前 3~4 周，转入单笼饲养，以便于熟悉环境和管理人员。在配种前 2~3 周，开始训练公鸡采精，每天 1 次或隔天 1 次，一旦训练成功，则应坚持隔天采精。经 3~4 次训练，大部分公鸡都能采到精液。对经多次训练不能建立反射的公鸡应予以淘汰。

（2）剪公鸡泄殖腔周围的羽毛。为防止污染精液，开始训练之前，应将公鸡泄殖腔周围的羽毛剪去，尾基部的鞍羽也剪去一部分。采精前禁食 3~4h，以防排粪尿。

（3）用具的准备。所有人工授精用具都应清洗、消毒、烘干。如无烘干设备，清洗干净后，用蒸馏水煮沸消毒，再用生理盐水冲洗 2~3 次后方可使用。

2. 采精方法　鸡的采精方法有多种，目前生产中应用较多的是按摩采精法。

采用按摩采精法，一般 3 个人一组，一人保定公鸡，一人按摩采精，一人收集精液。具体操作方法如下：

保定人员双手握住公鸡的腿部，用大拇指压住几根主翼羽，使公鸡尾部向前，头向后，平放于右侧腰部。采精者右手小指和无名指夹住采精杯，杯口贴于手心（也可用中指和无名指夹采精杯，杯口向下）；右手拇指和食指伸开，以虎口部贴于公鸡后腹部柔软处。左手伸展，除拇指外，其余四指并拢，手掌贴于鸡背部并向后按摩，当手到尾根处时稍加力。连续按摩 3~5 次，当公鸡出现压尾反射时，左手将公鸡尾羽压向其背部，拇指和食指放于泄殖腔中上部两侧轻轻挤压，与此同时，右手将采精杯口贴于泄殖腔下缘，承接由交配器流出的乳白色精液。持杯的右手将杯递给收集精液者，接精者将精液倒入集精杯内。不同的公鸡精液混合于同一个集精杯内。收集到的精液应立刻置于 25~30℃ 水温的保温瓶内，并于采精后 30min 内使用完。也可以将保温杯口塞一个橡皮塞，橡皮塞上面钻 3~4 个试管孔。保温杯内放入 30~35℃

的温水，将放有精液的试管插入保温杯，这样也能暂时保存精液，并于采精后 30min 内用完。

3. 采精频率 一般隔天采精，也可每采精 2d 休息 1d，也可在 1 周之内连续采精 3~5d，休息 2d，但应注意公鸡的营养状况和体重变化。一般公鸡 30 周龄后才可连续采精。

4. 采精应注意的问题 采精用具应清洗和高温消毒，采精前公鸡应停水 2h，停食 3h。抓鸡、放鸡动作要轻，以防止伤害公鸡，按摩和挤压用力要适度。保持采精环境的安静、清洁。采精时若公鸡排粪，则应用棉球将粪便擦净。如果精液被粪便污染，严重者应连同精液一起弃掉；较轻者可用吸管将粪便吸出弃之。否则，给母鸡输入严重污染的精液，不仅影响受精率，而且可能引起输卵管炎。还应注意，采精公鸡应与母鸡隔离饲养，长期与母鸡混养的公鸡很难建立按摩排精条件反射。

5. 采精过程中常见问题及处理

（1）正常公鸡经按摩不排精现象。公鸡经按摩，性反应良好，泄殖腔外翻，交配器勃起，但获得的精液极少，或者不排精，这主要是因为构成排精条件时，未能迅速、准确地靠近泄殖腔的基部，捏住外翻的泄殖腔顺势挤压，或者是直接挤压了交配器，使其受到刺激迅速缩回体内，导致采精失败。

（2）粪便污染问题。在按摩采精过程中，由于按摩和挤压，公鸡容易出现排便现象。配种期间可给种公鸡改喂干粉料或粒料，下午晚些时候采精比较好。另外，一般有尿粪者一经按摩便排出粪便，待其排出粪便后，再行按摩便可采得质量好的精液。采精者操作熟练，动作敏捷，临场处理果断，可以获得好的效果。

（3）性反应差的公鸡采精。泄殖腔或腹部肌肉松弛，无弹性，在不同品种中可经常遇到此类公鸡。按一般采精手法按摩时，若公鸡无性反应或性反应极差，遇此情况按摩时动作要轻，用力要小，并适当调整保定姿势，当发现有轻微性反应时，一旦泄殖腔稍有外翻应立刻挤压，便可采出精液。

（4）排精快的公鸡。经过训练的公鸡中，有少数公鸡性反应极快，一旦适应了采精之后，稍加按摩，甚至一碰到背部或泄殖腔，便迅速排出精液。这类公鸡一般均有排精先兆，应仔细观察，及时收集精液。也可将此类公鸡做上标记加以注意。

二、精液检查与稀释

（一）材料用具

显微镜、载玻片、盖玻片、血球计数板、恒温箱、保温瓶（杯）、pH 试纸、消毒药品、蒸馏水、生理盐水等。

（二）方法及操作步骤

1. 精液的常规检查

（1）外观检查。正常精液为乳白色、不透明液体。混入血液者为粉红色；被粪便污染者为黄褐色；尿酸盐混入时，呈粉白棉絮状。

（2）精液量的检查。可用刻度吸管或带刻度的集精杯检查精液量。正常情况下，1 只公鸡 1 次可以采得 0.3~0.5mL 精液。

（3）精子活力检查。于采精后 20~30min 进行，取精液和生理盐水各 1 滴，置于载玻片一端混匀，放上盖玻片。在 37~38℃ 条件下于 200~400 倍显微镜下检查。根据精子的 3 种活动方式估计评定：直线前进运动的精子，具有受精能力，以其所占的比例，评为 1.0、

0.9、0.8、0.7…级；呈圆周运动和摆动的精子，都没有受精能力。

（4）精子密度检查。可采用血细胞计数板计数。此法精确，但操作比较麻烦，故一般采用估测法将精子密度分为密、中、稀三等。操作时，取原精液1滴，置于载玻片上，放上盖玻片，在400倍显微镜下观察。若整个视野布满精子，精子之间几乎无间隙，则判断为密，每毫升有40亿个以上的精子。若精子之间有1～2个精子空隙，则判断为中，每毫升有20亿～40亿个精子。若精子之间有较大的空隙，则判断为稀，每毫升有20亿以下的精子。

（5）pH检查。使用精密试纸或酸度计便可测出pH。

（6）畸形率检查。取精液1滴于载玻片上，抹片，自然干燥后，用95％酒精固定1～2min，冲洗，再用0.5％龙胆紫（或红、蓝墨水）染色，3min后冲洗，干燥后即在400～600倍显微镜下检查，数出300～500个精子中有多少个畸形精子，计算百分率。

2. 精液的稀释

（1）稀释目的。鸡的精液浓度高，密度大，通过稀释可以增加精液的容量，增加输精母鸡的数量，提高公鸡的利用率；便于输精操作；使用某些稀释液还可以延长精子在体外的存活时间。

（2）稀释方法。首先按配方要求配制稀释液。采精后应尽快稀释，将精液和稀释液分别装于试管中，并同时放入35～37℃保温瓶中或恒温箱中，使精液和稀释液的温度相等或接近。稀释时应将稀释液沿装有精液的试管壁缓慢加入，轻轻转动，使两者混合均匀。若高倍稀释则应分次进行，以防止突然改变精子环境。

三、输精

（一）材料用具

经训练的公鸡数只，母鸡一群，采精杯、集精杯、输精器（胶头滴管或输精枪等）、保温瓶、温度计、药棉等。

（二）方法及操作步骤

1. 输精方法 母鸡的输精通常采用泄殖腔外翻法。输精时两人操作，助手用左手握住母鸡的双翅根部，将其尾部上抬，右手掌贴于母鸡后腹部，拇指放在泄殖腔左侧，其余4指放在泄殖腔右侧，稍加压力，泄殖腔即可外翻。泄殖腔左上部隆起部即为输卵管的阴道口（图3-1）。输精员将吸有精液的胶头滴管插入母鸡阴道2～3cm，挤出精液，拔出滴管。同时助手的右手放开母鸡即可。如采用输精枪输精，将剂量设定后每次可连续输15～20只母鸡，提高了输精效率，剂量也很准确。

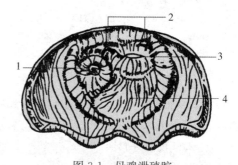

图3-1 母鸡泄殖腔

1. 输卵管开口　2. 输尿管开口　3. 直肠开口　4. 粪窦

笼养母鸡输精时，不必从笼中取出母鸡，助手左手伸入笼内抓住母鸡双腿，尾部向上，将其拉至笼门口，右手拇指和其余手指分别放在泄殖腔两侧向下挤压，即可使泄殖腔翻出，输精员便可注入精液。

2. 输精要求

（1）输精量：每次输精量以原精液计约 0.025mL。含精子数达 0.5 亿～1 亿个，首次加倍。

（2）输精间隔：一般每 5～6d 输精 1 次。从母鸡输精之日起算第 3 天开始收集种蛋。

（3）输精时间：最好在 15：00～16：00 进行，此时受精率高。若上午输精，此时大部分母鸡未产蛋，受精率大大降低。

3. 注意事项

（1）给母鸡腹部施以压力时，一定要着力于腹部左侧。

（2）插入输精器时须对准输卵管开口中央，且动作要轻，以防损伤输卵管壁。

（3）助手与输精员要密切配合，输精器插入的一瞬间，助手应立即松开母鸡，保证精液全部输入。

（4）注意不要输入空气或气泡。在输精器插入阴道前，若发现前端有空气柱则应排空，否则，后输入的精液会包裹先输入的空气柱而形成气泡使精子死亡。

（5）为防止交叉感染，最好采用一次性输精器。如采用输精胶头滴管，每输 1 只，则应用消毒药棉擦拭输精管尖。

（6）要防止漏输，及时挑出病鸡。

（7）若能感觉到输卵管中有未产出的蛋，则不要输精，应做适当标记，待蛋产出后再输精，或隔天输精。

（8）专人翻肛时，应尽量缩短倒鸡的置时间，采食量大的母鸡，尤其是肉用鸡倒置时间过长，容易引起食水外溢，使鸡呼吸困难、窒息，严重的会导致母鸡死亡。

（9）翻肛时，要注意切勿用力过猛，以防止挤伤母鸡内脏或造成骨折。特别是输卵管内有待产蛋时，若将其挤碎会导致母鸡停产，甚至会造成母鸡死亡。

任 务 评 估

一、名词解释

大群配种　小群配种

二、问答题

1. 怎样选择种公鸡？
2. 怎样选择种母鸡？
3. 种用鸡、鸭、鹅适宜的公母配种比例是多少？
4. 种鸡人工授精的优点有哪些？

三、技能评估

1. 采精操作

（1）采精前的准备工作正确、充分。

（2）采精保定动作正确。

（3）采精操作手法正确、熟练，能采出精液。

（4）能说出采精应该注意的事项。

2. 输精操作

(1) 输精保定动作正确,能翻出阴道口。
(2) 输精操作方法正确,动作熟练,输精深度及输精量掌握准确。
(3) 能说出输精过程中应注意的事项。
3. 精液的常规检查
(1) 通过外观检查能判定精液的质量。
(2) 精液量、精子活力、精子密度、精液 pH、精子畸形率的检查,操作方法正确,检查结果准确。
4. 精液的稀释
(1) 精液稀释方法正确,稀释比例准确。
(2) 口述回答问题正确无误。

任务 2　现代家禽良种繁育体系

【技能目标】了解杂种优势的概念;并掌握家禽良种繁育体系组织形式。

一、杂种优势的概念

也称杂交优势。在生产中,家禽的不同品种或品系间的个体交配,产生的杂种往往在生活力、生产性能等方面优于其双亲纯繁群体,这种现象称为杂种优势。

应当指出,并不是所有品种或品系之间交配都有杂交优势,有的有杂交优势,有的没有杂交优势,例如,有的杂交组合,子一代生产性能等方面低于其双亲纯繁群体。要知道什么品种或什么品系之间杂交有杂交优势,杂交优势是大还是小,要经过配合力测定才能知道。

二、杂种优势的利用

鸡的杂交优势利用有如下 3 种方式。

1. 二元杂交　即两个品种或品系间杂交,其杂交一代用于商品生产(图 3-2)。

由于母本是纯种或纯系,而不是杂种,因而不能在父母代利用杂种优势来提高繁殖性能。

2. 三元杂交　是利用 3 个品种或品系,这 3 个品种或品系分别称为 A、B、C,先用 B 公鸡和 C 母鸡杂交,杂交子一代的母雏留种,再与 A 公鸡交配,其后代用于商品生产(图 3-3)。

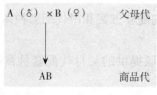

图 3-2　二元杂交示意图　　　　　　　　图 3-3　三元杂交示意图

三系或三品种配套杂交，由于父母代母鸡是杂种，因而其繁殖性能可获得一定的杂种优势。

3. 四元杂交 即双杂交，是用4个品种或品系先两两杂交，所得后代再杂交（图3-4）。所得后代可结合4个品种或品系的优点，且生活力很强。

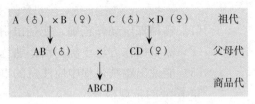

图3-4 四元杂交示意图

无论是几元杂交，其商品代只能利用一代，商品代不能再作为种用繁殖。因为商品代再繁殖，由于基因的分离，其产生杂交优势的基因组合会分开，不再有杂交优势，使得生产性能下降。

三、家禽繁育体系的建立

（一）家禽繁育的基本环节

饲养配套的商品杂交鸡生产性能较高，可获较高经济效益。因此，必须建立鸡的良种繁育体系，生产出更多的商品杂交鸡。

良种繁育体系的基本环节包括保种、育种和制种3个环节。

保种是指饲养一些纯种，或某品种中的品系等，为育种提供育种素材，其饲养场称为品种场。育种是指育种场从品种场获得育种素材，从中培育出许多品系。制种是指利用育种场育成的品系，开展配合力测定，从中选出最优的杂交组合，然后按最优的杂交组合的杂交要求生产商品杂交鸡，提供给商品场。

（二）良种繁育体系

良种繁育体系是培育现代禽种的基本组织形式，它是由品种场、育种场、原种场、一级种禽场（祖代场）、二级种禽场（父母代场）、商品场等组成。品种场是保种环节；育种场是育种环节；原种场、一级种禽场、二级种禽场是制种环节。

1. 品种场的建立应根据国家和地区统一规划，由国家或地方建立。品种场的任务是为育种场提供育种素材，也称禽种基因库。

2. 育种场的任务是利用从品种场获得的素材培育新品系（纯系）。育成的新品系（纯系）一部分送品种场保存。另一部分送原种场进行配合力测定。育种场必须根据国家任务或市场需要，确定选育新品种或新品系的方案，根据选育方案的要求到品种场挑选品种素材，育成新品种或品系（纯系）。

3. 原种场也称曾祖代场，任务是利用各育种场育成的纯系或由品种场提取符合要求的素材，进行饲养观察和品系杂交配合力测定，根据配合力测定结果，拟定杂交制种配套方案，按配套方案进行纯系扩繁，为一级种禽场提供祖代种禽。杂交制种的配套方案有两系杂交、三系杂交和四系杂交（双杂交）。

4. 一级种禽场也称祖代场，任务是接受原种场提供的配套方案和祖代配套种禽进行第1次杂交制种，为二级种禽场提供父母代种禽。

5. 二级种禽场也称父母代场，任务是接受一级种禽场提供的父母代配套种禽进行第2次杂交制种，为商品场提供商品禽苗。

6. 商品场的任务是接受二级种禽场提供的商品禽苗，进行商品生产，为市场提供商品禽蛋和禽肉。

鸡良种繁育体系参见图3-5。

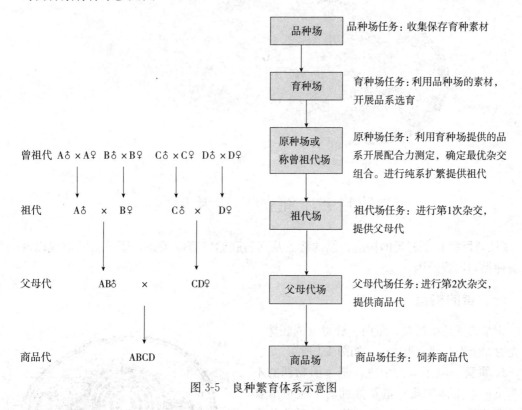

图3-5 良种繁育体系示意图

任 务 评 估

1. 准确说出杂交优势概念。
2. 能准确回答出鸡杂交利用的3种方式。
3. 要求正确回答出品种场、育种场、原种场、一级种禽场、二级种禽场和商品场的任务。

模块四 家禽人工孵化

项目一 蛋的构造及形成

【技能目标】了解蛋的构造、结构特点及其与胚胎发育的关系,了解蛋的形成以及畸形蛋的种类和形成原因。

一、蛋的构造

正常的蛋是由蛋黄、蛋白、胚盘(或胚珠)、蛋壳膜和蛋壳5部分组成的,如图4-1所示。

1. 蛋黄 位于蛋的中央,是一团黏稠的不透明黄色半流体物质。蛋黄外面有一层极薄且有弹性的膜称蛋黄膜。蛋黄内集中了蛋的几乎全部脂肪和50%以上的蛋白质,含有多种氨基酸、维生素和其他营养物质。因此,蛋黄是胚胎早期发育获得营养的场所。

2. 蛋白 蛋白是带黏性的半流动透明胶体,外部较稀的为稀蛋白,内部较浓的为浓蛋白。在蛋黄两端附有浓蛋白形成的螺旋状系带,固定在内壳膜上。系带具有使蛋黄悬浮于蛋的中央并保持一定的位置,使蛋黄上的胚盘不至于

图4-1 禽蛋的结构
1. 胶质层 2. 蛋黄系带 3. 内浓蛋白
4. 外稀蛋白 5. 内稀蛋白 6. 卵黄膜
7. 黄蛋黄 8. 白蛋黄 9. 外壳膜
10. 内壳膜 11. 气室 12. 蛋壳
13. 卵黄心 14. 胚盘或胚珠

黏在蛋壳上而影响胚胎发育的作用。种蛋在运输时若受到剧烈震动,种蛋内的系带就会断裂。如果长时间存放,就会影响种蛋的孵化效果。

蛋白中除含有胚胎发育所需的氨基酸、钾、镁、钙、氯等盐类,以及维生素B_2、维生素C、烟酸等外,还具有对胚胎发育不可缺少的蛋白酶、淀粉酶、氧化酶和溶菌酶等。

3. 胚盘(或胚珠) 胚盘是位于蛋黄中央的一个里亮外暗的圆点(无精蛋则无明暗之分,称胚珠),直径为3~4mm。胚盘比重较蛋黄小并有系带的固定作用,所以不管蛋的放置如何变化,胚盘始终都在蛋黄的上方。这是生物的适应性,可使胚盘优先获得母体的热量,以利胚胎发育。

4. 蛋壳膜 蛋壳膜分内壳膜和外壳膜两层。内壳膜包围蛋白,厚度为0.015mm,外壳

膜在蛋壳内表面，厚度为0.05mm。蛋壳膜是由角蛋白形成的网状结构，具有很强的韧性和较好的透气性，内外壳膜上有许多气孔（直径约为0.028mm），一定程度上可防止微生物的侵入。两层膜紧贴在一起，在蛋的钝端形成一个空腔称为气室。随着蛋存放和孵化时间的延长，蛋内水分不断蒸发，气室将逐渐增大。

5. 蛋壳 蛋壳为蛋最外层的硬壳，厚度一般为0.26～0.38mm，锐端比钝端略厚。蛋壳中含有1.6%水分、3.3%蛋白质和95.1%的无机盐（主要是碳酸钙）。蛋壳表面有很多个直径为4～40μm的气孔，这种多孔结构可使空气自由出入，对胚胎发育中的气体交换极为重要，但同时也给微生物进入蛋内提供了便利，所以，刚产的蛋其表面有一层薄薄的胶护膜（也称护壳膜、壳上膜），封闭蛋壳上的气孔，该膜对阻止细菌侵入蛋内和防止蛋内水分过分蒸发起到一定作用。但这种胶护膜随着种蛋存放时间的延长和孵化或水洗就会脱落，气孔敞开。因此，在生产中种蛋应及时入孵，且不能采用溶液消毒法（如新洁尔灭或高锰酸钾溶液）或水洗。此外，蛋壳具有一定的透明度，白壳蛋的透明度高于其他有色蛋，所以可通过照蛋来判断种蛋新鲜度或了解胚胎发育情况。

二、蛋的形成

（一）母禽的生殖器官及机能

母禽的生殖器官由卵巢和输卵管两部分组成，如图4-2。禽蛋是在母禽的卵巢和输卵管中形成的。卵巢产生成熟的卵细胞（蛋黄），输卵管则在卵细胞外面依次形成蛋白、蛋壳膜、蛋壳等。

1. 卵巢 母禽只有左侧1个卵巢，位于腰椎腹面，肾前叶处，形似一串葡萄，右侧卵巢在孵化中期已停止发育。卵巢上有许多发育大小不等的卵泡，肉眼可见到2 000个左右，这说明母禽的生产潜力很大。卵细胞位于卵泡内，卵泡有一小柄与卵巢相连。卵泡上布满血管，以供卵细胞发育所需的营养物质。卵前期发育缓慢，后期迅速，卵细胞成熟需7～10d。卵泡中间有一白色卵带（此处无血管），成熟的卵泡从此处破裂，掉入输卵管的漏斗部（输卵管伞部），称为排卵。

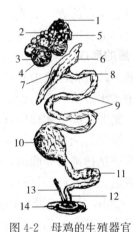

图4-2 母鸡的生殖器官
1. 卵巢基 2. 发育中的卵泡 3. 成熟的卵泡
4. 卵泡缝痕 5. 排卵后的卵泡 6. 喇叭部
7. 喇叭部入口 8. 喇叭部的颈部 9. 蛋白分泌部
10. 峡部（内有形成过程中的蛋） 11. 子宫
12. 阴道部 13. 退化的右侧输卵管 14. 泄殖腔

2. 输卵管 禽类右侧输卵管在孵化中期已停止发育，仅残留痕迹；左侧发达，是一条弯曲、直径不同、富有弹性的长管，由输卵管系膜悬挂于腹腔左侧顶壁。输卵管包括漏斗部（又称输卵管伞部、喇叭部）、膨大部（又称蛋白分泌部）、峡部、子宫和阴道等5部分组成。

（1）漏斗部。又称伞部、喇叭部，是输卵管的入口处，形似喇叭或伞状，边缘薄而不整齐，长约9mm，在排卵前后作波浪式蠕动，异常活跃。成熟的卵细胞排出时，被漏斗部张开的边缘包裹。

漏斗部是精子与卵子结合的场所。由于输卵管的蠕动，卵细胞顺输卵管旋转下行，进入膨大部。漏斗部与膨大部无明显界线。卵细胞在此停留20~28min。

(2) 膨大部。又称蛋白分泌部，长30~50cm，壁厚，黏膜有纵褶，并布满管状腺和单胞腺，前者分泌稀蛋白，后者分泌浓蛋白。膨大部主要分泌蛋白，其蛋白分泌量占蛋全部重量的40%。卵下移时，由于旋转和运动，引起黏稠的蛋白发生变化，进而形成蛋白的浓稀层次。蛋白内层的黏蛋白纤维受到机械的扭转和分离，形成螺旋形的蛋黄系带（钝端顺时针方向旋转，锐端逆时针方向旋转）。卵在此部停留3~5h。

(3) 峡部。是输卵管最细部分，长约10cm。蛋在峡部主要是形成内、外壳膜，增加少量水分，受精卵在此处进行第1次卵裂。峡部的粗细决定蛋的形状。卵细胞通过此部历时85min左右。

(4) 子宫。输卵管的袋状部分，长8~12cm。肌肉发达，黏膜呈纵横皱褶，并以特有的玫瑰色和较小腺体而区别于输卵管的其他部分。它的主要作用是：蛋进入子宫部的前6~8h分泌无机盐水溶液，并通过内外壳膜渗透进蛋白，使蛋白重量成倍增加，占全部蛋白重量的40%~60%；形成蛋壳及蛋壳表面的一层可溶性胶状物，在产蛋时起润滑作用，蛋排出体外后胶状物凝固，在一定程度上可防止细菌侵入和蛋内水分蒸发，把这种膜称为壳上膜（也称胶护膜或护壳膜）；在产前约5h形成蛋壳色素。蛋在此停留16~20h。

(5) 阴道。以括约肌为界线，区分子宫与阴道。阴道长8~12cm，开口于泄殖腔背壁的左侧，它不参与蛋的成分形成。产蛋时，阴道自泄殖腔翻出。蛋在阴道停留约0.5h。子宫与阴道结合部的黏膜皱襞，是精子贮存场所。

(二) 蛋的形成

性成熟的母禽在卵巢上有若干个大小不等的卵泡，每个卵泡中含有一个卵子，成熟的卵子由卵泡中排出，落入输卵管的伞部，这个过程称为排卵。排出的卵子若遇精子便在伞部结合，形成受精卵。卵黄随输卵管的蠕动到达膨大部，膨大部分泌不同浓度的蛋白包围在卵黄周围。卵继续下行到达输卵管峡部形成内、外蛋壳膜，再进入子宫。进入子宫后，由于子宫分泌的子宫液迅速渗入壳膜内，使蛋白重量增加和壳膜鼓起来而形成蛋形，子宫分泌的钙质和色素形成蛋壳和壳色。另外，在子宫部形成胶护膜包围蛋壳外表。蛋在子宫内停留时间最长可达18~20h，在神经及生殖激素的作用下经阴道产出。

禽蛋形成的整个过程是受神经、激素调节的：①卵泡的生长至成熟受脑垂体前叶释放的促卵泡素影响；②卵泡成熟后从白色卵带破裂排至漏斗部的排卵现象，是排卵诱导素作用的结果；③卵子在输卵管被膨大部分泌的蛋白所包裹，而这种分泌作用也是受雌激素、孕酮和助孕素等激素作用的；④蛋的产出是受孕酮及垂体前叶分泌的催产素和加压素来共同控制的。

(三) 畸形蛋形成原因

畸形蛋的种类比较多，常见的主要有双黄蛋、无黄蛋、软壳蛋、异状蛋、特小蛋、蛋包蛋、血斑和肉斑蛋等（表4-1）。

表4-1 畸形蛋的种类和形成原因

种 类	外 观	形成原因
双黄蛋	蛋很大，每个蛋有两个蛋黄	2个卵黄同时成熟排出，或由于母禽受惊，或物理压迫，使卵泡破裂，提前与成熟的卵一同排出，多见于初产期

(续)

种类	外观	形成原因
无黄蛋	蛋很小，无蛋黄	膨大部机能旺盛，出现浓蛋白凝块；卵巢出血的血块，脱落组织，多见于盛产期
软壳蛋	无硬壳，只有壳膜	缺乏维生素D、钙、磷；子宫机能失常；母禽受惊；疫苗、药物使用不当；禽患病等
异物蛋	蛋中有血块、血斑或有寄生虫	卵巢、输卵管炎症，导致出血或组织脱落；有寄生虫等
异状蛋	蛋形呈长形、扁形、葫芦形、皱纹、沙皮蛋等	母禽受惊；输卵管机能失常；子宫反常收缩；蛋壳分泌不正常等
蛋包蛋	蛋很大，破壳后内有一正常蛋	蛋形成后产出期，母禽受惊或某些生理反常，导致输卵管逆蠕动，恢复正常后又包围蛋白蛋壳

任 务 评 估

一、填空题

1. 蛋是由_____、_____、_____、_____和_____5个部分组成的。
2. 在蛋黄两端附有螺旋状的系带，系带由_____构成，它的作用是_____。
3. 在蛋黄表面有一白色圆点，未受精的称_____已受精的称_____，发育成胚胎。
4. 新产出的蛋在蛋壳表面有一层_____，可防止外界_____和蛋内_____。
5. 家禽输卵管膨大部的主要功能是分泌_____。
6. 家禽输卵管峡部的主要功能是形成_____，增加少量水。
7. 家禽卵子与精子结合的场所是在_____。
8. 常见的畸形蛋有_____、_____、_____、_____等，畸形蛋不宜作种蛋。

二、问答题

1. 蛋是怎样形成的？
2. 畸形蛋形成的原因有哪些？在养禽生产中如何防止畸形蛋的发生？

项目二 种蛋的管理

任务1 种蛋的选择、保存和运输

【技能目标】了解种蛋选择的意义，掌握种蛋的选择标准和方法；掌握种蛋保存和运输的基本要求和方法。

一、种蛋的选择

即使是最优良的种禽所产的蛋也并不全是合格种蛋，必须严格选择。选择时首先注意种蛋的来源，其次是注意选择方法。

1. 种蛋来源 种蛋必须来自生产性能高、无经蛋传播的疾病、受精率高（蛋用型种鸡蛋受精率达90%以上，肉用型种鸡达85%以上，种鸭蛋受精率达80%以上）、饲喂营养全面的饲料、管理良好的种禽。受精率在80%以下，患有严重传染病或患病初愈及有慢性病的种禽所产的蛋，均不宜作种蛋。如果没有种禽，需外购时，应先调查所调种蛋的种禽群健康状况和饲养管理水平，再决定是否签订供应种蛋的合同。

2. 种蛋选择的方法

（1）种蛋的新鲜度。用于孵化的种蛋越新鲜，孵化率越高，雏鸡的体质越好。新鲜蛋表面有一层胶护膜，气室较小，蛋黄位于蛋的中心呈圆形且蛋黄膜完整。

（2）清洁度。合格种蛋的蛋壳上不应有粪便或破蛋液。用脏蛋入孵，不仅孵化率很低，而且污染了正常种蛋和孵化器，增加腐败蛋和死胚蛋，导致孵化率降低，雏禽质量下降。轻度污染的种蛋在认真擦拭或用消毒液洗去污物后可以入孵。

（3）蛋重。蛋重过大或过小，对孵化率或雏禽的质量都有影响。一般要求蛋用型鸡种蛋重50～65g，肉用型鸡种蛋重52～68g，鸭蛋重80～100g，鹅蛋重160～200g。

（4）蛋形。合格种蛋应为卵圆形，蛋形指数为0.72～0.75，以0.74最好。过长、过圆、橄榄形（两头尖）、臌腰的种蛋都不宜入孵。

（5）蛋壳厚度。蛋壳过厚（蛋壳厚度在0.34mm以上）的钢皮蛋，过薄（蛋壳厚度在0.22mm以下）的沙皮蛋和蛋壳厚薄不均的皱纹蛋，都不宜用来孵化。

（6）蛋壳颜色。蛋壳的颜色应符合本品种的要求。如北京白鸡蛋壳应为白色；海兰褐鸡蛋壳、伊莎褐鸡的蛋壳为褐色。但若孵化商品杂交鸡，则对蛋壳颜色没有要求。

（7）听声音。目的是剔除破蛋。方法是两手各拿3枚蛋，转动五指，使蛋互相轻轻碰撞，听其声响。完整无损的蛋其声清脆，破蛋可听到破裂声。破蛋在孵化过程中，蛋内水分蒸发过快、且细菌容易进入蛋内，危及胚胎的正常发育，因此孵化率很低。

（8）照蛋。目的是挑出裂纹蛋和气室破裂、气室不正、气室过大的陈蛋以及大血斑蛋。方法是用照蛋灯或专门的照蛋器，在灯光下观察。蛋黄上移，多为运输过程中受震动引起系带断裂或种蛋保存时间过长引起；蛋黄沉散，多为运输中剧烈震动或细菌侵入，引起蛋黄膜破裂；裂纹蛋多见树枝状亮纹；沙皮蛋可见很多亮点；血斑、肉斑蛋可见白点或黑点，转动蛋时随之移动。

（9）剖验。多用于外购种蛋。将种蛋打开倒入衬有黑纸（或黑绒）的玻璃板上，观察新鲜度及有无血斑、肉斑。新鲜蛋蛋白浓厚，蛋黄高突；陈蛋蛋白稀薄成水样，蛋黄扁平甚至散黄。一般用肉眼观察即可。

二、种蛋的保存

受精蛋中的胚胎在蛋的形成过程中（母体输卵管内）已经开始发育。从种蛋产出到入孵前，可能需要存放几天或更长时间才入孵。即使是来自优秀禽群，又经过严格挑选的种蛋，如果保存不当，孵化率也会降低，甚至无法孵化。所以，种蛋保存的温度、湿度和存放的时间尤为重要。

1. 种蛋保存的适宜温度 种蛋产出后，胚胎发育暂时停止。保存中若温度超过24℃，胚胎就会开始发育，在孵化时会因老化而死亡；温度低于10℃，则孵化率降低；低于0℃则失去孵化能力。

种蛋保存最适宜的温度是：保存1周以内，以15~17℃为好；保存超过7d则以12~14℃为宜；保存超过2周则应降至10.5℃。

2. 种蛋保存的湿度 种蛋保存期间，蛋内水分通过气孔不断蒸发，其速度与贮存室湿度成反比，为了尽量减少蛋内水分蒸发，贮蛋室的相对湿度应保持在75%~80%。南方2~4月是高湿季节，湿度过高，易导致蛋内外微生物的生长，造成孵化率和雏鸡质量下降，所以应注意贮蛋室的干燥通风。

3. 种蛋保存时间 即使贮存在最适宜的环境下，种蛋的孵化率也会随着存放时间的增加而下降，孵化期也会延长。存蛋时间对孵化率和孵化期的影响见表4-2。

表4-2 存蛋时间对孵化率和孵化期的影响

贮存天数（d）	入孵蛋孵化率（%）	超过正常孵化时间（h）
0	87.16	
4	85.96	0.71
8	82.34	1.66
12	76.30	3.14
16	67.86	5.44
20	57.00	9.03
24	43.73	14.61

因此，原则上种蛋越早入孵越好，一般以保存7d以内为好。冬春气温较低，以5d以内为佳；夏季气温较高，以保存1~3d为佳，不能超过5d。

4. 种蛋保存时放置位置 种蛋贮存10d内，蛋的锐端向上放置，其孵化率要比钝端向上存放的高。保存7d以后应每天翻蛋1~2次，翻蛋时将蛋翻转180°，以防胚盘与蛋壳粘连。

另外，种蛋在保存期间不宜洗涤，以免胶护膜被溶解破坏而加速蛋的变质。蛋库内应无特殊气味，空气流通，避免阳光直射，并有防鼠、防蚊、防蝇的设施。

三、种蛋包装与运输

种蛋运输前可用专用蛋箱包装，如无专用蛋箱，也可用一般的纸箱或箩筐等，但蛋与蛋之间，层与层之间应用柔软物品（如碎稻草、木屑、稻壳等）填充。包装时，钝端向上放置。运输时，要求快速、平稳、安全，防雨淋、防冻、防震荡，因为震荡易使种蛋系带松弛，使胚盘与蛋壳膜粘连，造成死胎或破壳、裂纹，降低孵化率。

技能训练　种蛋的选择

一、材料

合格种蛋若干枚、不合格种蛋（包括裂壳蛋、薄壳蛋、双黄蛋、异状蛋等）若干枚，蛋托、照蛋器等。

二、方法及操作步骤

1. 根据外观选出合格种蛋。合格种蛋的标准：外壳新鲜有胶护膜，蛋壳上无粪便及污物，蛋重、蛋壳颜色符合本品种要求。蛋为卵圆形，蛋壳厚度适中，表面无皱纹，无沙眼，无裂纹等。

2. 挑出不合格种蛋并说出其名称。

3. 透视合格种蛋，观察内部结构。在暗室中用照蛋器在灯光下观察蛋的内部结构：蛋黄位于蛋的中心，呈圆形，为暗红或暗黄色，蛋黄膜完整。蛋白清亮，位于蛋黄周围，蛋黄与蛋白之间分界明显，蛋内无斑点或异样阴影。气室小，在钝端的中央，蛋壳无裂纹。

4. 说明不合格种蛋不能入孵的原因。

任 务 评 估

一、填空题

1. 正常情况下，要求蛋用型种鸡蛋受精率达_____以上；肉用型达_____以上。种鸭蛋受精率达_____以上。

2. 种蛋的保存期以_____内为最好，保存温度是_____℃，相对湿度是_____%。

3. 种蛋贮存10d内，蛋的_____向上放置，其孵化率比_____向上存放的高。

4. 选择合格的种蛋，必须从_____等几方面综合考虑。

5. 为了提高种蛋的孵化率和雏禽的质量，对_____和_____的种蛋各进行一次严格消毒。

6. 透视新鲜种蛋，蛋黄位于_____，呈_____，气室内_____，在蛋_____的中央。

二、问答题

1. 种蛋的来源应考虑哪些因素？
2. 种蛋在运输时应注意哪些问题？

三、技能评估

1. 能说明选择种蛋的标准，并根据外观在规定时间内准确选出所有合格种蛋。
2. 能够选出不合格种蛋并说出其名称，能阐明不合格种蛋对孵化率的影响。

任务2　种蛋的消毒

【技能目标】了解种蛋的各种消毒方法，熟练掌握种蛋的熏蒸消毒方法。

在蛋壳表面有许多细菌，尤其是蛋壳表面有粪便和其他污物时，细菌更多，存放一段时间后，这些微生物还会迅速繁殖，如果蛋库温度高、湿度大时，微生物繁殖速度就更快。这些细菌可进入蛋内,影响种蛋的孵化率和雏禽质量。所以,对保存前和入孵前的种蛋,必须各进行一次严格消毒。

1. 消毒时期　种蛋保存前的消毒最好在种蛋产出后 1h 内进行。每次集蛋完毕后应立即消毒,然后入库保存。据试验,鸡蛋刚产下时,蛋壳上有 100～300 个细菌,15min 后增加到 500～600 个,60min 后达 4 000 个以上。切不可让种蛋在禽舍内过夜。种蛋入孵前的消毒时间安排在入孵前 12～15h 较好。

2. 消毒方法

（1）福尔马林熏蒸消毒法。此法消毒效果较好,操作简便。孵化消毒时,按每立方米熏蒸空间用福尔马林 30mL,高锰酸钾 15g,密闭熏蒸 20min。具体操作方法见技能单。

（2）新洁尔灭浸泡消毒法。用含 5% 的新洁尔灭原液加 50 倍水,即配成 1∶1 000 的水溶液,在水温 43～50℃ 的条件下,将种蛋浸泡 3min。

（3）碘液浸泡消毒法。将种蛋浸入 1∶1 000 的碘溶液中（110g 碘片＋15g 碘化钾＋1 000mL 水,溶解后倒入 9 000mL 水）0.5～1min。浸泡 10 次后,溶液浓度下降,可延长浸泡时间至 1.5min,或更换新碘液。水温要求在 43～50℃。

（4）过氧乙酸消毒法。种蛋消毒时,每立方米用含 16% 的过氧乙酸溶液 40～60mL,加入高锰酸钾 4～6g,熏蒸 15min。但必须注意：过氧乙酸不稳定,如在 40% 以上的浓度,加热至 50℃ 易引起爆炸,所以应在低温下保存；过氧乙酸是无色透明液体,腐蚀性很强,不要接触衣服、皮肤,消毒时用陶瓷或搪瓷盆；要现用现配,稀释液保存不超过 3d。

技能训练　种蛋的消毒（熏蒸法）

一、材料

种蛋、消毒间（柜）或孵化机、瓷容器、福尔马林、高锰酸钾。

二、方法及操作步骤

1. 装蛋　将蛋的钝端朝上装入蛋盘,并放于蛋架车上,送入孵化机或消毒间（柜）。

2. 准备消毒药　按每立方米熏蒸空间用福尔马林 30mL,高锰酸钾 15g,称取药物。

3. 消毒　关严窗或通气孔,先把高锰酸钾放入瓷容器内,置于消毒柜或孵化机的中央,然后倒入福尔马林,关严门。两种药物混合后即产生很浓的甲醛气味。密闭熏蒸 20～30min 即可。

4. 通风　消毒完毕后,打开所有通风设备,放出气体,消毒结束。

三、注意事项

1. 消毒必须在密闭情况下进行,否则会影响消毒效果。
2. 要求种蛋在入孵前 12～15h 消毒完毕。
3. 消毒药物应严格按要求称取。消毒完毕后,一定要放完气体,胚胎对药物很敏感,若福尔马林用量过大或气味较浓,会杀死胚胎。

4. 消毒空间保持温度 24～27℃、相对湿度 70%～80%，熏蒸效果较好。
5. 消毒时蛋的表面不应凝有水珠。
6. 消毒时应避开 21～94h 胚龄的胚蛋。

任 务 评 估

一、填空题

1. 为了提高种蛋的孵化率和雏禽的质量，对_____和_____的种蛋各进行一次严格消毒。

2. 对种蛋进行消毒时，按每立方米熏蒸空间用福尔马林_____mL，高锰酸钾_____g，称取药物。

二、技能评估

1. 高锰酸钾、甲醛溶液计量及称取准确。
2. 消毒操作程序和方法正确。
3. 能说明应该注意的事项。

项目三　家禽胚胎发育及孵化条件

任务 1　家禽的胚胎发育

【技能目标】了解家禽胚胎发育过程和各种家禽的孵化期及其影响因素。

一、家禽的孵化期及影响因素

（一）各种家禽的孵化期

胚胎在孵化过程中发育的时期称孵化期。不同的家禽孵化期不同，各种家禽的孵化期见表 4-3。

表 4-3　各种家禽的孵化期

家禽种类	孵化期（d）	家禽种类	孵化期（d）
鸡	21	火鸡	27～28
鸭	28	珍珠鸡	26
鹅	30～33	鸽	18
瘤头鸭	33～35	鹌鹑	16～18

由于胚胎发育快慢受许多因素影响，实际表现的孵化期有一个变动范围，一般情况下，孵化期上下浮动 12h 左右。

（二）影响孵化期的各种因素

同一种家禽孵化期亦有所不同，影响因素主要有以下几方面。

1. **种蛋保存时间** 保存时间越长，孵化期也随之延长，且出雏时间不一致。
2. **孵化温度** 孵化温度偏高，则孵化期短；孵化温度偏低，则孵化期延长。
3. **家禽类型** 蛋用型家禽的孵化期比兼用型、肉用型的短。
4. **蛋重** 大蛋的孵化期比小蛋的长。
5. **近亲繁殖** 近亲繁殖的家禽，其种蛋孵化期延长，且出雏时间不一致。

孵化期的缩短或延长，对孵化率及雏禽的健康状况都有不良影响。

二、早期胚胎发育

以鸡为例，成熟的卵细胞在输卵管内受精后形成受精卵，进而形成完整的鸡蛋并通过输卵管产出体外，此过程约需24h。卵子在输卵管伞部受精后不久即开始发育，约经24h的不断分裂而形成一个多细胞的胚盘。受精蛋的胚盘为白色圆盘状，胚盘中央较薄的透明部分为明区，周围较厚的不透明部分为暗区。无精蛋也有白色的圆点，但比受精蛋的胚盘小，并没有明、暗区之分。胚胎在胚盘的明区部分开始发育并形成两个不同的细胞层，在外层的称为外胚层，内层的称为内胚层。胚胎发育到这一时期就是原肠期。鸡胚形成两个胚层之后蛋即产出，遇冷暂时停止发育。

三、孵化过程中的胚胎发育

种蛋获得合适的条件后，可以继续发育，并很快形成中胚胎。机体的所有器官都由3个胚层发育而来，中胚层形成肌肉、骨骼、生殖泌尿系统、血液循环系统、消化系统的外层和结缔组织；外胚层形成羽毛、皮肤、喙、趾、感觉器官和神经系统；内胚层形成呼吸系统上皮、消化系统的黏膜部分和内分泌器官。

（一）胚胎发育的外部特征

胚胎发育过程相当复杂，以鸡的胚胎发育为例，其主要特征如下：

第1天，在入孵的最初24h，胚胎就开始发育。4h心脏和血管开始发育；12h心脏开始跳动，胚胎血管和卵黄囊血管连接，从而开始了血液循环；16h体节形成，有了胚胎的初步特征，体节是脊髓两侧形成的众多的块状结构，以后产生骨骼和肌肉；18h消化道开始形成；20h脊柱开始形成；21h神经系统开始形成；22h头开始形成；24h眼开始形成。中胚层进入暗区，在胚盘的边缘出现许多红点，称"血岛"（图4-3）。

第2天，25h耳、卵黄囊、羊膜、绒毛膜开始形成，胚胎头部开始从胚盘分离出来，照蛋时可见卵黄囊血管区形似樱桃，俗称"樱桃珠"。

第3天，60h鼻开始发育；62h腿开始发育；64h翅开始形成，胚胎开始转向成为左侧下卧，循环系统迅速发育。照蛋时可见胚和延伸的卵黄囊血管形似蚊子，俗称"蚊虫珠"。

第4天，舌开始形成，机体的器官都已出现，卵黄囊血管包围蛋黄达1/3，胚胎和蛋黄分离。由于中脑迅速增长，胚胎头部明显增大，胚体更为弯曲，胚胎与卵黄囊血管形似蜘蛛，俗称"小蜘蛛"。

第5天，生殖器官开始分化，出现了两性的区别，心脏完全形成，面部和鼻部也开始有了雏形。眼的黑色素大量沉积，照蛋时可明显看到黑色的眼点，俗称"单珠"或"黑眼"。

第 6 天，尿囊达到蛋壳膜内表面，卵黄囊分布在蛋黄表面的 1/2，由于羊膜壁上的平滑肌收缩，胚胎开始有规律的运动。蛋黄由于蛋白水分的渗入而达到最大的重量，由原来的约占蛋重的 30% 增至 65%。喙和"卵齿"开始形成，躯干部增长，翅和脚已可区分。照蛋时可见头部和增大的躯干部两个小圆点，俗称"双珠"。

第 7 天，胚胎出现鸟类特征，颈伸长，翼和喙明显，肉眼可分辨机体的各个器官，胚胎自身有体温，照蛋时胚胎在羊水中不容易看清，俗称"沉"。

第 8 天，羽毛按一定羽区开始生长，上、下喙可以明显分出，右侧蛋巢开始退化，四肢完全形成，腹腔愈合。照蛋时胚胎在羊水中浮游，俗称"浮"。

第 9 天，喙开始角质化，软骨开始硬化，喙伸长并弯曲，鼻孔明显，眼睑已达虹膜，翼和后肢已具有鸟类特征。胚胎全身被覆羽乳头，解剖胚胎时，心脏、肝、胃、食道、肠和肾均已发育良好，肾上方的性腺已可明显区分出雌雄。

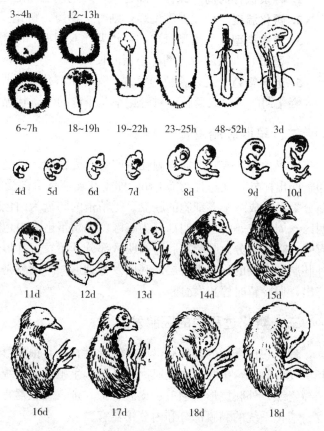

图 4-3　鸡胚胎逐日发育解剖图

第 10 天，腿部鳞片和趾开始形成，尿囊在蛋的锐端合拢。照蛋时，除气室外整个蛋布满血管，俗称"合拢"。

第 11 天，背部出现绒毛，冠出现锯齿状，尿囊液达最大量。

第 12 天，身躯覆盖绒羽，肾、肠开始有功能，开始用喙吞食蛋白，蛋白大部分已被吸收到羊膜腔中，从原来占蛋重的 60% 减少至 19% 左右。

第 13 天，身体和头部大部分覆盖绒毛，胫出现鳞片，照蛋时，蛋小头发亮部分随胚龄增加而减少。

第 14 天，胚胎发生转动而同蛋的长轴平行，其头部通常朝向蛋的大头。

第 15 天，翅已完全形成，体内的大部分器官大体上都已形成。

第 16 天，冠和肉髯明显，蛋白几乎全被吸收到羊膜腔中。

第 17 天，肺血管形成，但尚无血液循环，亦未开始肺呼吸。羊水和尿囊也开始减少，躯干增大，脚、翅、胫变大，眼、头日益显小，两腿紧抱头部，蛋白全部进入羊膜腔。照蛋时蛋小头看不到发亮的部分，俗称"封门"。

第 18 天，羊水、尿囊液明显减少，头弯曲在右翼下，眼开始睁开，胚胎转身，喙朝向气室，照蛋时气室倾斜。

第19天，卵黄囊收缩，连同蛋黄一起缩入腹腔内，喙进入气室，开始肺呼吸。

第20天，卵黄囊已完全吸收到体腔，胚胎占据了除气室之外的全部空间，脐部开始封闭，尿囊血管退化。雏鸡开始大批啄壳，啄壳时上喙尖端的破壳齿在近气室处凿一圆的裂孔，然后沿着蛋的横径逆时针敲打至周长2/3的裂缝，此时雏鸡用头颈顶，两脚用力蹬，20.5d时大量出雏。颈部的破壳肌在孵出后8d萎缩，破壳齿也自行脱落。

第21天，雏鸡破壳而出，绒毛干燥蓬松。

（二）胎膜的发育及物质代谢

鸡胚发育包括胚内部分和胚外部分。胚胎本身的发育是胚内发育部分，胎膜的形成是胚外发育部分。鸡胚的营养和呼吸主要靠胎膜实现，因此，胎膜的发育对鸡胚的发育就显得特别重要。鸡胚胎发育早期形成4种胎膜，即卵黄膜、羊膜、浆膜和尿囊。

1. 卵黄囊 卵黄囊是包在卵黄外面的一个膜囊。孵化第2天开始形成，逐渐生长覆盖于卵黄的表面，第4天覆盖1/3，第6天覆盖1/2，到第9天几乎覆盖整个卵黄的表面。卵黄囊由囊柄与胎儿连接，卵黄囊上分布着稠密的血管，并长有许多绒毛，有助于胎儿从卵黄中吸收营养物质。卵黄囊既是胚胎的营养器官，又是早期的呼吸器官和造血器官，孵化到第19天，卵黄囊及剩余卵黄开始进入腹腔，第20天完全进入腹腔。

2. 羊膜 羊膜是包在胎儿外面的一个膜囊。在孵化后33h左右开始出现，第2天即覆盖胚胎的头部并逐渐包围胚胎的身体，到第4天时羊膜合拢将胚胎包围起来，而后增大并充满透明的液体即羊水。在孵化中蛋白流进羊膜内，使羊水变浓，到孵化末期羊水量变少，因而羊膜又贴覆胎儿的身体，出壳后残留在壳膜上。羊膜上平滑肌细胞不断发生节律性收缩，由于羊膜腔中充满羊水起缓冲作用，使得鸡胚不受损伤，并防止粘连，起到促进胎儿运动的作用。

3. 浆膜 浆膜与羊膜同时形成，孵化第6天紧贴羊膜和卵黄囊外面，以后由于尿囊发育而与羊膜分离，贴到内壳膜上，并与尿囊外层结合起来，形成尿囊浆膜。由于浆膜透明而无血管，因此打开孵化中的胚胎看不到单独的浆膜。

4. 尿囊 尿囊位于羊膜和卵黄囊之间，孵化的第2天开始出现，而后迅速生长，第6天紧贴壳膜的内表面。在孵化第10～11天包围整个胚胎内容物并在蛋的锐端合拢。尿囊以尿囊与肠相连，胎儿排泄的液体蓄积其中，然后经气孔蒸发到蛋外。尿囊的表面布满血管，胚胎通过尿囊血液循环吸收蛋白中的营养物质和蛋壳的矿物质，并于气室和气孔吸入外界的氧气，排出二氧化碳。尿囊到孵化末期逐渐干枯，内存有黄白色含氮排泄物，在出雏后残留于蛋壳里。

胚胎在孵化中的物质代谢主要取决于胎膜的发育。孵化前两天胎膜尚未形成，无血液循环，物质代谢极为简单，胚胎以渗透方式吸收卵黄中的养分，所需气体从分解碳水化合物而来。两天后卵黄囊血液循环形成，胚胎开始吸收卵黄中的营养物质和氧气。孵化5～6d以后，尿囊血液循环也形成了，这时胎儿既靠卵黄囊吸收卵黄中的营养，又靠尿囊血管吸收蛋白和蛋壳中的营养物质，还通过尿囊循环经气孔吸收外界的氧气。当尿囊合拢后，胚胎的物质代谢和气体代谢大大增强，蛋内温度升高。当孵化18～19d后，蛋白用尽，尿囊枯萎，胚胎啄穿气室，开始用肺呼吸，胚胎仅靠卵黄囊吸收卵黄中的营养物质，脂肪代谢加强，呼吸量增大。

任 务 评 估

一、填空题

1. 各种家禽的孵化期为：鸡_____d、鸭_____d、鹅_____d。
2. 由于胚胎发育快慢受许多因素影响，实际表现的孵化期有一个变动范围，在一般情况下，孵化期上下浮动_____h。
3. 孵化第5天，生殖器官开始分化，心脏完全形成。眼的黑色素大量沉积，照蛋时可明显看到黑色的眼点，俗称"_____"或"_____"。
4. 孵化第10天，腿部鳞片和趾开始形成，尿囊在蛋的锐端合拢。照蛋时，除气室外整个蛋布满血管，俗称"_____"。
5. 孵化第18天，羊水、尿囊液明显减少，头弯曲在右翼下，眼开始睁开，胚胎转身，喙朝向气室，照蛋时_____。
6. 鸡胚发育包括_____部分和_____部分。
7. 鸡胚胎发育早期形成4种胎膜，即_____、_____、_____和_____。
8. 卵黄囊是包在_____外面的一个膜囊。
9. 羊膜是包在_____外面的一个膜囊。
10. 尿囊位于_____和_____之间。

二、简答题

影响家禽孵化期长短的因素有哪些？

任务2　孵化条件及控制方法

【技能目标】掌握孵化温度、湿度、通风、翻蛋、晾蛋等条件的标准与控制方法；了解孵化条件对孵化效果的影响以及各条件之间的相互关系。

家禽的胚胎发育主要分两个阶段，一是母体内的发育，二是母体外的发育。家禽母体外的胚胎发育主要依靠蛋中的营养物质和适宜的外界条件。孵化就是为胚胎发育创造合适的外界条件。因此，在孵化中应根据胚胎的发育规律，严格掌握温度、湿度、通风、翻蛋及晾蛋等条件。

一、温度

1. 温度对胚胎发育的影响　温度是孵化最重要的条件，只有在适宜的温度下才能保证家禽胚胎正常的物质代谢和生长发育。温度过高、过低都会影响胚胎的发育，严重时会造成胚胎死亡。一般来讲，温度高则胚胎发育快，但很软弱，如温度超过42℃，经2~3h则造成胚胎死亡。相反，温度不足，则胚胎的生长发育迟缓，如温度低至24℃时经30h便全部死亡。

2. 适宜的孵化温度　孵化的供温标准与种禽的品种、蛋的大小、孵化器类型、不同日龄的胚胎、孵化季节等有关。一般立体孵化低于平面孵化，胚龄大的低于胚龄小的，夏季低于早春或晚秋。在环境温度（24～26℃）得到控制的前提下，就立体孵化器孵化而言，最适宜的孵化温度是 37.8℃，出雏机内的出雏温度为 37.3℃。整批孵化时，常采用变温孵化，掌握温度的原则是前期高，中期平，后期低。如果采用分批孵化，则应每隔 5～7d 上一批种蛋，"新蛋"和"老蛋"的蛋盘交错放置，以相互调节温度，使整个孵化期温度保持恒定。变温孵化的温度实施参考表 4-4 鸡、鸭、鹅蛋的恒温、变温孵化温度。

表 4-4　鸡、鸭、鹅蛋的恒温、变温孵化温度

品种类型	室温（℃）	孵化器内温度（℃）				出雏机内温度（℃）
		恒温（分批）	变温（整批）			
		1～17d	1～5d	6～12d	13～17d	18～20.5d
鸡	18.3	38.3	38.9	38.3	37.8	37 左右
	23.9	38.1	38.6	38.1	37.5	
	29.4	37.8	38.3	37.8	37.2	
	32.2～35	37.2	37.8	37.2	36.7	
鹅		1～23d	1～7d	8～16d	17～23d	24～30.5d
	18.3	37.5	38.1	37.5	36.9	36.5 左右
	23.9	37.2	37.8	37.2	36.9	
	29.4	36.9	37.5	36.9	36.4	
	32.2～35	36.4	36.9	36.4	35.8	
蛋鸭		1～23d	1～5d	6～11d	12～16d	17～23d	24～28d
	23.9～29.4	38.1	38.3	38.1	37.8	37.5	37.2
	29.4～32.2	37.8	38.1	37.8	37.5	37.2	36.9
大型肉鸭	23.9～29.4		38.1	37.8	37.5	37.2	36.9
	29.4～32.2	37.5	37.8	37.5	37.2	36.9	36.7

二、湿度

1. 湿度的作用　湿度对家禽的胚胎发育也有很大作用。

（1）湿度与蛋内水分蒸发和胚胎的物质代谢有关。孵化过程中如湿度不足则蛋内水分会加速向外蒸发，因而破坏了胚胎正常的物质代谢。有人研究，孵化期中蒸发过快将导致尿囊绒毛膜复合体变干，因而阻碍胚胎代谢产物二氧化碳的排出和氧气的吸入。而尿囊和羊膜腔的液体失水过多，会因渗透压的增高而破坏其正常的电解质平衡。相反，湿度过高会阻碍蛋内水分正常蒸发，同样也会破坏胚胎的物质代谢，此时因尿囊绒毛膜和两层壳膜含水过多而妨碍胚胎的气体交换。

（2）湿度有导热的作用。孵化初期适当的湿度可使胚胎受热良好，而孵化末期可使胚胎散热加强，因而有利于胚胎的发育。

（3）湿度与胚胎的破壳有关。出雏时在足够的湿度和空气中二氧化碳的作用下，能使蛋壳的碳酸钙变为碳酸氢钙，蛋壳随之变脆，有利于雏鸡啄壳。因此，为了胚胎正常的生长发育，孵化器内必须保持合适的湿度，出雏期比平时要高一些。

2. 适宜的孵化湿度　鸡蛋分批孵化时，相对湿度应保持在 55%～60%，出雏时为 65%～70%；整批孵化时湿度应掌握"两头高，中间低"的原则，孵化初期相对湿度为 60%～70%，中期相对湿度为 50%～55%，出壳时相对湿度为 65%～70%。鸭蛋孵化时相对湿度与鸡蛋基本相同，只是各期时间上有所差别。孵化湿度是否正常，可用干湿球温度计

测定，也可根据胚蛋气室大小、失重多少和出雏情况判定。

三、通风

1. 通风的作用　胚胎在发育过程中，不断吸入氧气，呼出二氧化碳，随着胚龄的增加，其需要的换气量也在增加。通风换气可使空气新鲜，减少二氧化碳，以利于胚胎正常发育。一般要求孵化机内氧气含量达21%，二氧化碳为0.5%。当二氧化碳达到1%时，胚胎发育迟缓，死亡率增高，并出现胎位不正和畸形等现象。

2. 通风量的掌握　掌握通风换气量的原则是在保证正常温度、湿度的前提下，通风换气越充分越好。通过对孵化机内通风孔位置、大小和进气孔开启程度，可以控制空气的流速及路线。通风量大，机内温度降低，胚胎内水分蒸发加快，增加能源消耗；通风量小，机内温度增高，气体交换缓慢。通风与温度的调节要彼此兼顾，冬季或早春孵化时，机内外温差较大，冷热空气对流速度增快，故应严格控制通风量。夏季机内外温差小，冷热空气交换量的变化不大，就应注意加大通风量。为了确保孵化机内的空气新鲜，必须保持孵化室的通风换气和清洁卫生。

通风换气与温度、湿度关系密切。通风不良，空气流通不畅，湿度大，温度高；通风速度快，温度、湿度都难以保证。

四、翻蛋

1. 翻蛋的作用

（1）翻蛋可避免胚胎与壳膜粘连。蛋黄因脂肪含量高，比重较轻，总是浮于蛋的上部，而胚胎位于蛋黄之上容易与内壳膜接触，如长时间放置不动，则与壳膜粘连导致死亡。

（2）翻蛋可使胚胎各部受热均匀，供应新鲜空气，有利于胚胎发育。

（3）翻蛋也有助于胚胎的运动，保证胎位正常。因此，孵化过程中必须经常翻蛋，特别是第1周更为重要。为保证翻蛋效果，翻蛋角度必须有90°。每2h翻蛋1次，新型自动翻蛋的孵化器每小时翻蛋1次。

2. 翻蛋的要求　一般每2h翻蛋1次，翻蛋的角度以水平位置为标准，前俯后仰各45°。但孵化鹅蛋时翻蛋应为180°为最好。翻蛋角度不当，会降低孵化率。翻蛋在孵化前期更为重要。机器孵化鸡蛋到18日龄（鸭蛋25日龄）后可停止翻蛋。翻蛋时要注意轻、稳、慢。不同的翻蛋处理和翻蛋角度对孵化率影响结果见表4-5、表4-6。

表4-5　不同翻蛋处理的孵化结果

翻蛋处理方式	孵化率（%）
整个孵化期间都不翻蛋	29
前7d翻蛋，7d后不翻蛋	79
前14d翻蛋，14d后不翻蛋	92
1～18d进行翻蛋	95

表4-6　翻蛋角度对孵化率的影响

翻蛋角度	40°	60°	90°
受精蛋孵化率（%）	69.3	78.9	84.6

五、晾蛋

1. 晾蛋的目的　晾蛋的目的是更新孵化机内的空气，排出机内污浊的气体，供给新鲜空气，保证适宜的孵化温度。同时，用较低的温度刺激胚胎，促使胚胎发育并增强将来雏禽对外界气温的适应能力。

鸭蛋、鹅蛋孵化至16~17d以后，由于物质代谢增加而产生大量生理热，使孵化机内温度升高，胚胎发育加快，此时，必须向外排出过多的热量。在炎热的夏季，整批入孵的鸡蛋到孵化后期，如超温也要晾蛋。

2. 晾蛋的方法　一般每天上、下午各晾蛋1次，每次20~40min。凉蛋时间的长短应根据孵化日期及季节而定，还可根据蛋温来定，一般用眼皮试温，即以蛋贴眼皮，感到微凉，一般为31~33℃就应停止晾蛋。夏季高温情况下，应增加孵化室的湿度后再晾蛋，时间也可长些。鸭、鹅蛋通常采用在蛋面喷雾温水的方法，来降温和增加湿度。晾蛋时间不宜过长，否则死胎增多，脐带愈合不良。晾蛋时要注意，若胚胎发育缓慢可暂停晾蛋。

任 务 评 估

一、填空题

1. 整批入孵掌握温度的原则是前期_____、中期_____、后期_____。孵化湿度过低蛋内水分蒸发_____；湿度过高蛋内水分蒸发_____，两者都会对孵化率和雏禽健康有不良影响。
2. 鸡蛋分批孵化时，相对湿度应保持在_____%，出雏时为_____%。
3. 通风换气可使_____，减少_____，以利于胚胎正常发育。
4. 孵化过程中一般每_____翻蛋1次，翻蛋角度是_____。机器孵化鸡蛋到_____日龄后可停止翻蛋。
5. 一般每天晾蛋_____次，每次_____min。鸭、鹅蛋孵化_____d以后开始晾蛋。

二、连线题

孵化室温度　　　　　　37.8~38.3℃

孵化机内温度　　　　　37.3℃

出雏机温度　　　　　　22~24℃

三、问答题

1. 通风换气与温度、湿度有何关系？如何调节？
2. 复述孵化需要哪些条件，生产实践中如何掌握这些条件。

项目四　孵化方法

任务1　机器孵化法

【技能目标】了解孵化器的构造原理；掌握孵化器的管理要求。

孵化器的种类很多，按其形状可分为平面式、平面多层式、箱式、房间式、巷道式；按翻蛋方式可分为平翻式、跷板式和滚筒式；按控制系统可分为全自动式和半自动式。目前常用的立体孵化器，按其容量大小分为大（容纳1.25万～5万个蛋）、中（容纳3 600～10 000个蛋）、小（容纳800～2 000个蛋）3种类型。尽管孵化器的种类很多，但其结构基本相同。现以立体孵化器为例，介绍孵化器的构造。

一、孵化器的构造

1. 机体 机体是胚胎发育的场所，要求隔热（保温）性能好，防潮能力强，坚固美观。箱壁用薄木板或外层用铁板、里层用铝板，夹层中填满玻璃纤维或聚苯乙烯泡沫，也可以用矿渣棉作隔热材料。为防止受潮变形，木材应做防潮处理，不可用多层胶合板。控制器位置安排要合理，以便操作、观察及维修。中小型立体孵化器多为整体结构，大型孵化器多为拆卸式板墙结构，并且无底。

2. 种蛋盘 分孵化盘（1～19d用）和出雏盘（19～21d用）两种。出雏盘孔径不应超过15mm。

3. 活动翻蛋架 分为圆桶式、八角架式和架车式（又称跷板式蛋架车）3种，其中圆桶式已被淘汰。

八角架式活动翻蛋架，除上下两层孵化蛋盘较小外，其他规格一样，可以通用。它用4片角铁焊成八角形，其上除中轴外，等距离焊上2mm×2mm角铁即成为孵化盘滑道（蛋盘托），并用扁铁和螺丝连接成两个等距离的间隙，再固定在中轴上，由两列用角铁制成的支架将整个活动翻蛋架悬空在孵化器内。翻蛋时，整个蛋架以中轴为圆心，向前或向后倾斜45°角。

架车式蛋架由多层跷板式蛋盘组成，靠连接杆连接，翻蛋时以蛋盘中心为支点向上或向下倾斜45°～60°角。

4. 控温系统 由电热管或远红外棒（作热源）以及调节器两部分组成。将热源安装在鼓风叶板与孵化器侧壁下方之间。电热管功率是每立方米配220～250W，并分组放置。另外，可附设两组预热电源（600～800W），在开始入孵或外界温度低时，手动开启闸刀，待孵化器内温度正常后，马上关闭预热电源。

温度调节器有乙醚胀缩饼、双金属片、电子管继电器、晶体管继电器、热敏电阻、可控硅等，应根据条件选择使用。

5. 控湿系统 一般在孵化器的底部安置2～4个镀锌铁皮做的浅水盘，自然蒸发供湿。目前，较先进的是叶片式供湿轮供湿，通过水银导电温度计及电磁阀对水源进行控制，但要注意水质，如果水质不好易出故障。

6. 报警系统 报警系统是监督控温系统正常工作的安全装置。采用温度调节器作为减温原件，加上电铃和指示灯泡组成，可作超温或低温报警。超温时孵化器自动切断电源，控制冷水管的电磁阀打开冷水以降低机温。冷水管是一根弯曲的铜管，安装在机壁与鼓风叶片之间。

7. 转蛋及均温系统 八角活动翻蛋式的孵化器转蛋及均温系统是由安装在中轴管一端的90°扇形蜗轮与蜗轮杆相配合组成，可以手动或自动转蛋。转蛋角度以中心线前俯、后仰以45°～50°角为宜。

8. 通风换气系统　由进出气孔、电机和风扇叶组成。顶吹式：风扇叶设在机顶中央部位内侧，进气孔设在机顶近中央位置，左右各1个，出气孔设在机顶四角。侧吹式：风扇设在侧壁，进气孔设在近风扇轴处，出气孔设在顶部中央。进气、出气孔都采用手动控制。

9. 机内照明装置　机内照明装置一般手动控制，也有的将开关设在机门框上。开机房门时，机内照明灯亮电机停止转动；关机房门时，机内照明灯熄灭，电机转动。

二、孵化操作技术

1. 孵化前的准备工作　孵化前的准备工作主要包括制订计划、检修机器、定温、调温及消毒等。

（1）制订计划、备好电机零件。要根据生产需要制订孵化计划。例如，1年内孵化几批，是整批入孵还是每隔几天入孵一批等。同时，要备好易损电源原件、温度计、消毒药品、记录表等。

（2）校正、检修机器。在孵化前1周要检查电孵化机各部件安装是否合理、结实。电源是否插好，温度计是否准确等。检查温度计准确度的方法是：将标准温度计和孵化用温度计插入38℃水中，观察温差，如温差超过0.5℃以上，最好更换温度计或贴上差度标记。

接通电源，扳动电热开关，观察供温、供湿、试机运转有无异常，然后分别接通或断开控温或控湿、警铃系统的接触点，看是否接触失灵，调节控温（控湿）水银导电温度计至所需温度、湿度，待达到所需温、湿度时，看是否能自动切断电源，然后开机门降温（湿），再开关门反复测试几次；开启警铃开关，将控温水银导电温度计调至36℃（低温表）和38℃（高温表）分别观察能否自动报警。还需查看电机及传动部分是否需要加油，风扇和转蛋装置是否有不妥之处等。上述部件均无异常，需试机运转1~2d，一切正常后方可入孵。

（3）孵化器消毒。新孵化器或搁置很久的孵化器在开始第1次孵化前，要进行消毒。消毒时间最迟不超过入孵前12h。消毒方法：先用清水洗刷孵化器，再用新洁尔灭溶液擦拭，把孵化器温度升到25~27℃。将湿度升到75%左右，然后按每立方米容积用高锰酸钾21g，福尔马林42mL，密闭熏蒸1h，再开机门，停热扇风1h左右，等药味排净再关上机门继续升温至孵化所需温度。

（4）预热种蛋及码盘。入孵前4~6h或12~18h，将种蛋放在22~25℃环境下预热。也有在入孵前1~5h，在38℃条件下预热，或在入孵前6~8h，在38.3℃下预热。预热后将种蛋大头朝上放在孵化盘里。若小头向上不利于出雏和胚胎发育。

此外，孵化室要保温良好，严密，有天棚，窗子高而小，光照系数1∶5~20（窗户上装玻璃总面积与舍内地面面积之比）。室内温度应保持在22~24℃。孵化室要有专门的通气孔，地面和墙壁要光滑。室内要备有火墙、烟道和暖器等保暖设备，有条件的还要预备发电机。

2. 入孵　经过消毒和预热的种蛋即可入孵。立体孵化器可实行整批入孵，也可采用分批入孵。一般每周入孵两批，在16:00~17:00入孵，这样可在白天出雏。如果入孵3批，每批间隔6d。第1批入孵占孵化机容量1/3，放在1、4、7、10…第2批放在2、5、8、11层…第3批放在3、6、9、12层…第4批重复第1批的位置，依此类推。分批入孵可使各批蛋温均衡上升，不会使孵化机内温度短期骤降，有利于胚胎发育。为了防止不同批次的蛋混杂，要在各批蛋盘外侧贴上标记，记录批次、品种或入孵日期。

种蛋入孵的方法很简单，入孵时把装有种蛋的孵化盘插入孵化车，再把孵化车推入孵化器即可。但要注意平衡，防止翻车。

3. 孵化器的管理　立体孵化器由于操作已经机械化、自动化，孵化期间的管理非常简单。主要应注意温度变化，观察调节仪器灵敏程度。遇有温度上升或下降时，应及时调整。孵化器如果设有调整湿度的装置，则每天要定时向水盘中加温水1次。如果湿度偏低，还可增加水盘的数量，或向地面洒水，甚至可向室内喷雾。出雏时要防止雏鸡绒毛覆盖在水盘表面，应及时捞出羽毛或换水。如果采用喷雾供湿或电热自动调湿装置，则要注意水质清洁。

（1）验（照）蛋。孵化期内验（照）蛋2~3次，以便及时检出无精蛋和中死蛋，并观察胚胎发育情况。

（2）移盘。孵化第18天或第19天，将蛋架上的胚蛋移至出雏盘中，停止翻蛋。移盘时动作要轻、稳、快。尽量缩短移盘时间，减少破蛋，出雏机内保持黑暗和安静，以免影响出雏率。

（3）出雏。孵化满20d就可以开始出雏。成批出雏后，可在出雏30%~40%时拣第1次雏，60%~70%时拣第2次雏，最后拣第3次雏。不要经常打开机门，以免温度、湿度降低影响出雏。每次均应迅速将绒毛已干的雏鸡和空蛋壳拣出，以防蛋壳套在其他胚蛋上闷死未出壳的雏鸡。正常情况下胚蛋孵化满21d出雏全部结束。

（4）清扫消毒。出雏结束后，对出雏室、出雏器进行彻底清扫和消毒，然后晾干，准备下次再用。

刚出壳的雏鸡分放入运雏鸡箱内，温度保持在25℃左右。

（5）停电应采取的措施。遇到停电时应先拉电闸，及时采取措施，使室温提高到27~30℃，不要低于25℃。每30min翻蛋1次，保持上下部温度均匀。规模较大的孵化厂、经常停电的地区应备有发电机，遇到停电立即发电。

4. 孵化记录　为了使孵化工作顺利进行，正确统计孵化成绩，及时掌握情况，应对孵化各种记录表格进行认真填写和计算。

技能训练　孵化操作

一、孵化前的准备

（一）材料

将待使用的孵化器、出雏器安装妥当，检修工具，准备好消毒药品并消毒器具等。

（二）方法及操作步骤

1. 制订孵化计划　协助和参与孵化室制订工作计划。根据设备条件、种蛋供应、雏禽销售市场等具体情况，制订周密的孵化计划，并填写孵化工作计划表（表4-7）。

表4-7　孵化工作计划表

批次	入孵日期	入孵蛋数	头照日期	移盘日期	出雏日期	预计出雏数	结束日期	备注

2. 孵化室的准备 孵化室要求保温、保湿、通风条件良好，室内温度保持在 22～24℃，相对湿度保持在 55%～60%。孵化前 1 周，对孵化室、孵化器和孵化用具进行清洗和消毒。

3. 孵化器的构造观察、检修与试机

（1）孵化器的构造观察。孵化器分为机体、控温系统、控湿系统、翻蛋系统、通风系统及其他附属设备。机体用金属材料加上保温材料做成。控温系统由电热管（作热源）及温度调节器组成。供湿系统采用叶片式提湿轮通过水银导电温度计及电磁阀对水源进行控制。翻蛋系统是由安装在中轴或纵轴管一端的蜗轮与蜗杆相配合，电动机带动可自动翻蛋，安装定时器，可定时翻蛋，停电时可手动翻蛋。通风系统是由进出气孔和电机、风扇叶组成，电机带动风扇叶进行通风换气和调节温度。另外，还装有警铃、指示灯、照明灯和安全装置等附属设备。

根据孵化器出雏方式不同，可分为机下出雏、机旁出雏和单机出雏 3 种形式。单机出雏是孵化器和出雏器分开，既可分批孵化，也可整批孵化，温、湿度及空气好调节，易清扫消毒，现被广泛采用。

（2）孵化器的检修与试机。

①孵化器的检修。检查电动机，看运转是否正常，检查恒温电气控制系统的水银导电表、继电器触点、指示灯、电热盘、超温报警装置等是否正常。校对温度计，测试机内不同部位的温度。检查蛋盘、蛋架是否牢固，翻蛋装置加足润滑油。

②孵化器的试机。打开电源开关，分别启动各系统，开机试行 1～2d，安排值班人员，做好机器运行情况记录，运转正常方可入孵。

二、码盘入孵

1. 材料 种蛋、蛋盘、孵化器、消毒药品和消毒器具等。

2. 方法及操作步骤

（1）码盘。种蛋在孵化时将钝端向上放置在蛋盘上称码盘，这样有利于胚胎的气体交换。蛋盘一定要码满，蛋盘上做好标记。码盘结束，及时处理剔除蛋和剩余的种蛋，然后清理工作场地。

（2）上蛋。上蛋的时间最好安排在 16:00 以后，这样大批出雏的时间赶在白天，有利于出雏操作。将蛋码满盘后插入蛋架，操作时一定要使蛋盘卡入蛋架滑道内，插盘顺序为由下至上。采用八角式蛋架孵化器上蛋时，应注意蛋架前后、左右蛋盘数量相等，重量平衡，以防一侧蛋盘过重，导致蛋架翻转。采用同一孵化器分批入孵时，各批入孵的新蛋和老蛋要相互交叉放置，以利于新蛋与老蛋互相调节温度。

上完蛋架后即进行熏蒸消毒。

三、孵化期间的日常管理

1. 材料 孵化室内正常生产的孵化器、出雏器、检修工具、记录表等。

2. 方法及操作步骤

（1）检查孵化器的正常运转情况。孵化器如出现故障要及时排除。孵化器最常见的故障有皮带松弛或断裂；风扇转慢或停止转动；蛋架上的长轴螺栓松动或脱出造成蛋翻倒等。因此，要经常检查皮带，发现有裂痕或张力不足时应及时更换；风扇如有松动，特别是发出异常声响时应及时维修；另外，如发现电子继电器不能准确控制温度升降或水银导电温度计失灵时，都应立即更换；如检查电动机听其声响异常，手摸外壳烫手时，应立即维修或换上备用电动机。另外，还应注意孵化器内的风扇、电动机、通风翻蛋装置及工作是否正常。

（2）检查孵化器内外温湿度的变化。一般要求每0.5~1h观察1次，观察结果当时记录。对控制仪器的灵敏度和准确度也要注意，仪器不稳时要及时调整。如遇停电则要根据停电时间的长短和禽蛋的胚龄等情况，及时采取相应措施。停电超过1~2h，应首先提高孵化室温度，达28~32℃，每隔0.5h手动翻蛋1次，如果机内是早期的胚蛋，可不开机门，但如果是后期的胚蛋，应立即打开机门，以排出余热，根据机内的温度情况，3~5min后再关门保温。自动控湿的孵化器，要检查各控制装置工作是否正常，无自动控湿的孵化器，要定时加水和调整水盘数量。

（3）观察通风和翻蛋情况。定期检查出气口开闭情况，根据胚龄决定开启大小，注意每次翻蛋时间和角度，对不按时翻蛋和翻蛋角度过大或过小的现象要及时处理解决，停电时手动翻蛋应按时操作。

（4）孵化记录。整个孵化期间，每天必须认真做好孵化记录和统计工作，以有助于孵化工作顺利有序进行和对孵化效果的判断。孵化结束，要统计受精率、孵化率和健雏率。孵化室日常管理记录见表4-8，孵化生产记录见表4-9。

表4-8 孵化室日常管理记录

机号　　　　第　　批　　　　胚龄　　d　　　　年　　月　　日

时间	机器情况					孵化室		停电	值班员
	温度	湿度	通风	翻蛋	晾蛋	温度	湿度		

表4-9 孵化室记录表

批次	入孵日期	种蛋来源	品种	入孵数量	头照			二照		出雏				受精率（%）	受精蛋孵化率（%）	入孵蛋孵化率（%）	健雏率（%）	备注
机号					无精	死胎	破损	死胎	破损	落盘数	毛蛋数	弱雏数	健雏数					

四、验蛋

1. 材料 孵化5~6d、10~11d、18~19d的正常鸡胚蛋或7~8d、12~13d、23~25d的正常鸭胚蛋各若干枚，不同时期弱胚蛋、死胚蛋各若干枚，胚胎发育标本模型、彩图及幻灯片、蛋盘、照蛋灯、出雏筐、操作台等。

2. 方法及操作步骤 整个孵化期内一般进行3次照检。鸡胚蛋第1次照检在5~7d胚龄进行，其目的是剔除无精蛋和早期死胎蛋；第2次在10~11d，目的是检查胚胎发育的快慢；第3次在18~19d，目的是检查胚胎发育情况，将发育差或死胎蛋剔除，此次照蛋后即进行移盘。

（1）照检入孵第 5 天的鸡胚蛋。通过光源，检查禽胚胎发育情况。剔除无精蛋、死胚蛋和不能继续发育的弱胚蛋。受精蛋：整个蛋红色，胚胎发育似蜘蛛形态，其周围血管分布明显，扩散面大，并可看到胚胎上的黑色眼点（胚胎的眼睛），将蛋微微晃动，胚胎亦随之而动。弱精蛋：黑色眼点血丝不明显。死精蛋：有血线、血圈、血环，但无血管分支。无精蛋：蛋内透亮，只见蛋黄稍扩大，颜色淡黄，没有血点和血丝。第 1 次照检时蛋的表征如图 4-4 所示。

（2）照检入孵第 10 天的鸡胚蛋。正常活胚蛋可见尿囊血管在蛋的小头合拢，除气室外，整个蛋布满血管，俗称"合拢"；弱胚蛋则尿囊尚未在锐端合拢，蛋的锐端无血管分布，颜色较淡；死胚蛋内呈暗褐色，可见血条。

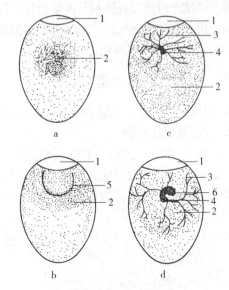

图 4-4　几种头照蛋
a. 头照无精蛋　b. 头照死胚蛋
c. 头照弱精蛋　d. 头照正常蛋
1. 气室　2. 卵黄　3. 血管　4. 胚胎　5. 血圈　6. 眼睛

（3）照检入孵第 18 天的鸡胚蛋。正常活胚蛋可见蛋内全为黑色，气室边界弯曲明显，周围可见较多的血管，有时可见胚胎颤动；弱胚蛋则气室边界平整，血管纤细；死胎蛋气室边界颜色较淡，无血管分布。

五、移盘

1. 材料　经孵化 18～19d 的鸡胚蛋或 25d 的鸭胚蛋以及孵化器、出雏器、出雏盘等。

2. 方法及操作步骤

（1）出雏器的准备。开启出雏器，定温，定湿加水，调控好通风孔，备好出雏盘。

（2）移盘。将孵化后期的禽蛋，从孵化器的蛋盘中移到出雏盘送入出雏器中继续孵化出雏的过程称移盘。如移到摊床上自温孵化出雏则称上摊。移盘的时间，鸡蛋是第 18～19 天，鸭蛋在第 25 天。移盘或上摊要求预先提高室温至 30℃ 左右，动作要轻、稳、快。移盘后的种蛋停止翻蛋，增加孵化湿度。上摊自温孵化出雏时，应经常检查蛋温并进行调节。

六、出雏及助产

1. 材料　孵化后期的胚蛋以及孵化器、出雏器、出雏筐等。

2. 方法及操作步骤

（1）拣雏。鸡蛋孵化满 20d，鸭蛋满 27d 就开始出雏，及时拣出绒毛已干的雏禽和空蛋壳，在出雏高峰期，应每 4h 拣 1 次，并进行拼盘。取出的雏禽放入箱内，置于室温为 25℃ 的室内存放。出雏期间要保持孵化室和孵化器内的温湿度，室内安静，尽量少开机门。

（2）助产。对少数未能自行破壳的雏禽，应进行人工助产。对破壳不到 1/3，尿囊湿润，有血液环流的不能助产；对破壳超过 1/3，尿囊已经枯萎，无血管分布或部分绒毛粘在蛋壳上的可助产。助产时只需轻轻剥开钝端蛋壳,拉出雏禽头颈,然后让雏禽自行挣扎脱壳,不能全部人为拉出,以防出血死亡。对绒毛粘在蛋壳上的应先喷温水,稍等片刻,再分离毛与蛋壳。

（3）进行记录。将孵化记录表中的内容,进行仔细的登记和认真的统计。

七、机具清洗与消毒

1. 材料　出雏室、出雏器、出雏箱、消毒药品和消毒器具等。

2. 方法及操作步骤

（1）清洗用具。出雏结束后,彻底清洗出雏室、出雏器、出雏盘。

（2）消毒用具。清洗完后,消毒出雏盘、水盘和出雏器,以备下次出雏时使用。可选用适当的消毒药物进行喷洒消毒,也可采用甲醛熏蒸法进行消毒。

任 务 评 估

一、孵化前的准备
1. 能说明孵化器内各系统、部件的名称和作用。
2. 会操作各种开关。
3. 会观察指示系统。

二、码盘入孵
1. 将种蛋的钝端向上装好。
2. 蛋盘准确插入蛋架滑道。
3. 开机准备完善且正确。

三、孵化期间的日常管理
1. 准确说出孵化温度、湿度、通风、翻蛋标准和要求。
2. 会解决孵化器的设定温度与机门温度计显示温度不一致的问题。
3. 会处理出雏期孵化温湿度不足的问题。

四、验（照）蛋
1. 正确使用验（照）蛋器。验（照）蛋手法准确、快速。
2. 准确判别无精蛋、死精蛋及弱精蛋。
3. 能准确鉴别5日龄、10日龄、18日龄3个时期的鸡胚龄。

五、移盘
1. 准确说出鸡、鸭蛋入孵后移盘的时间。
2. 移盘应轻、稳、快。

六、出雏及助产
1. 准确掌握拣雏时机。
2. 正确进行雏禽的人工助产。
3. 会进行孵化记录并能准确统计受精率、孵化率及健雏率。

七、机具清洗与消毒
1. 能认真清洗所有出雏用具并进行正确的消毒。
2. 态度认真端正。

任务 2　我国传统孵化法

【技能目标】了解我国传统的几种孵化方法；掌握传统孵化方法的改进措施。

我国人工孵化的历史悠久，孵坊遍布全国各地，孵化方法也多种多样。其共同特点是设备简单，成本低廉，不需用电，在温度的控制上，符合胚胎发育的要求。

中国传统孵化法主要分炕孵、缸孵和桶孵 3 种，各种方法大同小异，一般均分为两大孵化时期，前半期靠火炕、缸或孵桶供温孵化，后半期均靠上摊自温和室温孵化。各种方法只有前半期的给温方式不同，后半期则完全一致。

一、炕孵法

火炕孵化为我国北方普遍采用的传统孵化方法。炕孵法需有火炕，摊床和棉被等设备。火炕以土坯搭成，炕上放麦秆，上铺席。摊床是孵化中期以后承放种蛋继续孵化的地方，在炕的上方设一两层摊，摊床由木杆或竹竿搭成，床上铺席和麦秆，棉被为包蛋或盖蛋用。

鸡蛋头 11d，鸭蛋头 14d 为炕孵期，温度较高，尤以头两天最高，鸡蛋 12d、鸭蛋 15d 以后为摊孵期，温度稍低。此外，鸡蛋在第 3 天和第 13、14 天要降温，15、16d 以后每天提高一次温度，然后放平，鸭蛋在第 3 天和第 15、16 天要降温，17～18d 以后每天要晾蛋 1～2 次（表 4-10）。

表 4-10　炕孵法的孵化温度

孵化日期（d）	1～2	3～5	6～11	12	13～14	15～16	17～21
温度（℃）	41.5～41.0	39.5	39.0	38.0	37.5	38.0	37.5

火炕孵化通常是每 5～6d 入蛋 1 次，入蛋时先将蛋分上下两层，直接摆在炕席上，然后盖被烧炕，如在 16：00 放蛋，至 0：00 再烧 1 次，并开始第 1 次翻蛋。到次日清晨上层蛋已较温暖，下层蛋已相当温热而不感烫的程度，即开始上包。

上包的方法是按每一个被（包）容鸡蛋 1 000 个，鸭蛋 800 个，将炕上层的蛋放到包的下层，下层的蛋放在包的上层，然后包紧，包上再加一层棉被。

上包以后温度便急剧升高，应每两小时左右翻蛋 1 次，直到上下层温度达到一定要求时再转入正常孵化。如 16：00 上蛋，大约在次日 12：00 即可达到这种程度。为使蛋温很快达到要求，以简化上包前后的管理手续，放蛋前可将蛋放在 45℃ 的热水中洗烫 7～8min，然后立即上包。

温度达到正常要求之后，即每隔 4～6h 翻蛋 1 次，将上下层蛋，边缘与中间部分的蛋对调，使所有的胚蛋受热均匀。

翻蛋之前要先检温转包（在原地调转包的方向）。翻蛋之后如温度过高即行"晾包"（晾蛋）。待晾到正常温度时，重新包上，翻蛋时应注意操作轻稳，以防打破胚蛋，翻完后要排齐、包紧，以防上、下层种蛋混层，进而影响孵率及经济效益。

孵化期内通过烧炕、盖被、去被、翻蛋、晾包、移包等方法调节温度。温度高时可减少被层，提早翻蛋和晾蛋，温度低时可增加被层，延迟翻蛋或烧炕等予以调节。

鸡蛋在第 5 天，鸭蛋在第 7 天进行头照，鸡蛋 11d、鸭蛋 14d 进行二照，然后上摊。摊孵期主要靠自温孵化，管理简单，每天仍按时翻蛋，调换蛋的位置，并根据蛋温情况增减被单，以掌握适宜的温度。

出雏时期从大批啄壳以后，每隔 2~3h 拣出蛋壳或毛干的雏禽 1 次，同时进行翻蛋。已拣出的雏禽放在篓筐里，待全部出齐后运走。

二、缸孵法

缸孵法是江浙一带常用的孵化方法，其他地区也有采用的。缸孵法需有孵缸及蛋箩等设备。孵缸是用稻草和泥土制成的壁高 100cm，内径 85cm，中间放有铁锅或黄沙缸，用泥抹牢。囤内的铁锅（缸）离地面 30~40cm，囤壁一侧开 25~30cm 的灶口，以便生火加温。锅上先放几块土坯，然后将蛋箩放在上面，蛋箩可放鸡蛋 1 000 个或鸭蛋 900 个或鹅蛋 400 个。

缸孵法的缸孵期又分为两个阶段，即新缸期和陈缸期。新缸期 5d。种蛋入缸前首先加木炭生火烧缸，除净缸内潮气。一般预烧 3d 左右，最后使缸内温度达 39.0℃以上开始孵化。入孵 3h 后开始翻蛋，缸孵的翻蛋方法有 3 种，依胚胎发育时期而异。

"抢心"：将缸箩内的蛋逐一翻入另一缸箩中，翻时上与下，边缘与中间的蛋互换位置，翻至中心处时，取出 180~200 个蛋放在一旁待翻完后将取出的蛋放在上面。

"抢心取面"：翻蛋时先取出 150 个面蛋放在一处，待翻至中心处时取出心蛋 150 个放在另一处，将先取出的面蛋放在中心处继续翻蛋，翻毕将取出的心蛋放在上面。

"平缸"：或称"匀缸"，翻蛋时仅将上与下，边缘与中间的蛋调换位置。

新缸期第 1 天翻蛋 5 次，第 1 次"抢心"，其他 4 次抢心取面，其余 4d 每天翻蛋 4 次，早晨第 1 次"抢心取面"，其他 3 次作"平缸"。

新缸期结束后转入陈缸孵化，为期 5d。每天翻蛋 4 次，每次相隔 6h。陈缸期前 2d（即孵化 6~7d）第 1 次翻蛋抢心取面，其他各次作"平缸"，陈缸期其余 3d（即孵化 8~10d）的翻蛋均作"平缸"。

缸孵期的蛋温，孵化头 2d 大致保持 39.0~38.5℃，3~10d 保持 38℃。上摊以后温度的调控与炕孵法相同。

每次翻蛋时要掌握所需的温度，一般翻蛋前温度要升高些，翻后要平稳，每次翻蛋后，应加温到所需的程度。温度低时盖严缸盖，温度高时可撑起缸盖予以调节。

三、桶孵法

桶孵法又称炒谷孵化（稻谷可连续使用多年），是我国南方广泛采用的孵化方法。

桶孵法有孵桶和蛋网等设备。孵桶为竹篾编织而成圆筒形无底竹箩。外表糊以粗厚草纸数层或涂一层牛粪，然后用纱纸内外裱光。桶高 90cm，直径 60~70cm。每桶附篾编箩盖一个，供保温及盛蛋用，每个孵桶可装鸡蛋 1 200 个或鸭蛋 1 000 个或鹅蛋 400~600 个。

蛋网底平口圆，外缘穿一根网绳，便于翻蛋时提出和铺开。网长 50cm，口径 85cm；每网可装鸡蛋 60~80 个，鸭蛋 60 个，鹅蛋 30~40 个。每层放两网，一网为边蛋，一网为心蛋，均铺平，使蛋成单层均匀平放。

桶孵法的主要操作有炒谷、暖桶、暖蛋、入桶、翻蛋等。每年第 1 次孵化时，先将稻谷炒热，用以孵化新蛋。每锅每次炒谷 2.5kg 左右，炒后用纱纸包好。炒谷的落桶温度要求达 38～39℃。上下层还要高些，达 40～42℃。8～10d 以后只炒底面的二层即可。

入孵前先将烘笼放在孵桶内加温或用热谷温桶，然后将选出的种蛋放在阳光下暖蛋，阴天时在室内炒谷"焙蛋"，使蛋温达到与眼皮相似的温度。入桶时桶底先放 1 层冷谷，再放 1 层热谷，然后视新蛋的冷暖程度，每装 1 层蛋即填 1 层炒热的稻谷或每 2 层蛋 1 层热谷并加隔 1 层纱纸。最后，上面放 2 层热谷，1 层冷谷，再盖 1 层棉絮。入桶几批之后即可采取"老蛋孵新蛋"的方法，不再用炒谷，较为经济。

开始孵化的新蛋用热谷连续加温 2～3 次，使种蛋定温，然后按正规每天翻蛋 3～4 次。翻蛋时备一空桶，将原在上层的放在桶的下层，下层的放在上层，心蛋改为边蛋，边蛋改为心蛋。每层之间放以炒热的稻谷，使蛋温保持 37～38℃。

桶孵法鸡蛋在桶内孵至 12～13d，鸭蛋 14～16d，鹅蛋 17～18d 即可转入摊床孵化。

四、传统孵化法的改进

为了适应养禽业的发展，各地对孵化方法做了许多改进。最简单的是一切均用原来的方法孵化，只是用温度计测温，稍进一步的是用蛋盘孵化，孵化前半期将蛋盛于蛋盘中，在炕上重叠 3～6 层。更进一步的是平箱孵化法和温室孵化法。前者是在火炕或孵缸的上都装有孵化器，器内设有蛋架，器外有翻蛋装置，如立体孵化器一样，只是由火炕或孵缸供温，后者是在整个孵化室内设有多层蛋架，室内四周设有火道供温，整个房间为 1 个孵化器，容量更大。各种孵化法在摊孵期均未改变，保留了原来的孵化特点。

技能训练　炕孵法的操作

一、材料

火炕、燃料、摊床、棉被、45℃温水、照蛋器和 1 000 枚种蛋等。

二、方法及步骤

1. 入孵前的准备　入蛋时先将蛋分上下两层，直接摆在炕席上，然后盖被烧炕，如在 16：00 放蛋，至 0：00 再烧 1 次，并开始第 1 次翻蛋。到次日清晨上层蛋已较温暖，下层蛋已相当温热而不感烫的程度，即开始上包。

2. 上包　上包的方法是按每一个被（包）容鸡蛋 1 000 个，将炕上层的蛋放到包的下层，下层的蛋放在包的上层，然后包紧，包上再加一层棉被。

3. 翻蛋和晾蛋　上包以后温度便急剧升高，应每 2h 左右翻蛋 1 次，直到上下层温度达到一定要求时再转入正常孵化。如 16：00 上蛋，大约在次日 12：00 即可达到这种程度。为使蛋温很快达到要求，以简化上包前后的管理手续，放蛋前可将蛋放在 45℃的热水中洗烫 7～8min，然后立即上包。

温度达到正常要求之后，即每隔 4～6h 翻蛋 1 次，将上下层蛋，边缘与中间部分的蛋对调，使所有的胚蛋受热均匀。

翻蛋之前要先检温转包（在原地调转包的方向）。翻蛋之后如温度过高即行"晾包"（晾蛋）。待晾到正常温度时，重新包上，翻蛋时应注意操作要轻、要稳，防止打破胚蛋，翻完要排齐、包紧，以防混层而遭损失。

4. 照蛋 鸡蛋在第5天进行头照，11d进行二照，然后上摊。摊孵期主要靠自温孵化，管理简单，每天仍按时翻蛋，调换蛋的位置，并依当时蛋温情况增减被单，以掌握适宜的温度。

5. 出雏 出雏时期从大批啄壳以后，每隔2～3h拣出蛋壳或毛干的雏禽1次，同时进行翻蛋。已拣出的雏禽放在篓筐里，待全部出齐后运走。

任 务 评 估

一、填空题

1. 我国传统孵化方法的优点有：_____、_____、_____，在温度的控制上，符合_____的要求。
2. 炕孵法为使温度很快达到要求，放蛋前可将蛋放在_____℃的热水中洗烫_____min。
3. 缸孵法的缸期又分为两个阶段，即_____期和_____期。

二、简答题

1. 简述桶孵法的操作过程。
2. 传统孵化法的改进措施。

三、技能评估

1. 入孵前的准备措施得当。
2. 上包方法正确。
3. 翻蛋、晾蛋方法正确。
4. 照蛋方法正确。
5. 出雏处理措施得当。

项目五　孵化效果的检查与分析

任务1　孵化效果检查的方法

【技能目标】掌握照蛋的时间和方法；掌握种蛋在孵化期的正常变化；能够正确分析胚胎死亡的原因。

孵化过程中结合照蛋，出雏等经常检查胚胎的发育情况，以便尽早发现孵化不良的现象，并查明其原因，及时改进种鸡的饲养管理和孵化条件，进而保持良好的孵化成绩。常用的检查方法如下：

一、照蛋

用照蛋器的灯光透视胚胎的发育情况，操作简单，结果准确。一般孵化期中照蛋2～

3 次。

第 1 次检视（头照）：鸡蛋在孵化 5~6d、鸭、鹅蛋在 7~8d 进行。照蛋时注意胚胎的发育情况，检出无精蛋和中死蛋。此时发育正常的胚胎，其血管网鲜红，扩散面较大，胚胎上浮或隐约可见；发育软弱的胚胎则血管较淡，纤细，扩散面小；无精蛋则蛋内透明，有时呈现出黑影（卵黄）；中死蛋则见有血圈或血线。有时可见死亡的胚胎，但无血管扩散，蛋的颜色较淡。

第 2 次检视（二照），鸡蛋在 18~19d、鸭蛋在 25d、鹅蛋在 27d 进行，检后即行移蛋。此次照蛋时发育良好的胚胎，除气室以外已占满蛋的全部容积，胎儿的颈部紧压气室，因此气室边界弯曲，血管粗大，有时可以看见胎动，发育落后的胎儿气室较小，边界平齐；中死蛋的气室周围看不到暗红色血管，颜色较淡，边界模糊，蛋的锐端常常是淡色的。中死蛋应立即捡出。

此外，鸡蛋在孵化 11d、鸭蛋在 13d、鹅蛋在 14d 时可抽出几个蛋盘，进行一次中间检查。此时，发育正常的胚胎尿囊已经合拢并包围蛋的所有内容物。透视时蛋的锐端布满血管；发育落后的胚胎尿囊尚未合拢，透视时蛋的锐端淡白。如果孵化正常，可以不做这次检查。

二、蛋重和气室变化的观察

孵化期中，由于蛋内水分的蒸发，蛋重逐渐减轻。

在孵化 1~19d 中，蛋重减轻约为原蛋重的 10.5%，平均每天减重为 0.55%。如果蛋的减重超出正常的标准过多，验蛋时气室很大，这可能是湿度过低或温度过高，如低于标准过多，则气室小，可能是湿度过大或温度过低，蛋的品质不良。

三、啄壳和出壳的观察

在移蛋时和出雏时观察胎儿啄壳和出雏的时间，啄壳状态以及大批出雏和结束出雏的时间等是否正常，借以检查胚胎发育情况。

四、初生雏的观察

雏鸡孵出后，观察雏鸡的活力和结实程度，体重的大小，蛋黄吸收情况，绒毛的色素、整洁程度和绒毛的长短。发育正常的雏鸡体格健壮，精神活泼，体重合适，蛋黄吸收良好，脐部收缩，绒毛整洁，颜色鲜浓，长短合适。此外，还要注意有无畸形，弯喙，蛋黄未吸收、脐带开口而流血，骨骼弯曲，脚和头麻痹等情况。

五、死胚的病理解剖

种蛋品质和孵化条件不良时，死胎常常表现出许多病理变化。如温度过高则出现充血、溢血现象，维生素 B_{12} 缺乏时出现脑水肿等。因此，在清理孵化器时应解剖死胚进行检查。检查时首先判定其死亡日龄，注意皮肤、肝、胃、心脏等内部器官，胸腔以及腹膜等的病理变化。如充血、贫血、出血、水肿、肥大、萎缩、变性、畸形等，以确定胚胎的死亡原因。对于啄壳前后死亡的胚胎还要观察其胎位是否正常。

任 务 评 估

一、填空题

1. 种蛋在孵化期内共照蛋_____次。
2. 鸡蛋在孵化_____d、鸭、鹅蛋在_____d进行头照。头照时要捡出_____蛋和_____蛋。
3. 验蛋时气室很大，可能是_____过低或_____过高，如低于标准过多，则气室小，可能是_____过大或_____过低，蛋的品质不良。
4. 死胚出现充血、溢血现象可能是_____过高导致。

二、简答题

1. 第1次照蛋应注意什么？
2. 第2次照蛋应注意什么？
3. 病死胚病理解剖时应注意什么？

任务2　胚胎死亡曲线的分析

【**技能目标**】通过本课题学习，使学生掌握和分析胚胎死亡原因，以用于指导生产实践。

孵化正常时，胚胎死亡的分布以4～5胚龄和18～20胚龄两个时期较高，特别是最后一个时期更高些。如果死亡曲线分布异常，则需要仔细分析原因。例如，孵化中期死亡率高，往往是种鸡饲养不良，胚胎的营养不足，到19d验蛋时死亡率很高；孵化初期死亡率过高，多半是种蛋保存得不好，配偶比例不合适，孵化温度过高或过低，翻蛋不足，以及种鸡患病等原因；孵化末期死亡率过高，可能是孵化条件不良造成的，啄壳未出的死胎蛋较多（表4-11）。

表4-11　孵化不良原因分析一览表

原因	新鲜蛋	第1次照蛋(5～6d)	中间检查(10～11d)	第2次照蛋(19d)	死胎	初生雏
维生素A缺乏	蛋黄淡白	无精蛋多，死亡率高	发育略迟缓	生长迟缓、肾有盐类结晶的沉淀物	肾及其他器官有盐类沉淀物，眼睛肿胀	带眼病的弱雏多
维生素D缺乏	蛋壳薄而脆，蛋白稀薄	死亡率略有增高	尿囊发育迟缓	死亡率显著增高	胚胎有营养不良的特征	出壳拖延，初生雏软弱
维生素B_2缺乏	蛋白稀薄	—	发育略迟缓	死亡率增高，蛋重损失少	死胚有营养不良的特征，绒毛卷缩，脑膜浮肿	很多雏鸡的颈和脚麻痹，绒毛卷起
陈蛋	气室大，系带和蛋黄膜松弛	很多鸡胚在1～2d死亡，剖检时胚盘的表面有泡沫出现	发育迟缓	发育迟缓	—	出壳时间拖长

（续）

原因	新鲜蛋	第1次照蛋 (5~6d)	中间检查 (10~11d)	第2次照蛋 (19d)	死胎	初生雏
冻蛋	很多蛋的外壳破裂	在第1天死亡率高，蛋黄膜破裂	—	—	—	—
运输不良	打碎的多气室流动	—	—	—	—	—
前期过热	—	多数发育不好，不少胚胎充血、溢血、异位	尿囊早期包围蛋白	异位，心、胃、肝变形	异位，心、胃、肝变形	出壳早
后半期长时间过热	—	—	—	啄壳较早	很多胚胎破壳死亡，但未吸入，残留浓蛋白，胚胎心脏充血、缩小	出壳较早，但拖延时间长，雏鸡绒毛黏着，脐带愈合不良
温度不足	—	生长发育非常迟缓	生长发育非常迟缓	生长发育非常迟缓，气室边界平齐	尿囊充血，心脏肥大，蛋黄吸入，但呈绿色，肠内充满蛋黄和粪	出壳晚而拖延，幼雏不活泼，脚站立不稳，腹大，有时下痢
湿度过大	—	—	尿囊合拢迟缓	气室边界平齐，蛋重损失小，气室小	在啄壳时喙黏在蛋壳上，嗉囊、胃和肠充满液体	出壳晚而拖延，绒毛粘连蛋液，腹大
湿度过足	—	死亡率高，充血并黏在蛋壳上	蛋重损失大，气室大	—	外壳膜干而结实，绒毛干燥	出壳早，绒毛干燥，发黄，有时黏壳
通风换气不良	—	死亡率增高	在羊水中有血液	在羊水中有血液，内脏器官充血及溢血	在蛋的锐端啄壳	—
翻蛋不正常	—	蛋黄黏于壳膜上	尿囊尚未包围蛋白	在尿囊之外有剩余的蛋白	—	—

孵化率好的，按入孵蛋可达85%，无精蛋不超过4%~5%，头照中死蛋2%，二照中死蛋2%~3%，移盘后的死胎蛋6%~7%。

除了从上述几方面进行检查分析而外，还要掌握种蛋的来源与种鸡的饲养管理和繁殖情况。如果是外地运进的种蛋，孵化之前应先用照蛋器检视蛋的新鲜程度。同时可打开3~5个蛋观察蛋黄颜色和浓蛋白与稀蛋白的比例。孵化时将不同来源的种蛋分别装盘，出雏时单独统计孵化成绩，这样可以及时地了解各场种蛋的品质是否正常，有时可有意识地同时孵化不同鸡场的种蛋，以判断本场种蛋的品质和孵化条件。

孵化不良的原因主要是种鸡饲养管理不当，种蛋保存不好或孵化条件不合适。检查和分析的方法也很简单，只要在每次照蛋、移蛋、出雏和清理死胎时稍加留意就可做到，但不能忽视，必须坚持经常。

任 务 评 估

一、填空题

1. 孵化正常时，胚胎死亡的分布以_____胚龄和_____胚龄两个时期较高，特别是最后一个时期更高些。

2. 孵化初期死亡率过高，多半是_____，_____，_____，翻蛋不足以及_____等原因。

3. 孵化率好的，按入孵蛋可达_____%，无精蛋不超过_____%，头照中死蛋_____%，二照中死蛋_____%，移盘后的死胎蛋_____%。

4. 孵化不良的原因主要是_____不当，_____不好或_____不合适。

二、思考题

分析孵化效果不良的形成原因。

任务3 提高孵化率的措施

【技能目标】掌握提高孵化率的几个措施。

目前，国内大部分孵化场无论是使用进口孵化器还是使用国产孵化器，孵化成绩都达到了国际先进水平，但也有一些孵化场的孵化效果不理想。究其原因，虽有孵化技术方面的因素，但很大程度上是孵化技术以外因素的影响。下面介绍一下提高孵化率的几个措施。

一、饲养高产健康种禽，保证种蛋质量

种蛋产出后，其遗传特性就已经固定。从受精蛋发育成一只雏禽，必需的营养物质只能从种蛋中获得，所以必须科学地饲养健康、高产的种禽，以确保种蛋品质优良。一般受精率和孵化率与遗传（禽种）因素关系较大，而产蛋率、孵化率也受外界因素的制约。影响孵化率的疾病，除维生素A、维生素B_2、维生素B_{12}、维生素D_3缺乏症外，还有新城疫、传染性支气管炎、副伤寒、曲霉菌病、黄曲霉素中毒、脐炎、大肠杆菌病和喉气管炎等。必须指出，由无白痢（或无其他疾病）种禽场引进种蛋、种雏，如果饲养条件差，仍会重新感染疾病。同样，从国外引进无白痢等病的种禽，也会重新感染。只有抓好卫生防疫工作，才能保证种禽的健康。所以必须认真执行"全进全出"制度。种禽营养不全面，往往会导致胚胎在中后期死亡。

二、加强种蛋管理，确保入孵前种蛋品质优良

一般种禽开产最初2周的种蛋不宜入孵，因为其孵化率低，雏禽的活力也差。由于夏季种禽采食量下降（造成季节性营养缺乏）和种蛋在保存前置于环境较差的禽舍，种蛋质量会下降，以致7~8月孵化率低4%~5%。在生产中，人们比较重视冬夏季种蛋的管理，而忽

视春秋季种蛋保存，片面认为春秋季气温对种蛋没有多大影响。其实此期温度是多变的，而种蛋对多变的温度较敏感。所以无论什么季节都应重视种蛋的保存。

实践证明，按蛋重对种蛋进行分级入孵可以提高孵化率。主要是可以更好地确定孵化温度，而且胚胎发育也较一致，出雏更集中。

必须纠正重选择轻保存、重外观选择（尤其是蛋形选择）轻种蛋来源的倾向。照蛋透视选蛋法可以剔除肉眼难以发现的裂纹蛋，特别是可以剔除对孵化率影响较大的气室不正、气室破裂（或游离）以及肉斑、血斑蛋。虽然这样做增加了工作量，但从信誉和社会效益上看无疑是可取的。

为了减少平养种鸡的窝外蛋及脏蛋，可在鸡舍中设栖架，产蛋箱不宜过高，而且箱前的踏板要有适当宽度，不能残缺不全。踏板用合页与产蛋箱连接，傍晚驱赶出产蛋箱中的种鸡，然后掀起踏板，拦住产蛋箱入口，以阻止种鸡在箱里过夜、拉粪，弄脏产蛋箱，第2天亮灯前放下踏板。肉用种鸡产蛋箱应放在地面上或网面上，以利于母鸡产蛋。种鸭产蛋多在深夜或凌晨，要及时捡蛋保存。

三、创造良好的孵化条件

提高孵化技术水平所涉及的问题很多，主要抓好以下两个方面，就能够获得良好的孵化效果。概括为两句话："掌握3个主要孵化条件，抓好两个孵化关键时期"。

1. 掌握3个主要孵化条件　掌握好孵化温度、孵化场和孵化器的通风换气及其卫生。

（1）正确掌握适宜的孵化温度。

①确定最适宜的孵化温度。温度是胚胎发育最重要的条件，而国内各地区的气候条件及使用的孵化器类型均不相同，这给正确掌握孵化温度增加了难度。在"孵化条件"中所提出的"变温"或"恒温"孵化的最适温度，是所有种蛋的平均孵化温度。实际上最适孵化温度，除因孵化器类型和气温不同而异外，还受遗传（品种）、蛋壳质量、蛋重、蛋的保存时间和孵化器中入孵蛋的数量等因素影响。应根据孵化器类型、孵化室（出雏室）的环境温度灵活掌握，特别是新购进的孵化器，可通过几个批次的试孵，摸清孵化器的性能，结合本地区的气候条件、孵化室（出雏室）的环境，确定最适孵化温度。

②孵化中温度掌握。尽可能使孵化室温度保持在22～26℃，以简化最适孵化温度的定温；用标准温度计校正孵化温度计，并贴上温差标记。注意防止温度计移位，以免造成胚胎在高于或低于最适温度下发育；新孵化器或大修后的孵化器，需要用经过校正的体温计测定孵化器里的温差，求其平均温度。然后将控温水银导电表的孵化给温调至37.8℃，试孵1～2批，根据胚胎发育和孵化效果，确定适合本地区和孵化器类型的最适孵化温度。

（2）保持空气新鲜清洁。

①胚胎发育的气体交换和热量产生。孵化过程中，胚胎不断与外界进行气体交换和热量交换。它们是通过孵化器的进出气孔、风扇和孵化场的进气排气系统来完成的。胚胎气体交换和热量交换，随胚龄的增长成正比例增加。胚胎的呼吸器官尿囊绒毛膜的发育过程是与胚胎发育的气体交换渐相适应的。第21胚龄尿囊绒毛膜停止血液循环，与此相衔接的是鸡胚在第19胚龄时，进入气室以后啄破蛋壳，通过肺呼吸直接与外界进行气体交换。

从第7胚龄开始胚胎自身才有体温，此时胚胎的产热量仍小于损失热量，至10～11胚龄时，胚胎产热才超过损失热。以后胚胎代谢加强，产热量更多。如果孵化器各处的孵化率比较一致，则说明各处温差小、通风充分。绝大部分孵化器的空气进入量都超过需要，氧气供应充分。但应避免过度的通风换气，因为这样孵化器里的温度和相对湿度难以维持。

②通风换气的操作。第一，整个21d孵化期，前5d可以关闭进、出气孔，以后随胚龄增加逐渐打开进、出气孔，以至全部打开。用氧气和二氧化碳测定仪器实际测量，更直观可靠。若无仪器，可通过观察孵化控制器的给温或停温指示灯亮灯时间的长短，估测通风换气是否合适。在控温系统正常情况下，如给温指示灯长时间不灭，则说明孵化器里的温度达不到预定值，通风换气过度，此时可把进出气孔调小。若停温指示灯长亮，则说明通风换气不足，可调大进出气孔。

第二，如孵化1～17d鸡胚发育正常而最终孵化效果不理想，有不少胚胎发育正常但闷死于壳内或啄壳后死亡，则可能是孵化19～21d通风换气不良造成的。此时，加强通风措施能改善孵化效果。有些孵化器设有紧急通风孔，超温时能自动打开换气。

第三，高原地区空气稀薄，氧气含量低。如果增加氧气输入量可改善孵化效果。

(3) 孵化场卫生。如果分批入孵，要有备用孵化器，以便对孵化器进行定期消毒。如无备用孵化器，则应定期停机对孵化器彻底消毒。

2. 抓住孵化过程中的两个关键时期　整个孵化期都要认真操作管理，但是根据胚胎发育的特点可分为有两个关键时期：1～7胚龄和18～21胚龄（鸭24～28胚龄；鹅26～32胚龄）。在孵化操作中，尽可能地创造适合这两个时期胚胎发育的孵化条件，即抓住了提高孵化率和雏禽质量的主要矛盾。一般是前期注意保温，后期重视通风。

(1) 1～7胚龄。为了提高孵化温度，尽快缩短达到适宜孵化温度的时间。有下列措施：①种蛋入孵前预热，既利于鸡胚的苏醒、恢复活力，又可减少孵化器中温度下降，缩短升温时间。②孵化1～5胚龄，孵化器进出气孔全部关闭。③用福尔马林和高锰酸钾对孵化器里种蛋进行消毒时，应在蛋壳表面凝水干燥后进行，并避开24～96h的胚蛋。④5胚龄（鸭6胚龄；鹅7胚龄）前不照蛋，以免孵化器及蛋表温度剧烈下降。整批照蛋应在5胚龄以后进行。照蛋时就将小头朝上的胚蛋更正过来，因小头朝上的种蛋约60%的胚胎头部在小头，啄壳时喙不能进入气室进行气体交换，会增加胚胎死亡及弱雏率。另外，应剔除破蛋。⑤提高孵化室的环境温度。⑥要避免长时间停电。万一遇到停电，除提高孵化室温度外，还可在水盘中加热水。

(2) 18～21胚龄。鸡胚18～19胚龄（鸭24～28胚龄；鹅26～32胚龄）是胚胎从尿囊绒毛膜呼吸过渡到肺呼吸时期，需氧量剧增，胚胎自温很高，而且随着啄壳和出雏，壳内病原微生物在孵化器中迅速传播。此期的通风换气要充分。解决供氧和散热问题，有下列措施：

①避开在18胚龄（鸭22～23胚龄；鹅25～26胚龄）移盘到出雏盘，转入出雏器中出雏。可在17胚龄（甚至15～16胚龄），或19胚龄（约10%鸡胚啄壳）时移盘。

②啄壳、出雏时提高湿度，同时降低温度。一方面，可防止鸡胚啄破蛋壳，蛋内水分蒸发加快，不利破壳出雏；另一方面，可防止雏禽脱水，特别是出雏持续时间长时，提高湿度更为重要。在提高湿度的同时就降低出雏器的孵化温度，避免同时高温高湿。

19～21胚龄时，出雏器温度一般不得超过37～37.5℃。出雏期间相对湿度提高到70%～75%。

③注意通风换气，必需时可加大通风量。

④保证正常供电，此时即使短时间停电，对孵化效果的影响也是很大的。停电的应急措施：打开机门，进行上下倒盘，并用体温表测蛋温。此时，门表温度计所示温度绝不能代表出雏器里的温度。

⑤捡雏时间的选择。一般在60%～70%雏禽出壳，绒毛已干净时进行第1次捡雏。在此之前仅捡去空蛋壳。出雏后，将未出雏胚蛋集中移至出雏器顶部，以便出雏，最后再捡一次雏，并扫盘。

⑥观察窗的遮光。雏鸡有趋光性，已出壳的雏鸡将拥挤到出雏盘前部，不利于其他胚蛋出壳。所以观察窗应遮光，使出壳雏鸡保持安静。

⑦防止雏禽脱水。雏禽脱水严重会影响成活率，而且是不可逆转的，所以雏禽不要长时间待在出雏器里及雏禽处理室里。雏禽不可能同一时刻出齐，即使比较整齐，最早出的和最晚出的时间也相差32～35h，再加上出雏后的一系列工作（如分级、打针、剪冠、鉴别），时间就更长，因此从出雏到送至饲养者手中，早出壳者，可能超过2d，所以应及时送至育雏室或送交饲养者。

此外，如果种禽健康、营养好，种蛋管理得当，在正常孵化情况下，则两个关键时期以外的胚胎死亡率很低。为了解胚胎发育是否正常，可在10～11胚龄照蛋，若尿囊绒毛膜"合拢"，则说明孵化前半期胚胎发育正常；还可抽照17胚龄胚蛋，如胚蛋小头"封门"，则说明胚胎发育正常，蛋白全部进入羊膜腔里，并被胚雏吞食。

任务评估

一、填空题

1. 一般开产最初_____周不宜孵化，因为其孵化率低，雏的活力也差。
2. 胚胎发育有两个关键时期：_____胚龄和_____胚龄。
3. 掌握好_____、_____和_____的通风换气及其卫生，对孵化率和雏禽质量至关重要。

二、简答题

1. 解决供氧和散热问题有哪些措施？
2. 如何抓住孵化过程中的两个关键时期？

项目六 初生雏的处理

任务1 初生雏的雌雄鉴别

【技能目标】掌握雏鸡雌雄鉴别的几种方法，能正确辨别出生雏鸡的雌雄。

一、雏鸡的雌雄鉴别

伴性遗传鉴别法是利用伴性遗传原理，培育自别雌雄品系，通过不同品系间杂交，根据初生雏鸡羽毛的颜色、羽毛生长速度准确地辨别雌雄。

1. 羽毛鉴别

（1）羽色鉴别法。利用初生雏鸡绒毛颜色的不同，直接区别雌雄。如褐壳蛋鸡品种伊莎褐、罗斯褐、海兰褐、尼克红、罗曼褐等都可利用其羽色自别雌雄。用金黄色羽的公鸡与银白色羽的母鸡杂交，其后代雏鸡中，凡绒毛金黄色的均为母雏，银白色的均为公雏。

（2）羽速鉴别法。控制羽毛生长速度的基因存在于性染色体上，且慢羽对快羽为显性。用慢羽母鸡与快羽公鸡杂交，其后代中凡快羽的均是母鸡，慢羽的均是公鸡。区别方法：初生雏鸡若主翼羽长于覆主翼羽，则为母雏；若主翼羽短于或等于覆主翼羽，则为公雏（图4-5）。

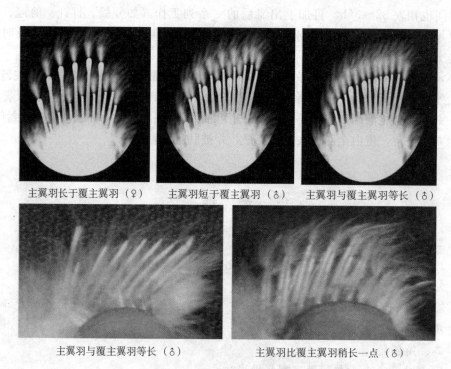

图 4-5 初生雏羽速鉴别雌雄

2. 翻肛鉴别 左手握雏鸡，用中指和无名指轻夹雏鸡颈部，用无名指和小指夹雏鸡两脚，再用左拇指轻压腹部左侧髋骨下缘，借助雏鸡的呼吸，让其排粪。然后以左手拇指靠近腹侧，用右手拇指和食指放在泄殖腔两旁，三指凑拢一挤，即可翻开泄殖腔。泄殖腔翻开后，移到强光源（60W 乳白色灯泡）下，可根据雏鸡生殖突起有无及组织形态的差异来判断雌雄，若无生殖突起则直接判定为母雏，若有生殖突起则根据生殖突起大小、形状及生殖突起旁边的八字形皱襞是否发达来区别公母（表 4-12）。翻肛鉴别初生雏鸡的整个操作过程动作要轻、快、准。用此法鉴别雌雄，鉴别时间最好是在雏鸡出壳后 2～12h 进行，超过 24h，生殖突起开始萎缩，甚至陷入泄殖腔深处，难以进行鉴别。

表 4-12 初生雏鸡生殖突起的形态特征

性别	类型	生殖突起	八字皱襞
雌雏	正常型	无	退化
	小突起	突起较小，不充血，突起下有凹陷，隐约可见	不发达
	大突起	突起稍大，不充血，突起下有凹陷	不发达
雄雏	正常型	大而圆，形状饱满，充血，轮廓明显	很发达
	小突起	小而圆	比较发达
	分裂型	突起分为两部分	比较发达
	肥厚型	比正常型大	发达
	扁平型	大而圆，突起变扁	发达，不规则
	纵裂	尖而小，着生部位较深，突起直立	不发达

二、雏鸭、雏鹅的雌雄鉴别

初生的雏鸭和雏鹅的性别鉴定比较容易。因鸭、鹅均有外部生殖器，呈螺旋形，翻转泄殖腔时即可拨出。我国劳动人民创造的触摸方法，从雏鸭肛门上方开始，轻轻夹住直肠往肛门方向触摸，如有肛门上方稍微感到有突起物即为雏鸭的阴茎，可判断为公雏，如手指触摸感到平滑没有突起，就是母雏。这种方法不需翻泄殖腔，操作简便，但需要有一个熟练过程。

技能训练　用翻肛法鉴别雏鸡的雌雄

一、材料

出生 24h 内的雏鸡 100 只（公、母混合雏）、60W 白炽灯泡、雏鸡箱等。

二、方法及步骤

1. 抓握雏鸡的方法　按鸡运动方向，由左手将雏鸡抓起；左手握雏鸡，用中指和无名指轻夹雏鸡颈部，用无名指和小指夹雏鸡两脚。

2. 排粪　用左拇指轻压腹部左侧髋骨下缘，借助雏鸡的呼吸，让其排粪。

3. 翻肛　然后以左手拇指靠近腹侧，用右手拇指和食指放在泄殖腔两旁，三指凑拢一挤，即可翻开泄殖腔。

4. 鉴别　泄殖腔翻开后，移到强光源（60W 乳白色灯泡）下，可根据雏鸡生殖突起的大小、形状及生殖突起旁边的八字形皱襞是否发达来鉴别雌雄。

5. 注意事项　翻肛鉴别初生雏鸡的整个操作过程动作要轻、快、准。用此法鉴别雌雄，鉴别适宜的时间是在出壳后 2～12h 进行，超过 24h，生殖突起开始萎缩，甚至陷入泄殖腔深处，难以进行鉴别。

任 务 评 估

一、填空题

1. 利用伴性遗传原理，根据初生雏鸡_____、_____准确地辨别雌雄。
2. 翻肛鉴别雏鸡雌雄，鉴别适宜的时间是在出壳后_____h内进行，超过_____h，生殖突起开始萎缩，甚至陷入泄殖腔深处，难以进行鉴别。

二、问答题

1. 怎样进行初生雏的羽色鉴别雌雄？
2. 怎样进行初生雏羽速鉴别雌雄？

三、技能评估

1. 抓鸡、握鸡方法正确。
2. 排粪、翻肛手法正确。
3. 性别判断准确。
4. 能够正确说明应注意的问题。

任务2 初生雏的分级和免疫接种

【技能目标】掌握初生雏鸡的分级方法；熟练掌握初生雏鸡的免疫接种方法。

一、初生雏的分级

雏鸡孵出后稍经休息鉴别后，即可装箱运输。装箱清数的同时，按强弱进行分级，实际上就是将弱雏分出，单独装箱，运到养鸡场可以单独饲养，提高成活率，发育均匀，减少疾病感染。

健康的雏鸡精神活泼，绒毛均匀整齐，干净，脐部收缩良好，两脚站立，结实，体重正常，胫趾颜色鲜浓。弱雏则不活泼，两脚站立不稳，腹大，脐带愈合不良或带血，喙、脚颜色很淡，体重过小。较弱的雏鸡需单独装箱，而腿、眼和喙有残疾的或畸形的以及过于软弱的雏鸡均不易养活，且易传染疾病，应立即全部淘汰。此外，由于种蛋的大小和保存时间的长短不同，孵出的时间有早有晚，应分别装箱，分别培育。

二、初生雏的免疫接种

出壳后的雏鸡，在分级和雌雄鉴别后，要在24h内接种马立克氏病疫苗，超过24h接种，免疫效果就会降低。目前，接种的马立克氏病疫苗多为进口的液氮苗，保护率能达到95%以上。马立克氏病液氮苗要用专用的稀释液进行稀释，并且稀释的疫苗要在1h内必须用完，否则保护率就会降低。注射时，为了提高疫苗用量的准确度和注射速度，要用专用的连续注射器进行注射，每只鸡颈部皮下注射0.2mL。

技能训练　初生雏的免疫接种

一、材料

出壳 24h 以内的雏鸡若干箱、鸡马立克氏病疫苗及稀释液、注射器等。

二、方法及操作步骤

1. **准备注射器具**　注射器具清洗后煮沸消毒。
2. **稀释疫苗**　用马立克氏病疫苗专用稀释液进行稀释,稀释的疫苗规定在 1h 内用完。
3. **免疫接种**　每只雏鸡颈部皮下注射 0.2mL。

任　务　评　估

1. 怎样对初生雏进行分级?
2. 技能评估

(1) 正确稀释疫苗。

(2) 疫苗接种手法正确,接种量准确,并且动作快。

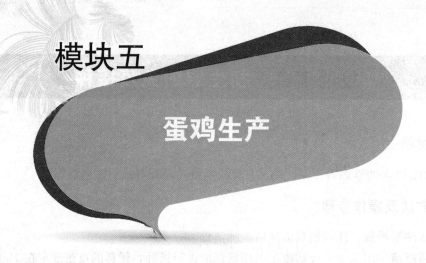

模块五 蛋鸡生产

项目一 育 雏

任务1 雏鸡的培育

【技能目标】了解雏鸡的生理特点；会因地制宜选用育雏方式，并做好育雏前的准备工作；能独立正确饲喂雏鸡，为雏鸡创造适宜的环境条件。

一、雏鸡的生理特点

雏鸡通常是指从出壳到6周龄的幼鸡。雏鸡的生理特点如下：

1. 体温调节机能不完善，既怕冷又怕热 雏鸡的羽毛有防寒作用并有助于体温调节，而刚出壳的雏鸡体小，全身覆盖的是绒羽且比较稀短，体温比成年鸡低。据研究，雏鸡刚出壳的体温比成年鸡低3℃左右，从4日龄开始体温逐渐升高，到10日龄才能达到与成年鸡基本相同的体温（40.6～41.7℃）。当环境温度较低时，雏鸡的体热散发加快，就会感到发冷，导致体温下降和生理机能障碍；反之，若环境温度过高，因鸡没有汗腺，不能通过排汗的方式散热，雏鸡就会感到极不舒适。因此，在育雏时要创造适宜的环境温度，刚开始时须供给较高的温度，以后随着鸡日龄的增加逐渐降温。一般在6～7周龄脱温，脱温前必须做好保温工作。

2. 生长发育快，短期增重极为显著 在鸡的一生中，雏鸡阶段生长速度最快。据研究，蛋用型雏鸡的初生重量为40g左右，2周龄时体重增加2倍，6周龄时体重增加10倍，8周龄时则增加15倍。因此，在供给雏鸡饲料时要求高能量高蛋白，且矿物质、维生素等营养物质全价的配合饲料，而且要充足供应，这样才能满足雏鸡快速生长发育的需要。

3. 胃肠容积小，消化能力弱 雏鸡的消化机能尚不健全，加之胃肠道容积小，因而在饲养上要精心调制饲料，做到营养丰富，适口性好，易于消化吸收，且不间断供给饮水，以满足雏鸡的生理需要。

4. 胆小，对环境变化敏感，合群性强 雏鸡胆小怕惊，外界环境稍有变化就会引起应激反应。如育雏舍内的各种声响、噪音和新奇的颜色，或陌生人进入等，都会引发鸡群骚动不安，影响生长，甚至造成相互挤压致死、致伤。因此，育雏期间要避免一切干扰，工作人员要固定不变，且衣服颜色固定。

5. 抗病能力和自卫能力差 雏鸡体小娇嫩，免疫机能还未发育健全，易受多种疫病的侵袭，如新城疫、马立克氏病、鸡白痢、鸡球虫等。因此，育雏时要严格执行消毒和防疫制度，搞好环境卫生。在管理上保证育雏舍通风良好，空气新鲜；经常洗刷用具，保持清洁卫生；及时使用疫苗和药物，预防和控制疾病的发生。同时，还要注意关紧门窗，防止老鼠、黄鼠狼、犬、猫、蛇等进入育雏舍而伤害雏鸡。

二、育雏阶段的划分

根据雏鸡生长发育规律和饲养管理特点分，雏鸡饲养阶段的划分方法有两种，即两阶段划分和三阶段划分。两阶段划分是指0~6周龄为第1段，7~20周龄为第2阶段。三阶段划分是指0~6周龄为幼雏阶段，7~14周龄为中雏阶段，15~20周龄为大雏阶段。现在常采用的是两阶段划分。0~6周龄为雏鸡，7~20周龄为育成鸡。

三、育雏方式

根据对空间的利用不同，人工育雏方式可分为平面育雏和立体育雏两种类型。

1. 平面育雏 指把雏鸡饲养在铺有垫料的地面上或饲养在具有一定高度的单层网平面上的育雏方式。广大农户常采用这种方式育雏。根据地面类型不同平面育雏又分为更换垫料育雏、厚垫料育雏和网上育雏3种方式。

（1）更换垫料育雏。育雏前在育雏地面上铺3~5cm厚的垫料，地面可以是水泥地面、砖地面、泥土地面或炕面。现在常用水泥地面，然后将雏鸡饲养在垫料上，饲养1~2周后将旧垫料和粪便清除，再铺新垫料，经常更换，以保持舍内清洁温暖。其供温方式有保温伞、红外线灯、火炕、烟道、火炉、热水管等。更换垫料育雏的优点是操作简单，无须特别设备，投资少。其缺点是雏鸡与粪便经常接触，容易感染通过粪便传播的疾病，特别是易发生鸡白痢和球虫病，且占用房舍面积较大，费垫料，劳动强度较大。

（2）厚垫料育雏。指在育雏过程中只加厚而不更换垫料，直至育雏结束将雏鸡转舍后才清除垫料粪便的一种平面育雏方式。其具体做法是：先将育雏舍打扫干净，再撒一层生石灰（每平方米撒布1kg左右），然后铺上3~5cm的垫料，垫料要求清洁干燥、质地柔软，禁用霉变、腐烂、潮湿的垫料。育雏两周后，开始在上面增铺新垫料，直至厚度达到15~20cm为止。垫料板结时，可用草叉子上下抖动，使其松软，育雏结束后将所有垫料一次性清除掉。其供温方式可采取保温伞、红外线灯、烟道、火炉、热水管等。厚垫料育雏的优点是：①可避免更换垫料带来的繁重劳动，劳动强度降低，且由于厚垫料发酵产热而提高舍温；②在微生物的作用下垫料中能产生维生素B_{12}，雏鸡经常扒翻垫料，可增加其运动量，增进食欲，促进生长发育，获得维生素B_{12}。其缺点是雏鸡与粪便经常接触，容易感染疾病，特别是易发生鸡白痢和球虫病，费垫料，且要求垫料干燥。否则，易产生有害气体。

（3）网上育雏。就是利用铁丝网或塑料网代替地面，一般网面离地面50~60cm，网眼为1.25cm×1.25cm。其供温方式有地上烟道、热水管、热气管、排烟管等。这种育雏方式，由于鸡粪直接从网眼漏下，鸡不与粪便直接接触减少疾病传播，卫生状况较好，有利于防止鸡白痢和球虫病，但投资较大，对饲养管理技术要求较高，还要注意通风和防止营养缺乏症的发生。

2. 立体育雏（笼育） 即将雏鸡饲养在层叠式的育雏笼内。育雏笼一般分为3~5层，多用镀锌或涂塑铁丝制成,网底也可用塑料网。鸡粪从网眼漏到挡粪板上,定期清洗。常用电热丝、热水管等作为热源,条件好的可选用能自动控温的电热育雏笼。

立体育雏与平面育雏相比,其优点是能充分利用育雏舍空间,提高了单位面积利用率和生产率;节省了垫料,热能利用更为经济;与网上育雏一样,雏鸡不与粪便直接接触,有利于预防鸡白痢病、球虫病。但投资较多,在饲养管理上要控制好舍内育雏所需条件,供给营养完善的日粮,保证雏鸡生长发育的需要。

四、育雏前的准备工作

1. 育雏计划的制订 根据生产需要、房舍条件、饲料资源等具体情况,拟定育雏计划。先确定全年育雏的总数,分几批饲养及每批饲养的只数,然后具体拟定进雏及雏鸡周转计划、饲料及物资供应计划等,以确保育雏工作有条不紊地进行。育雏计划包括育雏时间、每批雏鸡的品种和数量、雏鸡的来源和饲养目标、饲料和垫草的数量、免疫和用药计划、达到的育雏成绩等。

2. 育雏季节的选择 育雏季节应根据鸡场的条件决定。如果采用密闭式鸡舍,一年四季育雏,没有季节性。如果是开放式鸡舍,不同季节育雏其饲养效果不同。按季节划分,雏鸡可分为春雏、夏雏、秋雏、冬雏。春雏是指3~5月孵化的雏鸡,夏雏是指6~8月孵化的雏鸡,秋雏是指9~11月孵化的雏鸡,冬雏是指12月至翌年2月孵化的雏鸡。在开放式鸡舍中普遍认为饲养春雏最好,依次是秋雏、冬雏和夏雏。

3. 育雏舍、育雏器、育雏用具的准备与消毒 根据育雏计划准备充足的育雏舍和各种育雏用具。育雏室经过彻底清扫、检修后,墙壁用石灰乳粉刷,地面用2%~3%火碱喷洒。地面平养育雏要铺好垫料,将所有器具摆好,立体笼育要把笼具洗刷干净,用来苏儿消毒后安装好,然后用福尔马林熏蒸消毒,每立方米空间用高锰酸钾14~15g,甲醛28~30mL,封闭门窗,经过24h后,打开门窗换气。同时应注意,鸡舍高温高湿消毒效果好(温度升到25~27℃,湿度升到75%~80%)。育雏所用设备主要包括供电设备、通风照明设备、供温设备,以及饲槽、饮水器或水槽、料盘、料箱、水桶、秤、料铲等。育雏前应备足上述用具,并将这些用具用水洗刷干净,然后用3%来苏儿或其他消毒剂消毒备用。

4. 饲料、垫料和药品的准备 根据雏鸡的生理特点准备营养全价、无霉变、适口性好、易消化的饲料。地面育雏时,提前2~5d在地面上铺一层3~5cm的垫料,厚度要均匀。所用垫料要求干燥、松软、洁净、不霉烂、吸水性强、无异味,如麦秸、稻草、刨花、锯末等。此外,还要准备一些常用药品,如消毒药、抗白痢药、抗球虫病药、疫苗、葡萄糖、维生素C等。

5. 预热、试温、增湿 在进雏前2~3d对育雏室和育雏器要预热试温,检查升温、保温情况,以便及时调整,以达到标准要求。如果是烟道或煤炉供温,则要检查排烟及防火安全情况;若采用电热取暖,则要检查电路是否安全,调节器是否灵敏,确保安全可靠,以保证雏鸡进入育雏室后有一个良好的生活环境。同时,在育雏前几天,育雏舍温度高、湿度低,应注意增加湿度。

五、初生雏的选择与接运

1. 初生雏的选择 挑选优质健康的雏鸡,剔除病、弱雏是提高育雏率、培育出优良种鸡和高产蛋鸡的关键环节。因此，生产中要做好选雏工作，初生雏的选择方法见技能单：初生雏的选择。

2. 初生雏的接运 雏鸡的运输是一项技术要求高的细致性工作。随着蛋鸡商品化生产的发展，雏鸡长途运输越来越多。对于孵化厂和养鸡户来说，都要掌握运雏技术，运输雏鸡时应做到迅速及时、舒适安全、注意卫生。要求雏鸡出壳后12～24h运送到育雏地点，最多不超过48h，同时选择好运输工具，注意做好消毒工作。否则，稍有不慎就会给养鸡户或鸡场带来经济损失。

接雏人员要求有较强的责任心，具备一定的专业知识和运雏经验。接雏时应剔除体弱、畸形、伤残的不合格雏鸡，并核实雏鸡数量，请供方提交有关的资料。如果孵化厂有专门的送雏车，养鸡户应尽量使用，因为孵化厂的车辆发送初生雏，相对符合疫病预防和雏鸡质量控制的要求。如果孵化厂没有运雏专车，养鸡户应自备车辆。自备车辆时，要达到保温、通风的要求，适于雏鸡运输。接雏车使用前应冲洗消毒干净，符合防疫卫生标准要求。装雏工具最好选用纸质或塑料专用运雏箱，箱长为50～60cm，宽40～50cm，高18～20cm，箱子四周有直径2cm左右的通气孔若干。箱内分4小格，每个小格放25只雏鸡，每箱共放100只（指冬、春季节，秋季90只，夏季80只左右）。专用运雏箱适用于各种交通工具，一年四季皆可使用。尤其是纸质箱通风、保温性能良好；塑料箱受热易变形，受冻易断裂，装鸡后箱内易潮湿，一般用于场内周转和短途运输，但塑料箱容易消毒且能够反复使用。夏季运雏要带遮阳防雨用具，冬春运雏要带棉被、毛毯等。

从保证雏鸡的健康和正常生长发育考虑，冬天和早春应选择在中午前后气温相对较高的时间启运；夏季运雏最好安排在早、晚进行。

在运雏途中，一是要注意行车平稳，启动和停车时速度要缓慢，上下坡宜慢行，以免雏鸡挤到一起而受伤；路面不平时宜缓行，减少颠簸震动。二是掌握好保温与通气的关系。运雏中保温与通气是一对矛盾，只保温不通气，会使雏鸡发闷、缺氧，严重时会导致窒息死亡；反之，只注重通气，而忽视保温，易使雏鸡着凉感冒。运雏箱内的适宜温度为24～28℃。在运输途中，要经常检查，观察雏鸡的状态。若雏鸡张口呼吸，则说明温度偏高，可上下前后调整运雏箱，若仍不能解决问题，可适当打开通风孔，降低车厢温度；若雏鸡发出"叽叽"的叫声，说明温度偏低，应打开空调升温或加盖床单甚至棉被，但不可盖得太严。检查时如发现雏鸡挤堆，就要用手轻轻地把雏鸡堆推散。

雏鸡箱卸下时应做到快、轻、稳，雏鸡进舍后应按体质强弱分群饲养。冬季舍内外温差太大时，雏鸡接回后应在舍内放置30min后再分群饲养，以使其适应舍内温度。

六、雏鸡的饲养管理

（一）雏鸡的饲养

1. 开饮 雏鸡第1次饮水称为开饮。雏鸡接入育雏室稍加休息后，要尽快让其饮水，饮水后再开食，以利于排尽胎粪和吸收体内剩余卵黄，也有利于增进食欲。最初，可用温开水或3%～5%的糖水，经1周左右逐渐过渡到用自来水。初饮时加抗生素、维生素有良好的效果，常用0.02%～0.03%的高锰酸钾水或在水中加入抗鸡白痢的药物（如土霉素、氟哌酸等）。饮水要始终保持充足、清洁。饮水器每天要洗刷1～2次，按需要配足，并均匀分布于鸡舍内。饮水器随鸡日龄增大而调整。立体笼育雏时开始在笼内放饮水器饮水，1周后应训练雏鸡在笼外水槽饮水；平面育雏时应随雏鸡日龄增大而调整高度。开饮时，还应特别注意防止雏鸡因长时间缺水而暴饮。

2. 开食 雏鸡出壳后第 1 次吃食称为开食。开食过早，雏鸡无食欲；开食过迟，雏鸡体力消耗过大，影响生长和成活率。一般在出壳后 24～36h 开食。实践中以 1/3～1/2 雏鸡有啄食行为时开食为宜，最迟不超过 48h。农户散养鸡开食常用玉米、小米、全价颗粒料、碎粒料等，现代大规模养鸡，宜采用全价颗粒料开食。小米用开水烫软，玉米粉用水拌湿在锅内蒸，放凉后用手搓开，然后直接撒在牛皮纸上或深色塑料布上，让鸡自由采食。经 2～3d 后逐渐过渡到采用料槽或料桶饲喂全价配合饲料。在生产实践中，大部分鸡场直接用全价颗粒饲料开食。

3. 饲喂 饲喂时应遵守少喂勤添的原则，第 1 天喂 2～3 次，以后每天喂 5～6 次，注意晚上至少喂 1 次。随着鸡日龄的增大，饲喂次数减少，到 6 周龄减少到每天 4 次。要保证足够的槽位，以确保所有雏鸡同时采食。为提高雏鸡的消化能力，从 10 日龄起可在饲料中加入少量干净细沙。

4. 饲养标准与饲料配合 鸡的饲养标准很多，如美国的 NRC 饲养标准、英国的 ARC 饲养标准。20 世纪 80 年代，我国制订了鸡的饲养标准。2004 年，我国对鸡的饲养标准又重新修订并公布，为养鸡者提供了参考。雏鸡的饲养标准参考表 5-1。

表 5-1　生长期蛋用型鸡主要营养成分的需要量

项　目	生长鸡周龄		
	0～8	9～18	19 至开产
代谢能（MJ/kg）	11.91	11.70	11.50
粗蛋白质（%）	19.00	15.50	17.00
蛋白能量比（g/MJ）	15.95	13.25	14.78
钙（%）	0.90	0.80	2.00
总磷（%）	0.70	0.60	0.55
有效磷（%）	0.40	0.35	0.32
钠（%）	0.15	0.15	0.15
氯（%）	0.15	0.15	0.15
蛋氨酸（%）	0.37	0.27	0.34
蛋氨酸＋胱氨酸（%）	0.74	0.55	0.64
赖氨酸（%）	1.00	0.68	0.70

注：摘自农业部 2004 年颁布的《鸡的饲养标准》。本标准根据中型体重鸡制定，轻型鸡可酌减 10%；开产日龄按 5% 产蛋率计算。

在配制雏鸡饲料时，要充分考虑当地的饲料资源，参考我国鸡的饲养标准，配制符合不同阶段雏鸡营养需要的全价日粮，以满足其营养需要。同时，应考虑饲料的适口性、消化性等。

（二）雏鸡的管理

1. 温度 温度直接影响到雏鸡体温的调节、运动、采食、饮水、休息、饲料的消化吸收以及体内剩余卵黄的吸收等生理过程。因此，温度是育雏成功的关键条件，提供适宜的温度是提高雏鸡成活率的关键措施。

育雏温度包括育雏室温度和育雏器的温度。育雏室温度要比育雏器温度低。室温一般保持在 24～18℃，有高、中、低 3 个温区，既有利于空气对流，又便于雏鸡根据自身的生理需要选择最适宜的温区。育雏器的温度随鸡日龄的增加而逐渐降低，蛋鸡各周龄适宜的育雏器温度见表 5-2。

表 5-2 蛋雏鸡各周龄育雏器的温度

周龄	育雏器温度（℃）	室内温度（℃）
1	35～32	24
2	32～29	24～21
3	29～27	21～18
4	27～24	18～16
5	24～21	18～16
6	21～18	18～16

育雏器温度包括平面育雏器温度和立体育雏器的温度。平面育雏器的温度是指距热源 50cm，距垫草 5cm 处的温度。立体育雏器的温度是指热源区内距底网 5cm 的温度。

观察育雏温度是否适宜，除参看温度计外，更重要的是看鸡群的行为表现。雏鸡的行为表现是测定育雏温度最好的方法。温度过高时，雏鸡远离热源，大量饮水，张开翅膀张口喘气；温度过低时，雏鸡紧靠热源，拥挤打堆，夜间睡眠不稳，常发出"叽叽"的叫声；温度适宜时，雏鸡精神饱满，活泼好动，喂料时争着向食槽跑去，休息时分布均匀，而且安稳，很少发出叫声。

育雏时若温度过高，机体失水太多，造成鸡体弱多病，生长发育迟缓，易发生呼吸道疾病和啄肛。若温度过低，雏鸡挤在一起，减少了活动和采食时间，生长发育迟缓，易发生慢性呼吸道疾病，诱发鸡白痢。所以，育雏温度过高或过低都会造成鸡体弱多病，严重时导致鸡的死亡。

在育雏过程中，应灵活掌握温度。一般原则是大风、降温的天气温度要高些，雨雪天要高些，夜间比白天要高些，免疫、断喙后的 1～2d 要高些，发病时要高些。此外，中型褐壳蛋鸡羽毛生长速度慢于轻型蛋鸡，前期温度应稍高。

2. 湿度 湿度虽不如温度重要，但掌握不当，也会给雏鸡的生长和健康带来很大影响。雏鸡出壳后，由于体内水分随着呼吸和室温升高而大量散发，同时雏鸡早期采食和饮水较少，所以 1～10 日龄室内湿度要求达 60%～65%，有利于雏鸡吸收剩余卵黄，还可防止脚趾干瘪，羽毛焦脆。10 日龄后由于体重增加，采食和饮水增多，呼吸和排粪量也随之增多，育雏室容易潮湿，为防止球虫病的发生，相对湿度应保持在 50%～60%。常用的增湿方法是在室内挂湿帘、火炉上放水盆产生水汽或直接向地面或人行道洒水。常用的降湿方法是加强通风换气、更换垫料、防止饮水器漏水等。判断室内湿度是否正常，除看湿度计外，还可根据人的感觉和雏鸡表现来判断。若人入室后，感到湿热，不觉得鼻干、口燥，雏鸡活动时无灰尘，则表明湿度适宜。在生产中应特别注意高温高湿和低温高湿对雏鸡的影响。高温高湿易发生球虫病，低温高湿雏鸡易感冒。

3. 通风换气 雏鸡代谢旺盛，呼吸快，每单位体重需要吸收的氧气和排出的二氧化碳比家畜都高，加之鸡群饲养密度大，需要较多的新鲜空气。如果污浊气体不能及时排出，时间过长，就会引起呼吸道疾病及其他疾病的发生。因此，必须注意通风换气。开放式鸡舍主要通过开关门窗来换气，密闭式鸡舍主要靠动力通风换气。通风时应尽量避免冷空气直接吹入。在生产中一定要处理好通风与保温的关系，室内通风是否正常，主要以人的感觉，即是否闷气及呛鼻子、刺眼睛、有无过分臭味等来判定。以人在鸡舍感觉不到闷气，无呛鼻刺眼睛、过分臭味为宜。

4. 光照 光照与雏鸡的健康和性成熟有密切关系，在育雏中要掌握适宜的光照时间和光照度，既要保证鸡体健康，又要防止早熟或晚熟。光照分自然光照和人工光照两种。

（1）光照基本原则。开产前，每天光照时数应保持恒定或逐渐减少，切勿增加。否则鸡会早熟，影响将来的产蛋。

（2）光照方法。在密闭式鸡舍里，光照较易控制。其光照制度为：1~3日龄每天光照24h，使鸡的采食和饮水有一个良好的开端；4日龄至2周龄每天减少1.5h光照时间，减到每天光照10h；3~20周龄每天均保持10h。在开放式鸡舍里，若生长期遇到自然光照逐渐减少，即夏至后，可利用自然光进行光照，不需要补充光照；若生长期遇到自然光照逐渐增加，即冬至后，不能利用自然光，必需用人工补充光照。补充光照的方法有每天光照时数恒定法和每天光照时数渐减法两种。

每天光照时数恒定法：首先查出生长期所处最长的自然日照时数，以此时数为标准，自然光照不足部分用人工补充，使其成为定值。1~3日龄每天光照24h，4日龄~20周龄每天光照时数为生长期最长的自然日照时数，不足部分用人工补够。

每天光照时数渐减法：首先查出生长期最长的自然日照时数，1~3日龄每天光照时数24h，4~7日龄每天光照时数为生长期最长的自然日照时数加7h，从第2周起，每周减少20min，减到生长期最长的自然日照时数，然后进入产蛋期。光照强度第1周10~20lx，第2周后改用5~10lx。

（3）鸡舍光源的安置。在鸡舍安置光源时，应以照度均匀为原则。若安置两排以上光源则应交错分布。目前，鸡舍的光源常采用白炽灯，但也有用节能荧光灯的。研究表明，白炽灯的光照效果好于荧光灯。灯泡距墙的距离为灯泡间距的一半，灯泡间距为灯泡离地距离的1.5倍，灯泡离地面的距离以工作人员走动方便、便于清洁为宜。灯泡离地面的距离一般为2m，则灯泡间距为3m，灯泡离墙的距离为1.5m。

（4）补充光照的方式。鸡舍补充光照的方式有天亮之前补充、天黑以后补充、天亮之前补一部分天黑以后补一部分3种方式。目前，常采用天亮之前补一部分天黑以后再补一部分的方式补充光照。

（5）注意事项。①定期清洁灯泡和反光罩，以保证正常亮度。②电源要可靠，电压要稳定，避免忽亮忽暗、忽照忽停。③准时开灯和熄灯，不能忽长忽短。否则，扰乱母鸡正常的生理机能，反而减产。④开始或停止光照时，光照度最好做到逐渐增强或逐渐减弱，使鸡有一个适应过程，防止惊扰鸡群。

5. 密度 每平方米地面或笼底面积饲养的雏鸡数称为饲养密度，简称密度。它与雏鸡的正常发育和健康均有关系。密度过大，会造成室内空气污浊，卫生条件较差，易发生啄癖和感染疾病，鸡群拥挤，采食不均，发育不整齐；密度过小，房屋和设备利用率低，育雏成本高，同时也难保温。适宜的密度见表5-3。

表5-3 雏鸡适宜的饲养密度

饲养方式 周龄	地面平养（只/m²）	网上平养（只/m²）	笼养（只/m²）
1～2	30	40	60
3～4	25	30	40
5～6	20	25	30

6. 断喙 断喙是防止啄癖最有效的措施。断喙还可以防止雏鸡扒损饲料，可减少饲料的浪费。蛋鸡生产中一般分两次断喙，第1次多在6～10日龄进行；第2次一般在第12周龄进行，主要是对第1次断喙效果不好的鸡进行修剪。断喙的具体方法见技能单：雏鸡断喙。

7. 护理 育雏期间，应经常检查料槽、水槽的位置是否合适、够用。注意观察鸡群的采食饮水情况和雏鸡的精神状态，如发现问题，要及时分析原因，并采取对应措施加以解决。早晨应注意观察粪便形状及颜色，夜间应注意观察鸡群睡眠是否正常，有无异常呼吸声等。此外，还应注意有无野兽和老鼠等出入，以防惊群和意外伤亡。

8. 疾病防治 疾病防治是育雏获得成功的保证。用药物预防的疾病主要有鸡白痢、鸡球虫病。如7～10日龄时，在饲料或饮水中添加土霉素、链霉素、氟哌酸等药物，可预防鸡白痢。生产中有的鸡场第3天就开始预防白痢；15～60日龄时，在日粮中添加0.012 5%球痢灵或0.02%磺胺敌菌净合剂等，预防球虫病的发生。鸡的用药一般以5～7d为1个疗程。鸡的球虫病也可以用疫苗预防。

用疫苗接种预防的疾病有禽流感、鸡新城疫、鸡马立克氏病、鸡传染性法氏囊病、鸡传染性支气管炎、鸡痘等。各鸡场应结合实际情况制订切实可行的免疫程序。小型商品蛋鸡场的免疫程序参见表5-4。

表5-4 小型商品蛋鸡场计划免疫程序

序号	日龄	疫苗（菌苗）名称	用法及用量	备注
1	1	鸡马立克氏病疫苗	按瓶签说明，用专用稀释液，皮下注射	在孵化场进行
2	3～5	鸡传染性支气管炎 H_{120} 苗	滴鼻或加倍剂量饮水	
3	8～10	鸡新城疫Ⅱ系、Ⅳ系疫苗	滴鼻、点眼或喷雾	
4	14～15	禽流感疫苗首免	肌内注射，具体操作可参照瓶签	
5	16～17	鸡传染性法氏囊疫苗（中等毒力）	滴鼻或加倍剂量饮水	
6	23～25	鸡传染性法氏囊疫苗（中等毒力）	滴鼻或加倍剂量饮水剂量可适当加大	
7	30～35	鸡新城疫Ⅳ系疫苗	滴鼻或加倍剂量饮水剂量可适当加大	
8	36～38	禽流感疫苗加强免疫	肌内注射，具体操作可参照瓶签	
9	45～50	鸡传染性支气管炎 H_{52} 苗	滴鼻或加倍剂量饮水	
10	60～65	鸡新城疫Ⅰ系疫苗	肌内注射，参照瓶签	
11	70～80	鸡痘弱毒苗	刺种	发病早的地区可于7～21日龄和产蛋前各刺种1次

(续)

序号	日龄	疫苗（菌苗）名称	用法及用量	备注
12	100~110	禽霍乱蜂胶灭活苗、鸡新城疫Ⅰ系苗	两种苗同时肌内注射，于胸肌两侧各1针，Ⅰ系苗可用1.5~2倍量	产蛋前如不用Ⅰ系苗，而用新城疫油乳剂疫苗饮水则效果更好
13	110~130	禽流感疫苗加强免疫	肌内注射，具体操作可参照瓶签	
14	120~130	鸡减蛋综合征油佐剂灭活苗	皮下注射或肌内注射，具体可参照瓶签	

9. 育雏记录 育雏时，每天应记录死亡及淘汰雏鸡、进出周转数或出售数；每天各批鸡耗料情况；用药情况；体重测量情况；天气及室内的温、湿度变化情况等资料，以便汇总分析（表5-5、表5-6）。

表5-5 育雏育成记录表

品种_____ 舍鸡数_____ 入舍日期_____

日龄	周龄	耗料情况		鸡群情况					环境条件					卫生防疫			
		日总耗料量(kg)	只日耗料量(kg)	淘汰数(只)	死亡数(只)	转入数(只)	转出数(只)	存栏数(只)	周末平均体重(kg)	光照时间(h)	光照度(lx)	最高室温(℃)	最低室温(℃)	室内湿度(%)	用药情况	免疫情况	消毒情况	清粪情况
1																		
2																		
3																		
4																		
5																		
合计																		

饲养员_____

表5-6 育雏汇总表

批次	进雏日期	品种	育雏数（只）	6周龄成活率（%）	转群日期	育雏天数	转群时成活率（%）	饲养员姓名	备注
1									
2									
3									
4									
5									
合计									

10. 日常管理

（1）进舍前应更衣、换鞋、消毒。换下的衣物不能带入舍内。

（2）注意观察鸡群，观察时从鸡只行为、活动、采食、饮水、粪便等方面进行。

（3）注意观察料槽、饮水器、灯泡、供温设备是否正常，若有损坏及时修理。

(三) 育雏效果的检测

育雏效果常用雏鸡的成活率、均匀度、体重与胫长、开产时间来进行检测，良好的育雏效果具有以下特征：

1. 成活率高，均匀度好　健康的鸡群，1周龄末要求成活率应达到99.0%～99.5%，6周龄末应达到98.0%。到20周龄时应达到90.0%以上，优秀的可达到95.0%～97.0%。

均匀度指鸡群内个体间体重的整齐程度，也称整齐度。整齐度越高，鸡群开产越一致，产蛋效果越好。均匀度常用平均体重±10%范围内的鸡只数占抽测鸡只数的百分率表示。一般认为，均匀度在70%～76%为合格，达到77%～83%为良好，达到84%～90%为优秀。

2. 体重、胫长达标　体重是衡量雏鸡生长发育的重要指标之一，不同品种或品系的鸡都有其标准体重。符合标准体重的鸡，说明生长发育良好，将来产蛋多，饲料转化率高。体重过大、过肥的鸡，以后产蛋少。体重过小，生长发育不良，开产推迟，产蛋持续期短。在饲养过程中应定期称重，以了解鸡的生长发育。

鸡的体重和生产性能的高低在一定程度上取决于骨骼的发育，胫长是衡量骨骼生长发育程度的指标，也是体型大小的指标之一。胫长是从踝关节到第3、4趾之间的垂直距离。常用游标卡尺测量。若胫长长、体重大，胫长短、体重轻，说明发育基本正常。若胫长短、体重大，说明偏肥。若胫长长、体重轻，说明偏瘦。目前，对鸡体型评定时，已由过去的测体重改为体重和胫长同时测量。

3. 适时开产　褐壳蛋鸡一般在21周龄左右开产，白壳蛋鸡一般比褐壳蛋鸡提前1～2周开产。若按时开产，则说明开产前的鸡饲养管理正常。

【雏鸡饲养管理案例】

养鸡户张某养了18年商品蛋鸡，历经波折，积累了比较丰富的养鸡经验。2012年2月25日进雏（迪卡褐壳蛋用商品鸡）10 000只，采用网上育雏方式，经过精心管理，取得了较好的育雏效果，育雏率达到99.5%。现将其育雏经验介绍如下：

1. 育雏前的准备

（1）在育雏舍中间留1.5m宽的过道，两侧用角铁搭设60cm高的网架，网架上铺小眼电焊网（市售，网眼为1.25cm×1.25cm），然后在网上用大眼电焊网（雏鸡钻不出来即可）围成宽1.5cm隔栏。

（2）采用煤火炉烟道取暖方式，并辅助红外线灯，每一隔栏内安装1个红外线灯泡（275W，用温度控制器控制）。

（3）育雏室走道上边离地面2m高，每隔1.5m安装一个灯口。

（4）备好添料、添水、清扫、消毒等用具。

（5）用杀毒氨50g溶于100kg水中喷雾消毒，隔日用高锰酸钾、甲醛混合熏蒸（每立方米甲醛30mL；高锰酸钾15g），封闭1d，通风1d，再用过氧乙酸消毒剂喷雾消毒室内外环境1次。

（6）在网面上铺好干净无毒、无病源微生物的纸。

（7）进雏前1d预温，舍内温度达35℃。

2. 雏鸡的饲养

（1）饮水。雏鸡接入育雏室稍加休息后，便开始饮水。最初用温开水，经1周左右逐渐过渡到用自来水。初饮时在水中加入抗鸡白痢的药物（氟哌酸）。饮水始终保持充足、清洁，饮水器每天要洗刷1～2次，数量按需要配足，并均匀分布于鸡舍内，饮水器高度随鸡日龄增大而调整。

（2）饲喂。饮水后30min后开始喂食，采用成品雏鸡料（由饲料店提供），开始将饲料撒在纸上，让鸡自由采食，1d后使用料桶。料桶按需要配足，并均匀分布于鸡舍内（与饮水器穿插摆放）。饲喂时采用少喂勤添的原则，每天饲喂5～6次，10日龄起在饲料中加入少量干净的细沙。

3. 雏鸡的管理

（1）密度控制。雏鸡接回后，以每平方米网面放50只，从离热源近处向远处放，以后随鸡的生长逐步扩群，即1～14日龄50只/m²；15～28日龄30只/m²；29日龄以后为20只/m²左右。

（2）温度控制。第1周34～35℃，以后逐渐降低温度，每周降2℃，直至18℃或与室外温度持平，停止供热。

（3）湿度控制。保持舍内湿度适宜，10日龄前采取地面洒水等措施增高湿度，10日龄后用加强通风等措施降低湿度，相对湿度保持在60%左右。

（4）光照控制。光照度第1周4W/m²，第2周后改用2W/m²。每天光照时间：1～3日龄23h(午夜停1h)；4～14日龄17h；15～21日龄15h；22～28日龄13h；29日龄后12h。

（5）通风换气。在保证舍温的情况下，尽量加强通风。鸡舍除设有常用通风口外，主要通过开关门窗进行换气，每天12：00～13：00开窗30min。

（6）断喙。7日龄用电动断喙器对雏鸡进行断喙。

（7）免疫程序。5日龄鸡传染性支气管炎H_{120}疫苗倍剂量饮水；10日龄鸡新城疫Ⅳ系疫苗滴鼻、点眼；14日龄禽流感疫苗肌内注射首免；16日龄鸡传染性法氏囊炎疫苗倍剂量饮水；23日龄鸡传染性法氏囊炎疫苗倍剂量饮水加强免疫；30日龄鸡新城疫Ⅳ系疫苗倍剂量饮水加强免疫；35日龄禽流感疫苗肌内注射加强免疫。

技能训练　雏鸡挑选、断喙及温、湿度测定

一、初生雏选择

（一）材料

初生雏200只、雏鸡保温箱1台、记录本1个。

（二）方法及操作步骤

1. 健康雏鸡的标准　雏鸡体格结实，手握感觉充实，有弹性。精神饱满，活泼好动，绒毛干净整齐，有光泽，卵黄吸收良好，脐口平整光滑，眼大有神，叫声响亮，体重大小适宜，腹部柔软。

2. 弱雏的标准　雏鸡表现体质较弱，站立不稳或不能站立，反应迟钝，绒毛黏有蛋壳膜、干燥，腹部大而硬，脐口愈合不良或有"肉钉"。

3. 残雏 喙、眼、腿和头颈有残疾或畸形。

二、雏鸡断喙

（一）材料
6~10日龄雏鸡、雏鸡笼、电热断喙器、剪刀或手术刀等。

（二）方法及操作步骤

1. 方法

（1）刀片断喙。就是采用灼热的刀片，切除鸡上下喙的一部分，并烧灼组织，防止流血。

（2）用断喙器断喙。用专用断喙器断喙时，左手握雏，大拇指放在鸡脑后部，食指轻压咽喉部，使鸡缩舌，选择适当的孔径（一般为0.44cm），然后将喙插入断喙器上的小孔内，电热刀片从上向下切开，并烧烙3s止血。

2. 操作步骤

（1）断喙器的检查。检查断喙器是否通电、刀片是否锋利等。

（2）接通电源。将断喙器预热至适宜温度（刀片呈桃红色，温度800℃左右）。

（3）正确握雏。前已叙述。

（4）切喙长度。上喙切除1/2（喙端至鼻孔），下喙切除1/3，切后使下喙比上喙稍长。

（5）止血。切后喙在刀片上烙3s，在断喙前后1~2d饲料中加入维生素K。

（6）断喙后的饲喂和鸡群观察。断喙后应做好饲喂和鸡群观察工作，发现流血过多的应及时处理。

3. 注意事项 断喙是一项技术性比较强的工作，为了保证效果，必须注意以下几点：

（1）断喙时，上喙切除从喙尖至鼻孔1/2的部分，下喙切除1/3的部分，种用小公鸡只断去喙尖，注意切勿把舌尖切去。

（2）断喙前应断料1~2h，避免雏鸡吃饱断喙。

（3）断喙前后1~2d，在每1 000kg饲料中加入2g维生素K，在饮水中加0.1%的维生素C及适量的抗生素，有利于凝血和减少应激。

（4）断喙后2~3d，料槽内饲料要加厚些，以利于雏鸡采食，防止鸡喙啄到槽底因疼痛影响采食。断喙后不能断水。

（5）断喙应与接种疫苗、转群等错开进行。炎热季节应选择凉爽时断喙。此外，抓鸡、运鸡及操作动作要轻，不能粗暴，避免多重应激。

（6）断喙器应保持清洁，定期消毒，以防断喙时交叉感染。

（7）断喙后要仔细观察鸡群，对流血不止的鸡只，要重新烧烙止血。

三、禽舍温度、湿度测定

（一）材料
禽舍、普通温度计、最高最低温度计、干湿球温度计。

（二）方法及操作步骤

1. 温度的测定方法 鸡舍温度常用普通温度表、最高最低温度表等测定。一般在距离地面高5cm处测定，笼养时可根据笼高确定，在舍内中心及前后左右等处，分别定点进行测定。舍内各处温度应尽量均匀一致，寒冬季节垂直方向温差要求不超过2.5~3℃，水平方向要求墙壁附近温度与中央位点相差不超过3℃。

为了解禽舍各部位温差、获得平均舍温，应尽可能多测几个点。除禽舍中央设点外，沿舍内对角线于舍两角取2点，共3个点，或在舍4角取4个点共5个点进行测定。

2. 湿度的测定方法 干湿球温度计不能放在墙角或空气不流通的地方测定，测定点的高度一般应以鸡的头部高度为准。

包裹湿球温度计的纱布要紧贴温度表的球部（一般只包一层纱布），另一端垂在球部下端，然后纱布上端和球部下面用线扎紧。球部距小杯水面3～4cm。纱布放入水杯内要折叠平整。纱布若使用过久受污染后，吸水能力会减弱，应立即更换。水杯中的蒸馏水要加满，保持清洁，一般每周更换1次。

纱布在未湿润前，应先检查干球和湿球的读数，其差值不得超过0.1℃，干球上不能沾水。读数时应先读干球温度，后读湿球温度，先读小数，后读整数，然后找出温差。再以干球或湿球为准（看干湿球温度计使用说明），查出相对湿度。

任 务 评 估

一、填空题

1. 目前比较常用的育雏方式有_____、_____等。
2. 蛋用雏鸡第1周的育雏器温度以_____为宜，育雏室的温度以_____为宜。
3. 雏鸡进入育雏室后，一般先_____，后_____，开食时间以出壳后_____为宜。
4. 网上育雏适宜的饲养密度，1～2周龄_____只/m²，3～4周龄为_____只/m²。
5. 鸡一般第1次断喙应在_____日龄进行，第2次断喙在_____周龄时进行。上喙切除_____，下喙切除_____，为防止出血，喙的切面在刀片上烙_____。

二、问答题

1. 雏鸡有哪些生理特点？根据其生理特点，实践中应注意哪些问题？
2. 怎样测定育雏温度？

三、思考题

1. 如何根据实际情况，选择适宜的育雏方式和供暖设备？
2. 结合生产实践，谈谈提高育雏率的措施。
3. 雏鸡光照的原则是什么？什么情况下可利用自然光？什么情况下不能利用自然光，必须人工补充？
4. 某养鸡户准备于3月15日进1 000只商品蛋鸡苗鸡，采用普通开放式鸡舍地面育雏，电热育雏伞供暖，在进雏前应做哪些准备工作？列出需要准备的育雏用具、饲料及药品的种类和数量。

四、技能评估

1. 初生雏选择

(1) 能够掌握选择健雏和弱雏的标准。

(2) 能够挑出残雏和弱雏。

2. 雏鸡断喙

(1) 断喙器检查及调温正确。

(2) 握雏动作正确。

(3) 断喙部位正确。

(4) 操作方法正确熟练。

3. 禽舍温度、湿度测定

(1) 能够准确确定禽舍测温、测湿的位点。

(2) 能够掌握温度计、湿度计的使用方法。

任务 2　育成鸡的培育

【技能目标】了解育成鸡的生理特点；明确育成鸡的培育标准；掌握育成鸡的限制饲养和光照控制，确保育成鸡适时开产；掌握育成鸡的日常管理操作规程。

一、育成鸡的生长发育特点

育成鸡是指 7~20 周龄的大、中雏鸡。育成鸡的羽毛已丰满，具备了调节体温和适应环境的能力，消化机能已健全，采食量与日俱增，骨骼、肌肉处于生长旺盛时期，沉积钙和体脂的能力逐渐增强，性腺也开始发育。如果此阶段继续保持足够的营养，则会造成鸡只过肥过重，导致母鸡早熟，直接影响今后的产蛋，造成产蛋量减少，若是种鸡，除影响产蛋外还造成配种困难，导致受精率降低。因此，防止过重和过肥是这一阶段的重要工作。

二、培育育成鸡的标准要求

1. 体重和体型要求　育成期应定期称测体重，并与标准体重相对照，以便及时调整喂料量，正确控制体重，使育成鸡的体重达到标准体重。表 5-7 列出了生长蛋鸡生长期的体重标准和喂料量，可供生产中参考。

表 5-7　生长蛋鸡（中型体重蛋鸡）生长期体重及耗料量

周龄	周末体重（g/只）	耗料量（g/只）	累计耗料量（g/只）
1	70	84	84
2	130	119	203
3	200	154	357
4	275	189	546
5	360	224	770
6	445	250	1 029
7	530	294	1 323

(续)

周龄	周末体重（g/只）	耗料量（g/只）	累计耗料量（g/只）
8	615	329	1 652
9	700	357	2 009
10	785	385	2 394
11	875	413	2 807
12	965	441	3 248
13	1 055	469	3 717
14	1 145	497	4 214
15	1 235	525	4 739
16	1 325	546	5 285
17	1 415	567	5 852
18	1 505	588	6 440
19	1 595	609	7 049
20	1 670	630	7 679

注：0～9周龄为自由采食，9周龄开始结合光照进行限制饲养。

2. 育成率要求　育成率应达到以下标准：第1周死亡率不超过0.5%，前8周不超过2%，育成期满20周龄时成活率应达96%～97%。

3. 均匀度（整齐度）要求　要求鸡群整齐一致，有80%鸡只的体重在标准体重的±10%以内。

三、育成鸡的饲养与管理

（一）育成鸡的饲养

1. 能量、蛋白质等营养的供应水平　根据育成鸡的生理特点，在育成期如果给予充足的能量和蛋白质，容易引起鸡只早熟和过肥。因此，日粮中应适当降低能量和蛋白质的水平。9～18周龄蛋白质和代谢能分别为15.5%和11.70MJ/kg；钙和有效磷之比为2.0～2.5∶1，不可过量，以防骨骼过早沉积钙，影响产蛋期鸡只对钙的吸收和代谢；日粮中可适当增加糠麸类饲料的比例，粗纤维可控制在5%左右。

2. 限制饲养　限制饲养简称限饲，就是人为地控制鸡的采食量或者降低饲料营养水平，以达到控制体重和防止性早熟的目的。

（1）限制饲养的目的。

①控制鸡的体重。鸡在自由采食状态下，常常会过量采食，这不仅会造成饲料浪费，而且还会因鸡体脂肪过度沉积而超重，影响成年后的产蛋性能。经限饲的母鸡体重一般可比自由采食的体重减轻10%～20%。

②控制性腺发育，使鸡适时开产。育成期的鸡只正处于卵巢、输卵管等快速发育的时期，如果不进行限制，会导致小母鸡过早性成熟，开产早，但产蛋小，产蛋持久性差，最终导致产蛋量低。与自由采食的母鸡相比，经限饲的母鸡性成熟可延迟5～10d，且开产比较整齐。

③节约饲料。限饲的鸡只的采食量比自由采食的鸡只的采食量少，一般可节省5%～

10%的饲料。此外，限饲控制了母鸡的体重，可提高母鸡在产蛋期的饲料转化率。

④限饲期间，及时淘汰病弱鸡，防止鸡只过肥，可大大降低产蛋期的死淘率。

(2) 限制饲养的方法。限制饲养的方法有限制饲料质量（简称限质）和限制饲料数量（简称限量）两种方法。

限质法就是使日粮中某些营养成分的含量低于正常水平，造成营养成分不平衡，使鸡只生长速度降低。包括低能量日粮、低蛋白质日粮、低赖氨酸日粮等。通常将日粮中粗蛋白质降至13%～14%，代谢能比正常低10%左右，赖氨酸含量降到0.4%。

限量法就是通过控制其喂料量来达到限饲目的。鸡群限饲时所用的饲料必须是全价饲料，喂料量限制在大约为自由采食量的90%。限量的方法常用的有隔日限饲、每日限饲和每周饥饿2d（简称5/2限饲法）的限制饲养方法等。每日限饲是指将每天限定的饲料量一次投喂，即1d只加1次料。隔日限饲是指将2d限定的饲料量在第1天喂给，第2天只加水不加料。每周饥饿2d的限制饲养是指将1周限定的饲料量平均分在5d饲喂，有2d只加水不加料。一般情况下，每周的周一、周三不加料，只加水，饲料平均分在其他5d喂。目前，实践中进行限制饲养时常采用限量法，蛋鸡多采用每日限饲和每周饥饿2d的限制饲养方法。

(3) 限制饲养的注意要点。

①限饲前应按体重大小分群，淘汰病、残、弱鸡，以免这些鸡在限饲过程中死亡。

②限饲期间，必须要有足够的食槽，以保证每只鸡都有一定的采食槽位，防止因采食不均造成发育不整齐。

③定期称重，掌握好喂料量。一般每周称重1次，并与标准体重比较，以差异不超过10%为正常，如果差异太大，则要调整喂料量。

④当气温突然变化、鸡群发病、接种疫苗或转群时，应暂停限饲，等消除影响后再恢复限饲。

⑤掌握好限饲的时间，蛋鸡一般从第9周龄开始进行限饲，18周龄后根据该品种标准给予饲喂量。

⑥限饲必须与控制光照相结合，才能取得良好的效果。

⑦限饲应观察鸡群，若发现鸡只生长发育不良，体质弱者应停止限饲，等其恢复正常后再继续限饲。

3. 控制光照，防止过早性成熟 试验和生产实践都证明，光照对鸡的活动、采食、饮水、繁殖等都有重要作用。例如，小母鸡在生长阶段的后期，如每天光照超过10h或者逐渐延长光照，将使小母鸡早熟早衰，蛋重小，并延长了应达到平均蛋重的时间，所以必须严格控制光照。育成鸡光照的原则是：每天光照时数保持恒定或略为减少，切勿延长。所以应该根据这一原则，结合鸡舍类型、出雏日期和地理位置等制订出正确的光照方案，并认真执行。

4. 正确制订喂料量 正确制订喂料量是限制饲养成败的关键。如果制订喂料量大，则鸡的体重超过标准体重；若制订的喂料量少，则鸡的体重偏轻，低于标准体重。喂料量的多少应参考种禽公司提供的标准，若为褐壳蛋鸡，则可参考表5-7生长蛋鸡生长期体重及耗料量，表格中的体重为标准体重，表格中的喂料量为参考料量，然后结合称重求出平均体重。再将平均体重和标准体重进行对照作为制订喂料量的依据。若平均体重和标准体重基本相符，喂料量按照表格提供的参考喂料量进行饲喂；若平均体重超过标准体重，下周喂料量在表格提供参考料量基础上适当减少；若平均体重低于标准体重，下周喂料量在表格提供参考料量基础上适当增加。料量的增减标准为：当平均体重超过标准体重1%时，下周喂料量在参考喂料量的基础上减少1%；当平均体重低于标准体重1%时，下周喂料量在参考喂料量的基础上增加1%。但是，若平均体重与标准体重相比差得太多，则料量增加应逐渐进行，经过2～3周努力使体重达到标准体重即可。养鸡最忌讳下周料量还没有上周料量多，如果这样，对鸡的影响会很大。

（二）育成鸡的管理

1. 前期管理

（1）做好育成期初的过渡。

①转群。育雏结束后将雏鸡由育雏舍转入育成舍，转群一般在6～7周龄进行。转群前1～2周应按鸡只体重大小分别饲养在不同的笼内；转群前3～5d，应按应激时维生素的需要量补充维生素；转群前6h停止喂料；转群后应尽快恢复喂料和饮水，饲喂次数增加1～2次，还可在饲料中添加0.02%多种维生素和电解质；转群后，为使鸡尽快地适应环境，应给予48h连续光照，2d后恢复正常的光照制度。

②脱温。鸡饲养到30～45日龄时脱温。脱温应逐渐进行，常采用夜间加温、白天停温，阴雨天加温、晴天停温，逐渐减少加温时间，经过1周左右过渡后可完全停温。

③换料。育雏结束后将雏鸡料换成育成鸡料。换料应逐步进行，需1～2周的过渡。若鸡群健康、整齐一致，可采用五、五过渡，即50%的育雏料加50%的育成料，混合均匀，饲喂1周，第2周全部喂育成料。若鸡群不整齐，则采用三、七过渡，再加一周五、五过渡。即第1周70%的育雏料加30%的育成料，饲喂1周，50%的育雏料加50%的育成料再饲喂1周，第3周全部改喂育成料。

（2）增加光照。育成鸡光照的原则是每天光照时数应保持恒定或逐渐减少，切勿增加。若自然光照不能满足，用人工补充。

（3）整理鸡群。育成前期应按体重大小、强弱分群，不同群管理方法也不同对待。

2. 日常管理

（1）定期称重。体重是衡量鸡群生长发育的重要指标之一，要求每周称重一次，然后求出平均体重，平均体重和标准体重对照，调整饲喂量，以得到比较理想的体重。

（2）搞好卫生防疫。定期清扫鸡舍，更换垫料，注意通风换气，执行严格的消毒制度。

（3）保持环境安静、稳定。要尽量减少应激，避免外界的各种干扰，抓鸡、注射疫苗等动作要轻，不能粗暴，转群最好在夜间进行。另外，不要随意变动饲料配方和作息时间，饲养人员也应相对固定。

（4）选择淘汰。在育成过程中，要勤观察鸡群的情况，结合称重结果，对体重不符合标准的鸡以及病、弱、残鸡应尽早淘汰，以免浪费饲料和人力。一般在6～8周龄即育雏期结束转入育成期时进行初选，第2次一般在18～20周龄时结合转群或接种疫苗进行。

3. 开产前的管理

（1）转群。一般在鸡只17～18周龄时将其由育成鸡舍转入产蛋鸡舍。

（2）补钙。研究发现，形成蛋壳的钙约有25%来自骨髓，75%来自日粮。因此，开产前必须为产蛋储备充足的钙，在鸡群达到开产体重至产蛋率达到1%期间，应将日粮的含钙量提高到2%；当产蛋率达到1%后应立即换成高钙日粮，而且日粮中有1/2的钙以颗粒状

（直径 3～4mm）石灰石或贝壳粒供给。不同周龄的鸡喂给沙砾规格及喂量见表 5-8。

表 5-8 不同周龄的鸡喂给沙砾规格及喂量

鸡 龄	沙砾数量（每千只，kg）	规格
1 日龄至 4 周龄	2.2	细粒
5～8 周龄	4.5	细粒
9～12 周龄	9.0	中粒
13～20 周龄	11.0	中粒

（3）控制体重。限饲是控制体重的唯一方法。体重控制应根据实际情况灵活掌握，只有育成鸡体重超过标准体重时，才进行限制饲养。

（4）自由采食。若育成鸡体重低于标准体重时不限饲，采用自由采食。

【育成鸡饲养管理案例】

养鸡户张某 2012 年 4 月 10 日转群育成鸡（迪卡褐壳蛋用商品鸡）9 950 只，采用网上饲养方式，饲养管理重点工作总结如下：

1. 育成舍的准备及转群 在转群前对育成鸡舍进行检修、清洗、消毒，空舍 1 周，然后将鸡群从雏鸡舍转入到育成鸡舍。转群前 6h 停止喂料；转群后尽快恢复喂料和饮水，饲喂次数增加 1～2 次；由于转群的影响，饲料中添加了 0.02% 多种维生素和电解质。转群时间安排在 19：00 进行（采用弱光），以减少鸡群的应激。

2. 密度控制 采取逐渐分群的方式，6～10 周龄，20～15 只/m²；11～15 周龄，15～12 只/m²；16～18 周龄，12～9 只/m²。

3. 温度控制 保持温度 15～25℃。随着季节的变化，气温升高，注意加强鸡舍通风。

4. 光照管理 6 月中旬以前，采用自然光照和人工补充光照相结合的光照模式，6 月中旬以后，采用自然光照，保持每天光照时间 12～10h；保持光照度 5～10lx（2～3W/m²）。

5. 饲料供给 采用成品雏鸡料（由饲料店提供），保证饲槽数量及每只鸡 3～4cm 的槽位。8 周龄前采用自由采食，8 周龄后采用每日限饲方式，即每天规定饲料量，给料后让鸡只自由采食，料净后不再给料。每天饲料量按种禽公司提供的要求供给，并根据称重情况灵活调整，即当平均体重超过标准体重 1% 时，下周喂料量在参考喂料量的基础上减少 1%；当平均体重低于标准体重 1% 时，下周喂料量在参考喂料量的基础上增加 1%，维持鸡群的实际平均体重与标准体重相同。

在网面上设置沙槽，供鸡群自由采食，供给量为：每千只 4～8 周龄的鸡 4kg/周；每千只 9～12 周龄的鸡 8kg/周；每千只 13～20 周龄的鸡 11kg/周。

6. 称重 每周称重 1 次，每次不少于 50 只，并根据称重情况调整饲料量。

7. 日常管理

（1）饮水。保证清洁充足，定期洗刷消毒水槽和饮水器。

（2）喂料。给料要均匀，每天喂 3 次，每天要净槽。

（3）做到及时清粪，每 2～4d1 次，以免鸡舍内积粪过多，导致有害气体含量过高，从而诱发鸡只呼吸道疾病。

（4）做好免疫工作。定期消毒，并按照本地畜牧技术推广部门推荐的免疫程序作好免疫工作。

（5）分群饲养。①将瘦弱的鸡挑出，提高营养水平，单独饲喂。平时将不合格的鸡检出，进行隔离饲养。②在80日龄对鸡群进行一次整理，分出大、中、小三群，分别进行饲养管理。

（6）观察鸡群。目的是及早发现问题及早采取有效的措施加以解决，从而保证鸡群正常发育。

8. 免疫程序 50日龄鸡传染性支气管炎H_{52}疫苗倍剂量饮水；60日龄鸡新城疫Ⅰ系疫苗肌内注射；70日龄鸡痘弱毒苗刺种；120日龄禽流感疫苗肌内注射；130日龄鸡减蛋综合征油佐剂灭活苗肌内注射。

技能训练　称重及体重均匀度计算

一、材料

某蛋鸡场饲养的罗曼褐蛋鸡第12周龄的平均体重为1 130g，按比例随机抽取60只，空腹称重，并逐一记录体重，得到以下资料（表5-9），试根据资料计算被测鸡群的均匀度，并判断该鸡群的整齐度。

表5-9　罗曼褐蛋鸡称重记录

序号	体重（g）	序号	体重（g）	序号	体重（g）	序号	体重（g）
1	1 280	16	1 081	31	1 064	46	1 077
2	1 157	17	1 176	32	1 234	47	1 048
3	998	18	1 038	33	1 227	48	1 208
4	1 098	19	1 155	34	1 212	49	1 302
5	1 276	20	1 240	35	1 193	50	1 196
6	1 085	21	1 056	36	1 153	51	1 286
7	1 056	22	1 164	37	1 023	52	1 142
8	1 386	23	1 108	38	1 098	53	1 138
9	1 208	24	1 086	39	1 178	54	1 236
10	1 240	25	1 226	40	1 083	55	1 228
11	1 083	26	1 143	41	1 096	56	1 204
12	1 134	27	1 199	42	1 023	57	1 201
13	1 014	28	1 043	43	998	58	1 202
14	1 008	29	898	44	1 005	59	1 236
15	1 202	30	1 008	45	1 250	60	1 240

二、方法及操作步骤

1. 称重时间和次数　根据蛋鸡品种确定称重时间和次数，在生产中，轻型蛋鸡一般从6周龄开始每周称重1次，中型蛋鸡4周龄后每周称重1次。每次称测时间应安排一致，一般在早晨空腹时称重，下一周第1天早晨空腹时的体重代表上周周末体重，称完体重后喂料。

2. 正确抽样　首先根据鸡群大小确定抽样比例，一般来讲，抽取的比例为5%～10%，或 50～100 只。万只鸡群可按 1% 抽样，但不能少于 50 只。为了使抽出的鸡群具有代表性，平养鸡抽样时一般采用分散数点抽样，采用对角线法，在鸡舍的 4 个角和中央各抽 10～20 只，逐一称重登记。笼养鸡抽样时，应从不同笼层、不同部位的鸡笼抽样称重，每层笼取样数应该相等。

3. 体重均匀度的计算　均匀度的表示方法有两种，一种用平均值±标准差或转化为变异系数；另一种用在平均体重±10% 范围内的个体的百分数表示，生产上常采用第 2 种方法。

例如：某鸡群 10 周龄平均体重为 760g，则平均体重±10% 为 684～836g。在 5 000 只鸡中以 5% 的比例抽样得到的 250 只中，体重在上述范围内的有 198 只，占称重鸡数的 79.2%（198/250），抽测结果表明，这群鸡的体重均匀度为 79.2%。

4. 鸡群整齐度的判断　可根据计算得到的均匀度判断鸡群的整齐度（表 5-10）。

表 5-10　鸡群的整齐度标准

在鸡群平均体重±10% 范围内的蛋鸡所占的比例（%）	整齐度
86% 以上	特佳
81%～85%	佳
76%～80%	良好
71%～75%	一般
70% 以下	不良

可见，上例中鸡群的均匀度属于良好。

任 务 评 估

一、填空题

1. 育成鸡通常是指_____周龄的大、中雏鸡。
2. 现代良种蛋用型鸡 20 周龄时的成活率应达到_____。
3. 限制饲养的方法有_____、_____。
4. 9～18 周龄育成鸡日粮蛋白质水平为_____，代谢能为_____。
5. 育成鸡日粮中粗纤维可控制在_____左右。
6. 育成鸡在_____周龄转入产蛋鸡舍。

二、问答题

1. 育成鸡有哪些生理特点？
2. 为什么要对育成鸡进行限制饲养？蛋鸡多采用哪些限制饲养方法？限制饲养时应注意哪些问题？
3. 如何称重？如何计算均匀度？怎样判断整齐度？

三、思考题

1. 怎样综合判断育成效果的好坏？
2. 如何通过限制饲养和控制光照，控制新母鸡的性成熟，确保新母鸡适时开产？

项目二 产蛋期的饲养管理

任务1 商品蛋鸡的饲养管理

【技能目标】了解产蛋鸡的主要生理特点和产蛋的基本规律;掌握产蛋鸡对温度、湿度、通风、光照、密度等环境条件的要求;熟悉蛋鸡开产前后的饲养管理技术要点;掌握蛋鸡的分段饲养、限制饲养和调整饲养技术;熟练掌握蛋鸡日常管理操作规程。

一、产蛋鸡的生理特点与产蛋规律

1. 产蛋鸡的生理特点

(1) 开产后身体尚在发育中。刚进入产蛋期的母鸡,虽然已性成熟,开始产蛋,但身体还没有发育完全,体重仍在继续增长,开产后20周,约达40周龄时生长发育基本停止,增重极少,40周龄后体重增加多为脂肪积蓄。

(2) 产蛋鸡富于神经质。对环境变化非常敏感,母鸡产蛋期间对于饲料配方变化,饲喂设备改换,环境温度、湿度、通风、光照、密度的改变,饲养人员和日常管理程序等的变换以及其他应激因素等,都会对产蛋造成不良影响。

(3) 不同周龄的产蛋鸡对营养物质的利用率不同。母鸡刚达性成熟时(蛋鸡在17~18周龄),成熟的卵巢释放雌激素,使母鸡的"贮钙"能力显著增强。从开产到产蛋高峰时期,鸡对营养物质的消化吸收能力增强,采食量持续增加,而到产蛋后期,其消化吸收能力减弱,脂肪沉积能力增强。

(4) 换羽的特点。母鸡经一个产蛋期以后,便自然换羽。从开始换羽到新羽长齐,一般需2~4个月。换羽期间因卵巢机能减退雌激素分泌减少而停止产蛋。换羽后的鸡又开始产蛋,但产蛋率较第1个产蛋年降低10%~15%,蛋重提高6%~7%,饲料转化率降低12%左右。产蛋持续时间缩短,仅可达34周左右,但抗病力增强。

2. 鸡的产蛋规律 母鸡产蛋具有规律性,就年龄讲,第1年产蛋量最高,第2年和第3年每年递减15%~20%。就第1个产蛋年来讲,产蛋随着周龄的增长呈低—高—低的产蛋曲线(图5-1)。

按照产蛋曲线变化特点和各阶段鸡群的生理特点,可将产蛋期划分为初产期、高产期和产蛋后期3个时期。初产期就是指从初产到产蛋率达70%以上这一阶段,一般为20~24周龄。此期内母鸡的产蛋模式不定,常常出现产蛋间隔时间长等现象。高峰期鸡群的产蛋率应在85%以上,现代商品蛋鸡一般在27周龄前后产蛋率可超过90%,而且这一水平可以维持8~16周。此期内母鸡的产蛋模式趋于正常,每只母鸡均具有自己特有的产蛋模式。产蛋后期产蛋率逐渐下降,直到不能产蛋为止,为6~8

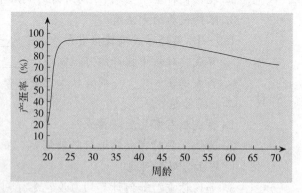

图5-1 现代蛋用型鸡产蛋曲线

周时间。

据母鸡的产蛋规律看，其产蛋曲线有3个特点：即产蛋率上升快、下降平稳和不可补偿性。现代鸡种开产至产蛋高峰只需3~4周，产蛋率上升非常快；产蛋高峰过后，产蛋率下降缓慢，而且平稳，到72周龄淘汰时，产蛋率仍可达60%左右。从产蛋高峰期算起，经40多周时间，产蛋率仅下降25%~30%。在养鸡生产中，如果由于营养、环境条件等方面因素的不良影响，导致母鸡产蛋率下降时，产蛋曲线出现下滑，恢复后，产蛋曲线不会超出标准，产蛋率下降部分不能得到补偿。

二、产蛋期的饲养

（一）产蛋鸡的营养需要

产蛋期应根据产蛋量的多少供给饲料。一般日粮中的代谢能为10.87~11.29MJ/kg，当产蛋率大于85%时，日粮中的粗蛋白质应达到16.5%~17%，钙的含量为3.5%。当产蛋率下降时，蛋白质的含量要适当减少。

产蛋鸡的采食量受季节、品种、年龄、产蛋量等多种因素影响。一般情况下，每天每只鸡采食100~120g。

（二）饲养标准与饲料配方

2004年，我国对鸡的饲养标准又重新修订并公布。产蛋鸡的饲养标准参考表5-11。

表5-11 产蛋鸡主要营养成分的需要量

项 目	产蛋阶段		种鸡
	开产~高峰期（产蛋率大于85%）	高峰后期（产蛋率小于85%）	
代谢能（MJ/kg）	11.29	10.87	11.29
粗蛋白质（%）	16.5	15.5	18.0
蛋白能量比（g/MJ）	14.61	14.26	15.94
钙（%）	3.5	3.5	3.5
总磷（%）	0.60	0.60	0.60
有效磷（%）	0.32	0.32	0.32
钠（%）	0.15	0.15	0.15
氯（%）	0.15	0.15	0.15
蛋氨酸（%）	0.34	0.32	0.34
蛋氨酸+胱氨酸（%）	0.65	0.56	0.65
赖氨酸（%）	0.75	0.70	0.70

注：摘自农业部2004年颁布的《鸡的饲养标准》。

应根据《鸡的饲养标准》配制符合不同产蛋率的产蛋鸡营养需要的日粮，满足产蛋的营养需要。产蛋鸡的日粮配方因各地气候、饲料资源不同而不同，配料时应根据当地的情况配制适合本地饲料资源的饲料配方。

（三）饲料形状与饲喂方式

根据产蛋鸡饲料形状的不同可将其分为粉料、颗粒料、粒料，产蛋鸡适合用粉料。颗粒料体积小，易采食，鸡采食后长时间无事可做，易发生啄癖。粒料是指整粒或破碎的玉米、高粱等，用于晚间补料，但营养不全面，现在一般不用。

饲喂方式有两种，一种是干粉料自由采食，另一种是湿料分次饲喂。干粉料自由采食，多适用于料桶或喂料机加料，其优点是鸡随时都可以吃到饲料，强弱鸡营养差距不大，节省劳力。湿料分次饲喂是指分几次用水拌湿喂鸡，适口性好，但弱鸡往往吃不到足够的饲料，导致强弱差距增大。目前生产中常采用干粉料让鸡只自由采食。

（四）饲养方法

1. 分段饲养 根据产蛋鸡的周龄和产蛋水平，将产蛋期划分为若干阶段，并考虑环境温度，不同阶段喂给不同水平的蛋白质和钙量的日粮，使饲养更合理，并节省蛋白质饲料，降低饲养成本，这种饲养方法称为分段饲养。常用的有两段制饲养法和三段制饲养法。两段制饲养法是以50周龄（或42周龄）为界，50周龄前是鸡的产蛋高峰期，又是生长阶段，鸡只对日粮中蛋白质要求高，控制在16%～17%，50周龄后产蛋率开始下降，粗蛋白质应降为14%～15%。三段制饲养法是20～42周龄为第1阶段，43～62周龄为第2阶段，63周龄后为第3阶段。根据产蛋水平，3个阶段日粮中蛋白质分别为18%、16.5%～17%、15%～16%，各阶段饲料更换需1～2周的过渡期。采用三段制饲养法，产蛋高峰期出现早，上升快，高峰持续时间长，产蛋多，可提早利用种蛋。无论采用何种方法，鸡群开产前必须增加饲料配方中钙的含量，以提高开产母鸡体内钙的贮备量，有利于提高产蛋率和蛋的质量。

2. 调整饲养 根据环境条件和鸡群状况的变化，及时调整日粮配方中主要营养成分的含量，以适应鸡的生理和产蛋需要的饲养方法称调整饲养。调整饲养必须以饲养标准为基础，保持饲料配方的相对稳定。要尽量维持原配方的格局，保证日粮营养平衡，不能大增大减，不能因饲料调整而使产蛋量下降。为了经济利用饲料，应把握好调整时机，根据鸡的产蛋量、蛋重、鸡群健康状况、环境变化等，做到适时调整。调整日粮时，主要调整日粮中蛋白质、必需氨基酸及主要矿物质的水平。当产蛋率上升时，要在产蛋量上升前提高饲料营养水平；当产蛋率下降时，要在产蛋量下降以后降低饲料营养水平。也就是上高峰时要"促"，下高峰时要"保"，这就是所谓的"前促后保"。还要注意观察调整后的效果，效果不好的，应立即纠正。调整的方法主要有以下几种：

（1）按育成鸡体重调整。育成鸡体重达不到标准的，从转群后（18～19周龄）就应换用营养水平较高的蛋鸡饲料，粗蛋白质控制在18%左右，经3～4周饲养，使鸡只体重恢复正常。

（2）按产蛋规律调整。在产蛋率上升阶段，从18周龄起要增加日粮中钙的比例，由育成鸡的1%增加到2%，逐渐改喂产蛋期的饲料；当产蛋率达到5%时，蛋白质增加为15.5%，钙为3.2%；当产蛋率达到50%时，蛋白质应为16%，钙为3.4%；当产蛋率达到70%时，蛋白质为16.5%，钙为3.5%；当产蛋率达到85%时，蛋白质应为17%，钙为3.6%。进入产蛋高峰期时，每只鸡每天食入蛋白质的量，轻型鸡应不少于18g，中型鸡应不少于20g。在高峰期维持最高营养2～4周，以保证高峰期长时间产蛋。当产蛋率下降时，应逐渐降低营养水平，直至最低档，蛋白质为14%，以后保持不变。为保证蛋壳质量，钙应为3.8%，但最多不超过4%。正常情况下，鸡群产蛋率每周下降0.5%～0.6%。因此，调整日粮时，不能一看产蛋率下降，就急于降低营养水平，而应该认真分析产蛋率下降的原因。

（3）按季节气温变化调整。在能量水平一致的情况下，冬季由于鸡只采食量大，日粮配方中应适当降低粗蛋白质水平；夏季由于采食量下降，日粮配方中应适当提高粗蛋白质水平，以保证产蛋的需要（表5-12）。

表 5-12　不同季节产蛋鸡日粮的能量和蛋白质变化

饲养日产蛋率（%）	炎热气候			寒冷气候		
	代谢能（MJ/kg）	蛋白质（%）	蛋白能量比（MJ/kg）	代谢能（MJ/kg）	蛋白质（%）	蛋白能量比（MJ/kg）
>80	11.49	18	15.7	12.67	17	13.4
70~80	11.27	17	15.1	12.65	16	12.6
<70	11.04	16	14.5	12.42	15	12.1

（4）鸡群采取管理措施时调整。例如断喙当天或前后，每千克饲料中添加 2~5mg 维生素 K；断喙后 1 周内，粗蛋白质水平增加 1%；接种疫苗后的 7~10d，日粮中也应增加 1% 的粗蛋白质。

（5）鸡群出现异常时调整。鸡群出现啄羽、啄趾、啄肛和啄蛋时，除消除引起啄癖发生的原因外，可适当增加饲料中粗纤维含量，也可短时间喂些石膏。开产初期脱肛、啄肛严重时，加喂 1%~2% 的食盐 1~2d。鸡群发病时，适当提高日粮中营养成分，如蛋白质增加 1%~2%，多种维生素提高 0.02%，还应考虑饲料品质对鸡适口性和病情发展的影响。

3. 限制饲养　对产蛋鸡特别是中型蛋鸡在产蛋中后期实行限制饲养，不会降低正常产蛋量但能节约饲料，达到提高养殖收益的目的。另外，还可防止产蛋后期因摄食过量而沉积过多脂肪，而影响产蛋量。

蛋鸡的限制饲养，一般在产蛋高峰过后（40 周龄）进行，与育成鸡的限饲一样，也有限质和限量两种方法。限质主要是控制能量和蛋白质，一般能量摄入可降低 5%~10%，蛋白质降至 12%~14%，但日粮中的钙要增加，后期钙为 3.6%，高温（33℃）时可提高到 3.5%~3.7%，但不超过 4%。限量一般少喂正常采食量的 8%~9%。实践中，每只鸡每天的加料量都有参考。

总之，不管是限质还是限量，要做到鸡的体重不再增加。最后 4 周要通过消耗体重来产蛋，即使因限饲使蛋重略有下降，也不能让产蛋率降低或急剧下降。这样，才能节约饲料，达到全期高产。

三、产蛋鸡的管理

（一）环境控制

1. 舍温　温度对鸡的活动、采食、饮水、生理状态和产蛋影响较大。鸡产蛋的适宜温度是 20~25℃，最经济的温度是 21~22℃，一般保持在 7~22℃，冬季不低于 4℃，夏季不超过 30℃。温度过高或过低都会影响鸡的健康和产蛋，严重时会造成死亡。因此，夏季应注意防暑降温，冬季应注意防寒保暖。

（1）防暑降温采取的措施。

①减少鸡舍的辐射热和反射热。在鸡舍周围种树或种植一些藤类植物，屋顶刷白漆，屋顶喷水。据研究报道，屋顶刷白漆室内温度可降低 4℃ 左右，屋顶喷水室内温度可降低 5℃ 左右，最多可降低 10℃。

②加大鸡舍的通风换气量。夏季要打开窗户通风，并将所有风机打开，以降低室内温度。

③辅助鸡体散热。辅助鸡体散热的方法包括喷雾和淋水。喷雾是在鸡舍的上部或鸡笼的笼体上安置水管，每隔 2~3m 安装 1 个喷头。在喷雾时应注意加强通风。否则，高温高湿

对鸡影响更大。辅助鸡体散热还可以在鸡舍墙壁安装水帘，效果更好。近几年，许多鸡场降温常采用水帘。

④给鸡群以适当的营养水平。在高温情况下，鸡的采食量下降10%～15%。因此，应在保证鸡采食到各种营养物质的基础上，适当增加粗蛋白质的含量。一般粗蛋白质增加1%～2%，并保持充足的饮水。

⑤以药物增强鸡只对热应激的抵抗力。有人试验，在鸡的日粮中按每千克饲料加入44mg维生素C或加入0.05%的阿司匹林或加入0.1%～0.3%的碳酸氢钠，均能增强鸡只对热应激的抵抗力，降低体温，提高产蛋量。

(2) 防寒保暖采取的措施。

①减少鸡舍的热量散失。通过封窗，在舍内封塑料薄膜，或将鸡舍的北墙壁用双层薄膜封严，减少鸡舍的通风换气量来实现。

②减少鸡体的热量散失。垫草保持干燥，严防贼风进入鸡舍，避免饮水器漏水等。

③加强饲养管理。冬季在保证鸡采食到各种营养物质的基础上，适当增加日粮中的代谢能。

2. 相对湿度 产蛋鸡舍应保持适宜湿度，湿度要保持在50%～60%，湿度过高或过低都会影响鸡的健康，进而影响产蛋。因此，应注意增湿或排湿。实践中一般湿度偏高。

排湿的方法：建造鸡舍时应选好位置，尽量建在地势高燥、排水良好的地方；鸡舍建材应保温防潮，待充分干燥后方可使用；梅雨季节、寒冷季节应尽量减少饮水，并及时清扫粪便，勤换垫草，保持通风良好。

3. 空气 产蛋鸡舍应保持空气新鲜，及时将有害气体排出。否则，会影响鸡的健康，鸡只易发生慢性呼吸道疾病，造成产蛋量下降。在气温较高时，应注意通风。

4. 光照 产蛋期光照的原则是：在原来育成鸡的基础上逐渐增加，至产蛋高峰（30周龄）达到产蛋所需的光照时数，然后保持不变，切勿减少。否则，产蛋量会反常下降。蛋鸡在产蛋高峰期，每天的光照时数是14～17h。目前生产中，光照时数多采用上限，但最多不超过17h。光照度以10.76lx为宜。

5. 密度 产蛋鸡的饲养方式有平养和笼养两种。平养设备投资少，操作方便，但劳动效率低。平养分地面平养、网上平养和地网混养3种。地面平养是将鸡直接养在垫草上，每平方米饲养5～6只鸡。网上平养是将鸡饲养在离地面10cm左右的金属网或板条上，每平方米饲养8～9只鸡。地网混养采用网上和厚垫草结合平养，两者的分配比例为2：1，垫草设在两侧，网设在中间，高出地面45cm，每平方米饲养6～8只鸡。

笼养有高床平置式笼养、全阶梯式笼养、半阶梯式笼养及重叠式笼养。每个鸡笼的标准为30cm×40cm。高床平置式笼养是将鸡笼摆放在一个平面上，鸡笼安装在比地面高2m的床架上，下设积粪坑，鸡笼一侧装有饲槽、饮水器、集蛋带等装置。全阶梯式笼养，即鸡笼像楼梯似的分3～4层上下摆设，不重叠，不用承粪板，笼底下设粪坑，鸡粪直落坑内。半阶梯式笼养是每两层鸡笼有1/3～1/4重叠，重叠部分的鸡笼下装有承粪板，除底层笼的鸡粪可直接落入粪沟外，其余均要经常刮粪。目前，生产中鸡笼常常采用全阶梯方式摆放。鸡笼有固定尺寸，每个标准鸡笼装3～4只鸡。

(二) 日常管理

1. 注意观察鸡群 经常细心观察鸡群，也是蛋鸡生产中不可忽视的重要环节。一般早饲、晚饲及夜间都应注意观察。观察鸡群包括行为活动观察、采食饮水观察和粪便观察等。

（1）行为活动观察。采食、饮水、交配、进窝产蛋、疏理羽毛、啼鸣等行为都属于正常的行为活动。当发现有的鸡专门啄食其他鸡的羽毛，频繁地进出产蛋箱或长时间伏在产蛋箱等不正常的行为活动时，应查找原因，采取相应措施。

（2）采食饮水观察。饲养员应掌握鸡的采食量和饮水量的变化。如果鸡只食欲旺盛，采食量增加，则预示着产蛋量上升；如果经常剩料，不愿饮水，则产蛋量将要下降。单纯的饮水量增加，说明日粮含盐过高或鸡群可能患病。

（3）粪便观察。主要观察鸡粪颜色、形状及稀稠等情况。如茶褐色粪便是盲肠的排泄物，并非疾病所致。绿色粪便是消化不良、中毒或新城疫所致；红色或白色粪便，一般是球虫、蛔虫、绦虫所致。若鸡粪上无或少有白色覆盖物，则说明日粮中蛋白质不足。鸡正常的粪便是灰绿或黄褐色，软硬适中，呈堆状或条状，上面覆盖一层白色的尿酸盐。若出现不正常的粪便，则要及时查找原因，对症处理。

在观察鸡群时，早晨喂料前观察粪便，白天观察其行为活动、采食饮水，晚上熄灯后，主要听鸡只呼吸道有没有异常声音。

2. 保证适宜的环境条件 通过观察鸡舍环境，了解温度、湿度、光照、通风、密度等情况，以便及时发现问题，并根据具体情况及时作出调整，为蛋鸡创造最适宜的产蛋环境条件。

3. 注意鸡舍的环境卫生和防疫 搞好鸡舍内部及其周围的环境卫生，及时清除粪便，清洗食槽和水槽，并注意消毒和防疫。

4. 减少饲料浪费 饲料成本占养鸡成本的70%~80%，减少饲料浪费是养鸡者提高经济效益的途径。生产中可采取以下措施：加料时，料槽或料桶只加1/3，加得太满会造成饲料浪费；及时淘汰低产鸡、停产鸡；做好匀料工作，以避免有的鸡多吃而肥胖，有的鸡少吃而影响产蛋；使用全价饲料，不喂发霉变质的饲料；产蛋后期对鸡进行限饲；提高饲养员的责任心。

5. 降低破蛋、脏蛋率 产蛋鸡的破蛋、脏蛋率一般不超过1%~2%。为减少破蛋、脏蛋率，除保证饲料中钙的供应外，还应设置足够的产蛋箱，及时淘汰有食蛋癖的鸡；勤拣蛋，及时更换产蛋箱内的垫草，并按蛋的大小分级。产蛋期每天至少拣蛋4次。

6. 做好记录工作 每天记录鸡群的耗料情况、产蛋情况、变动情况、环境条件以及卫生防疫等资料，以便汇总分析。产蛋记录见表5-13。

表5-13　月份产蛋记录表

舍号_____品种_____代号_____出雏日期_____入舍数_____

日期	周龄	耗料情况		产蛋情况				鸡群情况				环境条件				卫生防疫			其他
		总耗料(kg)	只日耗料(g)	饲料类型	总产蛋量(枚)	破蛋数(枚)	软壳蛋数(枚)	平均蛋重(g)	当日死亡数(只)	当日淘汰数(只)	当日转入数(只)	当日转出数(只)	当日存栏数(只)	光照时间(h)	最高舍温(℃)	最低舍温(℃)	舍内湿度(%)	用药情况	免疫接种情况	消毒情况	清粪情况	
1																						
2																						
3																						
4																						
合计																						

（三）季节管理

1. 春季 春季气温逐渐上升，日照时间逐渐加长，是鸡繁殖和产蛋的天然旺季。在饲养上要求饲料量要充足，分次饲喂的要增加饲喂次数，并适当增加日粮中粗蛋白质、维生素和矿物质的量。在管理上，应注意保持鸡舍清洁，加强各种疾病的预防，注意通风，防止感冒，淘汰不产蛋鸡。

2. 夏季 夏季也是鸡产蛋的较好时期，但天气逐渐变热，多雨潮湿，鸡的食欲减退。为此，在饲养上应调整日粮配方，适当增加日粮中粗蛋白质和钙的比例，饲喂时间应避开炎热的中午，尽量安排在凉爽的早晨、晚上；应避免饲料霉变；在管理上应作好降温工作；增加饮水次数，切忌断水；加强鸡舍的通风换气，夜间打开窗户；阴雨天应注意保持鸡舍干燥。

3. 秋季 秋季日照时间逐渐变短，入秋后鸡只开始换羽停产。秋季也是当年雏鸡发育成熟、逐渐开产的时期，所以秋季要做好换羽鸡的饲养管理，作好新开产鸡的饲养管理。

（1）换羽鸡的管理。鸡只经过长时间的产蛋，到了秋期换羽为越冬做准备是正常现象。为延长产蛋期，增加产蛋量，在未开始换羽前应尽量延缓换羽期的到来。具体措施是维持环境的稳定，减少外界条件变化的刺激。在日粮中减少糠麸类饲料，有条件的增加青绿饲料，增加鸡只食欲，维持体况。在换羽开始时，适当增加日粮中的粗蛋白质，特别是蛋氨酸和胱氨酸的含量，也可补喂少量石膏粉，这样有利于羽毛生长，待产蛋率下降到50%以下时可全群淘汰。

（2）新开产鸡的管理。对当年饲养的新鸡，从21周龄开始除作好调整饲养和日常管理外，重点要做好补光工作，将鸡群引向产蛋高峰。从21周龄开始增加光照时间，每周增加0.5h，一直增加到14~17h，光照度为10lx。

4. 冬季 冬季气温低，光照时间短，因此，应作好保温、防潮和补光工作。

（1）防寒保暖。温度对鸡的健康和产蛋影响很大。冬季鸡舍不取暖室温最好能保持在10℃以上，最低不能低于0℃，不能让鸡舍水槽里的水结冰。

冬季鸡舍保温，可采用鸡舍北侧走廊，北墙用塑料薄膜封严，或用草帘密封窗户，舍内铺垫草，适当增加密度等方法来提高室温。

（2）换气防潮。冬季为了保温，往往把鸡舍封得很严，而且鸡舍内鸡只密度大，这样做容易造成鸡舍过于潮湿，空气污浊，会诱发鸡只呼吸道疾病。所以，冬季也应注意通风。

（3）补充光照。冬季光照时间缩短，补充光照将会增加鸡只产蛋量。补充光照时使产蛋期每天光照时数达到14~17h即可。

（四）笼养鸡的管理技术要点

1. 喂料、饮水 蛋鸡从入笼到淘汰，始终要喂全价干粉料，每天饲喂3~4次，要固定喂料时间，不能轻易变动。喂料量应根据天气变化、产蛋水平、日粮营养水平掌握，既做到多吃，又不剩料。加料时应均匀，并及时清除水槽弄湿的饲料。料槽每周擦1~2次，水槽应每天清洗并消毒。若水槽变形，则应及时调整，以防漏水。保证饮水清洁。

2. 光照 保证准时开灯和熄灯，光照时间和光照度同平养蛋鸡。

3. 观察鸡群 饲养人员除喂料、拣蛋、搞好卫生消毒工作外，还要经常注意观察鸡群。除观察平养鸡群需要观察的内容外，还应注意观察有无卡头、别脖、扎翅的鸡；有无啄肛、啄蛋或同笼互啄的鸡，有无跑出笼外的鸡，若有上述情况发生，应及时处理。

4. 搞好环境卫生，杀灭蚊蝇工作 鸡舍和运动场的粪便应每天清扫，垫草应经常更换，清除的垫草、粪便应远离鸡舍集中堆放。夏季、秋季应作好消灭蚊蝇工作，避免传播疾病。

【商品产蛋鸡饲养管理案例】

养鸡户张某 2012 年 7 月 10 日转群商品产蛋鸡（迪卡褐壳蛋鸡）9 850 只，采用笼养方式，饲养管理重点工作总结如下：

1. 产蛋鸡舍的准备及转群 在转群前对产蛋鸡舍进行检修、清洗、消毒，空舍 1 周，然后进行转群。转群时间安排在 18 周龄，20：00 进行。转群时将体重较小的鸡放在上层笼，体重大的鸡放在下层笼，同时淘汰发育不良的病残鸡。

2. 光照管理 18 周龄后逐渐增加光照时间，每周增加光照 30min，直到每天 16h。整个产蛋期维持每天光照时间 16h。光照度为 15～20lx（4～5W/m²）。

3. 饲料供给 采用成品商品蛋鸡料（由饲料店提供），自由采食。上笼后利用 1 周左右的时间，由喂育成期饲料逐渐转换成产蛋期饲料。饲料中添加沙粒，每千只鸡 11kg/周。

4. 饮水管理 采用乳头式饮水器，自由饮水。

5. 产蛋高峰期的管理

（1）增加喂料量。自由采食，定时饲喂，每天添料 3 次。

（2）保证鸡群健康，注意环境与饲料卫生。

（3）减少应激。保持日常光照、喂料量、集蛋、温度、湿度等环境条件稳定，避免鸡群产生应激反应。

（4）产蛋高峰过后，根据母鸡体重进行轻度的限制饲养，适当减少喂料量。光照增加 1h。

6. 日常管理

（1）保持适宜的舍内小环境，维持舍内温度 15～25℃，维持相对湿度 60%～70%。尽量加大通风量。经常清除舍内鸡粪，避免舍内有害气体浓度过高。

（2）注意观察鸡群。每天应仔细观察鸡群的精神、采食、饮水、粪便等。

（3）料槽、水槽要定期刷洗消毒。

（4）建立稳定的饲养管理操作程序。如光照时间、定时喂料、粪便清理、拣蛋、打扫卫生等，甚至饲养员进出和衣着颜色，都要尽量固定。

（5）及时淘汰低产鸡或停产鸡。对鸡龄达 30～35 周龄仍不开产，或虽已开产，但产蛋持续时间短的低产鸡、停产鸡及抱窝鸡，及时予以淘汰。

技能训练 产蛋曲线绘制、分析、光照计划制订及高产蛋鸡的表型选择

一、产蛋曲线绘制与分析

（一）材料

1. 罗曼褐壳蛋鸡商品代生产性能标准 见表 5-14。

表 5-14 罗曼褐壳蛋鸡商品代生产性能标准

周龄	每只入舍母鸡产蛋数（枚）		产蛋率（%）		每枚蛋重（g）	每只入舍母鸡产蛋重（g）	
	每周	累积	入舍母鸡产蛋率	饲养日产蛋率		每周	累积
21	0.70	0.7	10.0	10.0	47.0	33	33
22	2.80	3.5	40.0	40.1	49.0	137	170
23	5.00	8.5	72.0	72.2	51.0	257	427
24	5.95	14.5	85.0	85.3	52.8	314	741
25	6.23	20.7	89.0	89.4	54.2	338	1 079
26	6.40	27.1	91.5	92.1	55.6	356	1 435
27	6.40	33.6	92.1	92.7	56.7	366	1 801
28	6.47	40.0	92.4	93.1	57.7	373	2 174
29	6.47	46.5	92.4	93.3	58.6	379	2 558
30	6.47	53.0	92.5	93.4	59.4	385	2 938
31	6.47	59.5	92.4	93.4	60.0	388	3 326
32	6.45	65.9	92.3	93.4	60.5	391	3 717
33	6.45	72.4	92.1	93.3	61.1	394	4 111
34	6.43	78.8	91.8	93.1	61.6	396	4 507
35	6.40	85.2	91.4	92.8	62.1	397	4 904
36	6.36	91.5	90.8	92.3	62.5	397	5 301
37	6.32	97.9	90.3	91.9	63.0	398	5 699
38	6.28	104.1	89.7	91.3	63.4	398	6 097
39	6.24	110.4	89.1	90.8	62.7	398	6 495
40	6.19	116.6	88.4	90.2	64.0	396	6 891
41	6.14	122.7	87.7	89.6	64.3	395	7 286
42	6.09	128.8	87.0	89.0	64.6	393	7 679
43	6.04	134.8	86.3	88.3	64.9	392	8 071
44	5.99	140.8	85.6	87.7	65.1	390	8 461
45	5.94	146.8	84.9	87.1	65.3	388	8 849
46	5.89	152.7	94.2	86.4	65.6	387	9 239
47	5.84	158.5	83.5	85.8	65.8	385	9 620
48	5.80	164.3	82.8	85.2	66.0	383	10 003
49	5.75	170.1	82.1	84.6	66.3	381	10 384
50	5.70	175.8	81.4	83.9	66.5	379	10 763
51	5.65	181.4	80.7	83.3	66.7	377	11 140
52	5.60	187.0	80.0	82.8	66.9	375	11 514
53	5.55	192.6	79.3	82.0	67.1	372	11 887
54	5.50	198.1	78.6	81.4	67.3	370	12 257
55	5.45	203.5	77.9	80.7	67.5	368	12 652
56	5.45	208.9	77.2	80.1	67.6	365	12 990
57	5.35	214.3	76.5	79.4	67.8	363	13 353
58	5.31	219.6	75.8	78.8	68.0	361	13 714
59	5.26	224.8	75.1	78.1	68.1	358	14 072
60	5.21	230.0	74.4	77.5	68.3	356	14 428
61	5.16	235.2	73.7	76.9	68.4	353	14 781
62	5.11	240.3	73.0	76.2	68.8	351	15 131
63	5.06	245.4	72.3	75.5	68.8	348	15 480
64	5.01	250.4	71.6	74.8	68.9	345	15 825
65	4.96	255.3	70.9	74.2	69.0	342	16 167
66	4.91	260.3	70.2	73.6	69.2	340	16 507

(续)

周龄	每只入舍母鸡产蛋数（枚）		产蛋率（%）		每枚蛋重（g）	每只入舍母鸡产蛋重（g）	
	每周	累积	入舍母鸡产蛋率	饲养日产蛋率		每周	累积
67	4.87	265.1	69.5	72.9	69.3	337	16 845
68	4.82	269.9	68.8	72.3	69.4	334	17 179
69	4.77	274.7	68.1	71.6	69.5	331	17 510
70	4.72	279.4	67.4	71.9	69.6	328	17 838
71	4.67	284.1	66.7	70.3	69.7	325	18 164
72	4.62	298.7	66.0	69.6	69.7	322	18 486
73	4.62	293.3	65.3	68.9	69.8	319	18 805
74	4.52	297.8	64.6	68.3	69.8	316	19 121
75	4.47	302.3	63.9	67.6	69.9	313	19 433
76	4.42	306.7	63.2	66.9	69.9	309	18 742
77	4.37	311.1	62.5	66.3	69.9	306	20 084
78	4.33	315.4	61.8	65.6	70.0	303	20 351
79	4.28	319.7	61.1	64.9	70.0	299	20 650
80	4.23	323.9	60.4	64.3	70.0	296	20 946

2. 商品蛋鸡产蛋率统计 某鸡场饲养1 500只罗曼褐壳商品蛋鸡，其各周龄入舍母鸡产蛋率见表5-15。

表5-15 商品蛋鸡产蛋率统计表（入舍母鸡产蛋率）

周龄	产蛋率（%）	周龄	产蛋率（%）	周龄	产蛋率（%）	周龄	产蛋率（%）
21	10.0	34	88.7	47	83.2	60	71.9
22	37.2	35	89.2	48	82.4	61	71.2
23	72.0	36	90.4	49	82.0	62	70.7
24	85.0	37	90.2	50	81.8	63	70.4
25	89.0	38	89.7	51	80.7	64	69.0
26	91.5	39	88.8	52	78.4	65	68.4
27	92.0	40	88.5	53	76.3	66	68.2
28	92.5	41	87.3	54	75.2	67	68.0
29	92.5	42	86.9	55	74.3	68	67.7
30	87.6	43	86.2	56	73.0	69	67.0
31	86.7	44	85.5	57	71.8	70	66.0
32	85.2	45	84.7	58	71.6	71	65.6
33	84.0	46	84.1	59	72.3	72	65.2

3. 坐标纸、计算器

（二）方法及操作步骤

1. 根据罗曼褐壳蛋鸡商品代生产性能标准，在坐标纸上，以横坐标表示周龄，以纵坐标表示产蛋率，将所列各周龄产蛋率连接成线，即为一个产蛋年的标准曲线。

2. 根据某鸡场商品蛋鸡产蛋率统计表，在上述标准产蛋曲线的同一坐标纸上，标出各周龄的产蛋率，连接各点，即为该鸡群一个产蛋年的产蛋曲线。

3. 比较分析，将鸡群的实际产蛋曲线与标准曲线进行比较，如果两者形状相似、上下接近或在标准产蛋曲线之上，说明鸡群产蛋性能正常，鸡群的饲养管理良好。如果产蛋曲线下滑太多或在某一时期出现低谷，则说明鸡群可能患病或饲养管理出现问题，应查找原因，以便及时调整饲养管理措施。

二、蛋鸡场光照计划的制订

（一）材料

1. 蛋用鸡的光照原则 育雏育成期的光照原则是每天的光照时数只能逐渐减少或恒定，不能增加，但每天不能少于8h。产蛋期光照原则是每天光照时数应逐渐增加，至产蛋高峰达到产蛋所需的光照时数，然后保持恒定，不能减少，但每天不能超过17h。光照度掌握的原则是：育雏初期15~20lx，以后逐渐减少至10lx，并保持到产蛋期不变。

2. 不同纬度日照时间表 见表5-16。

表5-16 不同纬度日照时间表

时间	不同纬度日出至日落大约时间						
	10°	20°	30°	35°	40°	45°	50°
1月15日	11h24min	11h	10h15min	10h4min	9h28min	9h8min	8h20min
2月15日	11h40min	11h34min	11h4min	10h56min	10h36min	10h26min	10h
3月15日	12h4min	12h2min	11h56min	11h56min	11h54min	11h52min	12h
4月15日	12h26min	12h32min	12h58min	13h4min	13h20min	12h28min	14h
5月15日	12h48min	12h56min	13h50min	14h2min	14h34min	14h50min	15h46min
6月15日	13h2min	13h14min	14h16min	14h30min	15h14min	15h36min	16h56mm
7月15日	12h54min	13h8min	14h4min	14h20min	14h58min	15h16min	16h26mm
8月15日	12h36min	12h44min	13h20min	13h30min	13h52min	14h6min	14h40min
9月15日	12h16min	12h15min	12h24min	12h26min	12h30min	12h34min	12h40min
10月15日	11h48min	11h30min	11h26min	11h18min	11h6min	11h2min	10h40min
11月15日	11h28min	11h15min	10h30min	10h20min	9h50min	9h94min	5h45min
12月15日	11h18min	11h4min	10h2min	9h48min	9h9min	8h46min	4h40min

3. 不同出雏日期与20周龄查对表 见表5-17。

表5-17 不同出雏日期与20周龄查对表

出雏日期	20周龄	出雏日期	20周龄	出雏日期	20周龄
1月10日	5月30日	5月10日	9月27日	9月10日	1月28日
1月20日	6月9日	5月20日	10月7日	9月20日	2月7日
1月31日	6月20日	5月31日	10月18日	9月30日	2月17日
2月10日	6月30日	6月10日	10月28日	10月10日	2月27日
2月20日	7月10日	6月20日	11月7日	10月20日	3月9日
2月28日	7月18日	6月30日	11月17日	10月31日	3月20日
3月10日	7月28日	7月10日	11月27日	11月10日	9月30日
3月20日	8月7日	7月20日	12月7日	11月20日	4月9日
3月31日	8月18日	7月31日	12月18日	11月30日	4月16日
4月10日	8月28日	8月10日	12月28日	12月10日	4月29日
4月20日	9月7日	8月20日	1月7日	12月20日	5月9日
4月30日	9月17日	8月31日	1月18日	12月31日	5月20日

（二）方法及操作步骤

1. 密闭式鸡舍的光照方案 可以根据蛋鸡不同饲养阶段的光照原则制订光照，见表5-18。

表 5-18　密闭式鸡舍的光照方案

周龄	1～3d	4d 至 18 周龄	19 周龄	20 周龄	21 周龄	22 周龄	23 周龄	24 周龄	25 周龄	26 周龄	27 周龄	28 周龄	29 周龄	30 周龄
光照时数（h）	23	8	9	10	11	12	12.5	13	13.5	14	14.5	15	15.5	16
光照度（lx）	20	5～10	10												
灯泡瓦数（W）	40～60	15～40	40～60												

如果育雏育成期为密闭式鸡舍，到产蛋期转到开放式鸡舍，则要考虑转群时当地日照时间，然后根据此时间决定育雏育成期光照，如果转群时当地日照时间在 10h 以内，则可用此光照时间作为恒定光照时间，基本与全期养在密闭式鸡舍光照程序相同。如果转群时当地日照时间在 10h 以上，则应采用渐减法（同开放式鸡舍）。

2. 开放式鸡舍的光照方案　根据出雏日期不同有两种光照方案。

（1）育雏育成期自然光照方案。在我国适合于 4 月上旬至 9 月上旬期间出雏的鸡，例如北纬 35°地区，9 月 1 日出雏的鸡，经查表制订光照方案，见表 5-19。

表 5-19　育雏育成期自然光照产蛋期补充光照方案

周龄	1～3d	4d 至 18 周龄	19 周龄	20 周龄	21 周龄	22 周龄	23 周龄	24 周龄	25 周龄	26 周龄	27 周龄	28 周龄	29 周龄	30 周龄
光照时数（h）	23	自然光照	10	11	12	12.5	13	13.5	14	14.5	15	15.5	16	16
光照度（lx）	20		10												
灯泡瓦数（W）	40～60		40～60												

（2）育雏育成期控制光照方案。在我国适合于 9 月中旬到第 2 年 3 月下旬期间出雏的鸡。其控制办法有以下两种。

①恒定法。查出本批鸡育成期当地自然光照最长一天的光照时数，自 4 日龄起即给予这一光照时数，并保持不变至自然光照最长一天为止，以后自然光照至性成熟，产蛋期再增加人工光照。如北纬 35°地区，3 月 31 日出雏的鸡，查表该批鸡育成期为 3 月 31 日至 8 月 18 日，此期间最长日照时数是 6 月 15 日的光照时数为 13h 20min，制订的光照方案如表 5-20。

表 5-20　育雏育成期控制光照产蛋期补充光照方案（恒定法）

周龄	1～3d	4d 至 11 周龄	12～18 周龄	19 周龄	20 周龄	21 周龄	22 周龄	23 周龄后
光照时数（h）	23	13.5	自然光照	14	14.5	15	15.5	16
光照度（lx）	20	10	10						
灯泡瓦数（W）	40～60	40	40～60						

②渐减法。查出本批鸡 20 周龄时的当地日照时数，加 7h 作为 4 日龄光照时数，然后每周减少光照时数 20min，到 20 周龄时恰好为当地日照时间。如上例中，该批鸡 20 周龄时当地日照时数约为 13h 20min，制订的光照方案如表 5-21。

表 5-21　育雏育成期控制光照产蛋鸡补充光照方案（渐减法）

周龄	1~3d	4d 至 19 周龄	20 周龄	21 周龄	22 周龄	23 周龄	24 周龄	25 周龄	26 周龄以后
光照数	23	20h 至 13h40min	13h20min	13h30min	14h	14h30min	15h	15h30min	16h
光照度（lx）	20	10	10						
灯泡瓦数（W）	40~60	40~25	40~60						

3. 根据本地日照数，为 5 月 10 日出壳，在密闭式鸡舍和开放式鸡舍饲养的商品蛋鸡制订 0~72 周龄全程光照方案。

三、高产蛋鸡的表型选择

（一）材料

鸡笼、高产蛋鸡、低产蛋鸡、停产蛋鸡、种公鸡各若干只。

（二）方法及操作步骤

1. 根据外貌和生理特征区分高产蛋鸡和低产蛋鸡　见表 5-22。

表 5-22　高产蛋鸡与低产蛋鸡外貌特征的区别

部　位	高产蛋鸡	低产蛋鸡
头部	清秀，头顶宽、呈方形，冠、肉垂大，发育充分、细致，喙粗短而稍弯曲	粗大或狭小，头顶窄、呈长方形，冠、肉垂小，发育不充分、粗糙，喙长而直，似乌鸦嘴
胸部	宽而深，丰满，稍向前方突出，胸骨长而直	窄而浅，胸骨短而弯曲
体躯	背部长、宽、平，体躯深、长、宽，容积大，胸骨末端与耻骨间距 4 指以上	背部短而窄，体躯短、窄、浅，容积小，胸骨末端与耻骨间距 3 指或 3 指以下
耻骨	软而薄，耻骨间距在 3 指以上	厚而硬，耻骨间距在 3 指以下
换羽	秋季换羽开始晚，换羽速度快，换羽持续时间短	秋季换羽开始早，换羽速度慢，换羽持续时间长
色素消退（黄肤鸡）	退色依次序进行，且退色彻底，退色部位多	退色次序混乱，且退色不彻底，退色部位少
活力	活泼好动，食欲旺盛	行动迟缓，胆怯

2. 根据外貌和生理特征区分产蛋鸡和停产鸡　见表 5-23。

表 5-23　产蛋鸡与停产鸡外貌特征的区别

部　位	产蛋鸡	停产鸡
冠、肉垂	膨大、鲜红、有弹性，肤面细致、润泽而温暖	皱缩色淡，干而粗糙，无温暖感觉
肛门	湿润松弛，呈椭圆形，颜色粉红	干燥紧皱，圆形，颜色发黄
腹部容积	宽大柔软，胸骨末端与耻骨间距 3~4 指	小而硬，胸骨末端与耻骨间距 2~3 指
触摸品质	皮肤柔软有弹性，耻骨末端薄、有弹性	皮肤和耻骨末端厚、无弹性
色素消退（黄皮肤鸡）	肛门、眼圈、喙、脚等呈白色	肛门、眼圈、喙、脚等呈黄色
换羽（秋季）	未换羽	已经换羽
性情	活泼温驯，觅食力强，接受交配	胆小呆板，觅食力差，拒绝交配

3. 根据外貌和生理特征选择种公鸡　种公鸡要求身体各部分匀称，发育良好，未患过传染病；体重、体尺应大于母鸡，胸部宽、深，向前突出，背宽而不过长，骨骼结实，雄

壮，羽毛丰满；早熟性好，雄性强，具有本品种特征。不符合上述条件的公鸡应给予淘汰。

任 务 评 估

一、名词解释

分段饲养　调整饲养

二、填空题

1. 鸡的产蛋量第1年_____，第2年较第1年_____。
2. 蛋鸡产蛋曲线有_____、_____和_____特点。
3. 调整饲养掌握的原则是_____，上高峰时要_____，下高峰时要_____。
4. 产蛋鸡舍最适宜的温度为_____，最适宜的湿度为_____。
5. 产蛋期母鸡的光照时数以_____h为宜，光照度以_____lx为宜。
6. 对当年新开产的新鸡，从_____周龄开始增加光照时间，每周增加_____h，一直增加到_____h，光照强度为10lx。

三、问答题

1. 产蛋鸡有哪些生理特点？
2. 蛋鸡开产前后应重点做好哪些工作？

四、思考题

1. 根据产蛋鸡的特点，制订蛋鸡日常管理操作规程。
2. 蛋鸡产蛋有哪些规律？怎样根据产蛋规律合理进行调整饲养？

五、技能评估

1. 鸡群的产蛋曲线绘制精确。
2. 在规定的时间45min内制订出光照方案。
3. 产蛋鸡与停产鸡的鉴别部位与叙述内容准确。
4. 高产鸡与低产鸡的鉴别部位与叙述内容准确。

任务2　种鸡的饲养管理

【技能目标】掌握种公鸡的选择方法及种鸡的饲养管理要点。

蛋种鸡的生产目的是提供种蛋或鸡苗。在饲养管理方面，除了要求高的产蛋量，还应要求种蛋的合格率、受精率和健雏率高。

一、蛋种鸡的饲养管理目标

1. 产蛋率和种蛋的合格率高　种母鸡繁殖性能的优良表现是产蛋率和种蛋的合格率高。产蛋率和种蛋的合格率取决于种鸡的遗传基础和种鸡的饲养管理水平。一般来说，种蛋的合格率应在90%以上。

2. 种蛋的受精率高　种蛋的受精率与种公鸡的饲养管理有很大关系。种公鸡应健康无病、性欲旺盛、精液品质好。要求祖代鸡B系所产种蛋受精率不低于80%，D系所产种蛋的受精率不低于85%，父母代种鸡所产种蛋受精率不低于85%。

3. 种鸡的死淘率低　种鸡的饲养成本很高，死亡一只经济损失就很大，种鸡生长期的死淘率不超过5%，产蛋期的死淘率不超过8%。

4. 控制垂直传播疾病，提高健雏率　垂直传播的疾病可以通过蛋传给后代，所以，要及时淘汰携带垂直传播的疾病病原的阳性种鸡。可垂直传播的疾病有鸡白痢、鸡副伤寒、支原体、淋巴细胞病和减蛋综合征等。通过对种鸡的检测和净化，可以控制垂直传播的疾病，提高健雏率。

二、种鸡的饲养

蛋种鸡的饲养基本与商品蛋鸡的饲养管理相同，但为了提高受精率，必须作好种公鸡的饲养工作。

（一）种公鸡的选择与培育标准

1. 种公鸡的选择　俗话说："公鸡管一群，母鸡管一窝"。这充分说明种公鸡的质量对种蛋的受精率和后代的生产性能都有很大的影响。因此，必须加强对种公鸡的选择。

在实际生产中，对种公鸡的选择一般分3次进行：第1次在6～8周龄时进行。此时，应选留体重正常、体况良好、发育匀称、冠大鲜红饱满、行动敏捷、眼睛明亮有神的公鸡。留种的数量，以公母比例1∶7～8为宜。第2次选择常结合转群进行，一般在18～20周龄进行。此时，应选留身体健壮、发育均称、体重符合标准、雄性特征明显、外貌符合本品种特征要求的公鸡。用于人工授精的公鸡，还应考虑公鸡性欲是否旺盛、性反射是否良好。选留数量：自然交配以公母比1∶9～10，人工授精以公母比1∶15～20的比例确定。选留的公鸡，用于人工授精的应单笼饲养，用于自然交配的应于母鸡转群后开始收集种蛋前1周放入母鸡群中。第3次选留一般在公母混群交配后10～20d时进行。此时，应淘汰性欲不良、过于胆怯、没有交配能力以及影响其他公鸡配种的公鸡。留种比例：自然交配为1∶10～15，人工授精为1∶30～50。

2. 种公鸡的培育标准
（1）生长发育良好，体质结实，健康无病。
（2）体重、体型、羽色等符合品种特征。
（3）适时性成熟，配种能力强，精液质量好。

（二）种公鸡的饲养

1. 种公鸡的生理特点
（1）公鸡体内含水率相对比较稳定，一般为66%～67%，而蛋白质的含量在不同时期有所不同，育雏育成阶段为22%，随着年龄增长，体内蛋白质比例逐渐提高，成年期达28.4%。
（2）公鸡对脂肪的沉积能力不如母鸡。
（3）公鸡的生长规律为10～15周龄主要是骨骼生长与体重增长，而后期则转向生殖器官的发育。蛋鸡16～20周龄处于体重增长及睾丸生长最快阶段，所以应注意改变日粮营养水平，尤其是蛋白质和维生素E的供给。

2. 种公鸡营养的特殊需要

（1）对能量和蛋白质的需要。在繁殖期种公鸡的营养需要量低于种母鸡，一般采用代谢能 10.87～12.12MJ/kg。8 周龄前日粮蛋白质水平不能低于 18%，9 周龄至种用结束，应喂给蛋白质 11%～12% 的日粮。如种用期采精频率高，则可将蛋白质提高至 12%～14%。同时，应注意蛋白质的质量，保证必需氨基酸的平衡。在配种期日粮中添加精氨酸可以有效地提高精液品质。

（2）对钙、磷的需要。繁殖期种公鸡日粮中钙以 0.9%～1.2%，有效磷以 0.65%～0.8% 为宜。

（3）对维生素的需要。种公鸡饲料中的维生素对精液的品质、种蛋的受精率、雏鸡的质量等都有很大的影响，尤其是维生素 A、维生素 D、维生素 E、维生素 B_{12} 等与种公鸡的繁殖性能关系极为密切。因此，必须保证供给。繁殖期种公鸡维生素的用量为：每千克饲粮中维生素 A 10 000～20 000IU，维生素 D 2 000～3 850IU，维生素 E 20～40mg，维生素 C 0.05～0.15g。

（三）种母鸡的营养

种母鸡开产前的营养与商品蛋鸡相同，在产蛋期，种母鸡的常规营养物质要求也与商品蛋鸡相似，但对一些维生素和微量元素的要求较高。为提高种蛋的合格率，在饲养种鸡时，前期应适当增加营养，增加蛋重，后期应适当降低营养，控制蛋重，并配制符合种母鸡营养需要的全价日粮。

（四）饲养方式

1. 笼养 种公鸡饲养于公鸡笼内，一笼一鸡。种母鸡采用两层或 3 层笼养。配种采用人工授精。目前，大多数种鸡场采用这种饲养方式。

2. 网上平养 种鸡养在离地面 60cm 的铝丝网或木条板上，自然交配。每 5 只母鸡配备 1 个产蛋箱。

3. 地网混养 在鸡舍两侧架设网床，床高 70～80cm，中间部分为铺有垫草的地面，垫草地面占鸡舍面积的 40% 左右，两侧的网床各占鸡舍面积的 30% 左右。设有木框式台阶可供鸡只上、下网床。供水、供料系统设在网床上面，产蛋箱的一端架在网床上，另一端挂在垫草地面上方。公、母鸡混群饲养，自然交配。

（五）限制饲养

在产蛋后期，为防止种母鸡过肥，增加种蛋的合格率，应适当限饲。一般在 40 周龄以后开始限饲。方法同商品蛋鸡产蛋期的限饲。

（六）补充钙质

在产蛋后期，由于种母鸡对钙的利用率降低，蛋壳质量变差，沙壳蛋增多，蛋壳变薄。为提高蛋壳的质量，提高种蛋的合格率，应注意增加日粮中钙的含量。

三、种鸡的管理

1. 种公鸡的管理 种公鸡需要剪冠、断喙、断趾。剪冠在 1 日龄进行，用手术剪沿冠基剪去。因为冠大冬季容易冻伤；冠大易倒向一侧，影响公鸡视力，影响配种；冠是真菌黄癣寄生的地方。断趾也在 1 日龄进行，用剪刀沿趾甲与皮肤交界处剪去，或用断喙器、断趾器剪，因在自然交配时，公鸡的趾易划破母鸡的背部，母鸡感到疼痛而拒绝配种，如果是人工授精，趾易抓伤工作人员。

在产蛋期，管理公鸡时，应加强营养和运动，以确保种用体质；经常观察鸡群，防止公鸡受伤；提供适宜的温度（20～25℃）；每天光照时间维持在12～14h，以利于提高精液品质；定期检查公鸡精液品质，淘汰精液品质差的公鸡；采用人工授精可提高受精率。

2. 强化种鸡的免疫 种鸡体内某种抗体水平的高低及群内抗体水平的整齐度，会对其后代雏鸡的免疫效果产生直接的影响。配种前，必须接种禽流感疫苗及新城疫、传染性支气管炎、减蛋综合征三联苗，传染性法氏囊炎疫苗，必要时还要接种传染性脑脊髓炎疫苗等。

3. 做好疾病净化工作 蛋用种鸡饲养管理的目标是获得量多质优的雏鸡，而健康的鸡群是实现这一目标的前提条件。因此，种鸡饲养管理中必须做好疫病的预防工作。特别是沙门氏菌病、支原体病、淋巴细胞性白血病、传染性贫血等疾病可垂直传播，种鸡感染后，病原微生物可进入蛋内，并在孵化过程中感染胚胎，使雏鸡先天性感染相应的疾病。对于这些病应通过种鸡群的检测和净化来控制。如白痢的净化是种鸡场必须进行的一项工作，可在12周龄和18周龄时分别进行全血平板凝集试验，在鸡群开产后每10～15周重复进行1次，淘汰阳性个体。要求种鸡群内白痢阳性率不能超过0.5%。种鸡场特别要加强消毒措施，严禁外人进入鸡场。

4. 掌握合适的公、母比例 种鸡群中，公鸡过多，不仅会浪费饲料，还会因公鸡争先交配，踩伤母鸡，干扰交配，降低受精率；反之，公鸡过少，每只公鸡的配种任务过大，影响精液品质，受精率也不高。因此，必须保持合理的公、母比例。自然交配时适宜的公、母比例是：轻型蛋鸡1∶12～15；中型蛋鸡1∶10～12。人工授精时公、母比例一般以1∶30～50为宜。

5. 种蛋的收集和保存 母鸡刚开产时的蛋，蛋重小，蛋形不规则，受精率低，一般不宜用于孵化。现代良种蛋鸡，一般在25～27周龄时开始留种蛋，平均蛋重应在50g以上。自然交配时，应提前1周放入公鸡。人工授精时，应提前两天连续输精。为了提高种蛋的合格率，应注意勤拣蛋，一般要求每天拣蛋4～6次，上午不应少于3次。拣蛋前用消毒药液洗手，种蛋应使用专用蛋托和蛋箱，拣蛋时应把合格种蛋放入蛋托内，且钝端朝上。将不合格的蛋拣出另放。夏季要防止种蛋被阳光直射和温度过高；冬季要防冻和温度过低。拣完的种蛋应及时消毒，之后送入蛋库保存。种蛋切忌在鸡舍过夜，以防污染。

6. 生产记录 种鸡场应做好各项生产记录。需要记录的项目有每天的产蛋量、饲料消耗、饲料配方、鸡只数（存栏鸡只数、死亡鸡只数、淘汰鸡只数）、发病情况及治疗措施、定期称测的蛋重、定期称测的体重等。将记录的资料进行整理，计算出不同时期的产蛋率、母鸡的存活率、种蛋的合格率、每只种母鸡提供合格种蛋数和经济效益。

四、人工强制换羽

蛋种母鸡在经历一个产蛋阶段后，在夏末或秋季开始换羽。为了延长种鸡的利用年限，降低种蛋成本，建议采用强制换羽。强制换羽是人为采取强制性方法给鸡群造成突然的、强烈的刺激，导致新陈代谢紊乱而停产换羽。

（一）强制换羽的优缺点

1. 优点 可延长产蛋鸡的利用时间，降低育成鸡的培育费；可提高种蛋的受精率、孵化率和蛋的品质；第2个产蛋期母鸡成活率高；可缩短换羽期，自然换羽需4个月左右，而人工强制换羽只需要 2 个月。

2. 缺点 人工强制换羽后的产蛋期比第 1 个产蛋期要短 3～5 个月；强制换羽后的母鸡体重比第 1 个产蛋期末的体重要大，每天消耗饲料量增加，因此，饲料效能较第 1 个产蛋期要低。

是否采用强制换羽取决于鸡群的健康状况和经济效益。若鸡群的健康状况良好，第 1 个产蛋期产蛋水平较高，种鸡不易买到，或鸡舍条件限制，不能育雏，或育雏成活率低等原因，或为了利用第 2 年鸡抗病力强、蛋大质好的优点等，均可进行强制换羽。

（二）强制换羽的方法

强制换羽的方法包括断水绝食法、高锌饲料换羽法、综合法和生物学法 4 种方法。断水绝食法又称饥饿法，高锌饲料换羽法又称化学法。综合法是将饥饿法和化学法结合起来的强制换羽方法。生物学法是利用孕酮等激素诱发强制换羽。现在常用的是饥饿法和化学法。

1. 断水绝食法（饥饿法） 是通过限制给食、饮水和光照的方法，使鸡的体重减轻，生殖器官相应萎缩，从而达到停产换羽。一般在前 3d 停水、停料、光照 6～7h（夏季每天供水 1h）。4～12d 停料、限水、光照 6～7h，每天供水 2 次，每次 0.5h。当体重和断料前相比减轻 25% 左右时，进入恢复期。

恢复期的初始两周可用育成鸡饲料，另外补充复合维生素和微量元素，此后两周使用预产期饲料，然后再用产蛋期饲料。恢复期第 1 天，喂料量按每只鸡每天 20g，此后每天每只鸡递增 15g，1 周后让鸡自由采食。喂饲期间应保证充足饮水。光照时间从恢复喂料时开始逐渐增加，约经 6 周的时间，恢复为每天 16～17h，以后保持稳定，一般鸡群在恢复喂料后第 3 周至第 4 周开始产蛋，第 6 周产蛋率可达 50% 以上。

2. 高锌饲料换羽法（化学法） 主要采用高锌日粮强制换羽。在产蛋鸡的日粮中加 2.5% 的氧化锌或 3% 的硫酸锌。高锌日粮饲喂 5～7d，鸡群完全停产，之后换用产蛋期饲料。化学法换羽期间不停水，第 1 周采用自然光照，第 2 周逐渐增加光照时间，第 5 周至第 6 周达到 16～17h。

（三）衡量强制换羽效果的指标

衡量强制换羽效果常用换羽期的长短、死亡率、失重率和羽毛脱落速度 4 个指标进行衡量。

1. 换羽期的长短 从开始强制换羽时算起，一般经 7～9 周，全群产蛋率即可达到 50% 以上。

2. 死亡率 整个强制换羽期的死亡率以不超过 3% 为好。

3. 失重率 一般认为失重为 30% 左右为宜。

4. 羽毛脱落速度 强制换羽 7～10d 后，小羽毛应大量脱落，10～20d 后主翼羽开始脱落。

（四）实行强制换羽的注意事项

1. 实行强制换羽的鸡群必须健康，第 1 个产蛋年的产蛋水平较高。

2. 鸡停食一段时间后处于高度饥饿状态，恢复喂料时，必须逐渐增加喂给量。否则，鸡只易发生食滞。食槽要充足。

3. 强制换羽期间，要将鸡舍打扫干净，清除垫草，经常扫除脱落的羽毛和其他杂物，避免鸡只食入造成伤亡。

4. 开始前 1 周进行新城疫 Ⅰ系及鸡痘疫苗的接种。淘汰病、弱鸡。

5. 实行强制换羽的时间，一般是在产蛋 12 个月后进行，但这时进行效果不太好。最好在 60 周龄左右，产蛋率还在 60％以上时进行，这时鸡体体质较好，换羽期间死亡率低，第 2 个产蛋期到来的早。

6. 采用饥饿法时，要确实掌握减重量，在处理前抽测约 50 只鸡的体重，并做好记录，4d 后每天称重 1 次，直到减重 25％时为止。

7. 种公鸡不进行强制换羽。否则，会影响其以后的配种能力。

任 务 评 估

一、填空题

1. 种公鸡的选择一般分 3 次进行，第 1 次在_____周龄进行，第 2 次在_____周龄进行，第 3 次在_____周龄时进行。

2. 自然交配时适宜的公母比例是：轻型蛋鸡_____，中型蛋鸡_____。人工授精的公、母比例是_____。

3. 现代良种蛋鸡一般在_____周龄，平均蛋重_____时开始留种蛋。

4. 在种鸡开产前，必须接种_____、_____、减蛋综合征三联苗和传染性法氏囊炎疫苗。

二、问答题

1. 如何提高种蛋的合格率？
2. 如何提高种蛋的受精率？
3. 蛋种鸡的饲养管理目标与产蛋鸡有哪些异同？

三、思考题

1. 怎样根据种公鸡的生理特点养好种公鸡？
2. 怎样选留种公鸡？

模块六 肉鸡生产

项目一 肉用仔鸡的饲养管理

任务1 掌握肉用仔鸡的饲养管理技术

【技能目标】了解肉用仔鸡的生产特点、肉用仔鸡的营养需要特点、肉用仔鸡所需要的环境条件;掌握肉用仔鸡的饲养管理技术。

一、肉用仔鸡的生产特点

目前,饲养肉用仔鸡,分为白羽和黄羽(有色羽)两个类型,而多数是利用快大型白羽肉鸡的杂交商品代,其生产具有如下特点:

1. 早期生长速度快,饲料转化率高 一般肉用仔鸡出壳时体重仅有40g左右,在良好的饲养管理条件下,经6~7周体重可达2500g以上,是出生重的60多倍。由于肉用仔鸡生长速度快,所以饲料转化率较高。一般在饲养管理条件较好的情况下,饲料转化率可达2∶1,高者可达到1.72~1.95∶1,明显高于肉牛、肉猪。

2. 饲养周期短、资金周转快 肉用仔鸡一般8周龄左右达上市标准体重,国外可提前在到6~7周龄出场上市。出场后,打扫、清洁、消毒鸡舍用2周时间,然后进下一批鸡,9~10周1批,1年可生产5~6批。如一间能容纳2 000只的鸡舍,1年能生产1万只肉用仔鸡。因此,大大提高了鸡舍和设备利用效率,投入的资金周转快,可在短期内受益。

3. 饲养密度大,劳动效率高 肉用仔鸡性情温驯,体质强健,大群饲养很少出现打斗现象,具有良好的群居习性,适于大群高密度饲养。为了获得最大的经济效益,可将上万只甚至几万只鸡组为一群进行饲养。在一般的厚垫料平养条件下,每平方米可饲养12只左右。在机械化、自动化程度较高的情况下,每个劳动力一个饲养周期内可饲养1.5万~2.5万只,年均可达到10万只水平,大大提高了劳动效率。

4. 屠宰率高,肉质嫩 肉用仔鸡由于其生长期短,肉质鲜嫩,所以易于加工。鸡肉中蛋白质含量较高,脂肪含量适中,是人类较佳的肉食品之一。

5. 肉用仔鸡腿部疾病较多,胸囊肿发病率高 由于肉用仔鸡早期肌肉生长较快,而骨骼组织发育相对较慢,加之体重大、活动量少,使腿骨和胸骨表面长期受压,易出现腿部和胸部疾病。此病会影响肉用仔鸡的商品等级,造成经济损失。因此,在生产过程中,应加强预防该类疾病。

二、肉用仔鸡的饲养方式

1. 厚垫料平养 就是将肉用仔鸡饲养在铺有厚垫草的地面上。根据房舍条件，舍内地面可采用水泥地面、砖地面、泥土地面等。所用垫料一般是吸水性强、清洁不霉变的稻草、麦秸、玉米芯、刨花、锯末等，稻草和麦秸应铡成 3~5cm 长。垫料厚度一般为 10~12cm。垫料铺好后将饮水器和食盘等用具挂在保温伞周围摆放整齐。

这种饲养方式的优点是设备简单、投资少，垫料可以就地取材，雏鸡可以自由活动，光照充足，鸡体健壮。缺点是饲养密度小，雏鸡与鸡粪直接接触，容易感染疾病，特别是球虫病。同时，需要大量垫料，饲养人员劳动强度大，饲养定额低。

2. 网上饲养 就是把肉用仔鸡饲养在舍内高出地面 60~70cm 的铁丝网或塑料网上，粪便通过网孔漏到地面上，一个饲养周期清粪一次。网孔约为 2.5cm×2.5cm，前 2 周为了防止雏鸡脚爪从孔隙落下，可在网上铺上网孔 1.25cm×1.25cm 的塑料网或硬纸或 1cm 厚的整稻草、麦秸等，2 周后撤去。网片一般制成长 2m、宽 1m 的带框架结构，并以支撑物将网片撑起。网片要铺平，并能承重，以便饲养人员在上面操作，便于管理。为了防止雏鸡粪便中的水分蒸发造成湿度增加和氨气的增多，可在地面上铺 3~5cm 厚的垫料，以便吸收水分和吸附有害气体，防止地面产生的冷空气侵袭雏鸡腹部，使其腹泻。

网上饲养可避免雏鸡与粪便直接接触，减少疾病的传播，不需要更换垫料，减少肉用仔鸡活动量，降低维持消耗，卫生状况较好，有利于预防雏鸡白痢和球虫病，但一次性投资较大，对饲养管理技术要求较高，要注意通风，防止维生素及微量元素等营养物质的缺乏。

3. 笼养 就是将雏鸡养在 3~5 层的笼内。笼养提高了房舍利用率，便于管理。由于鸡活动量小，可节省饲料。笼养具有网上饲养的优点，可提高劳动效率。但需要一次性投资大，电热育雏笼对电源要求严格，鸡舍通风换气要良好，并要求较高的饲养管理技术，现代化大型肉鸡场采用笼养会收到更好的效益。

三、肉用仔鸡的营养需要

肉用仔鸡具有快速生长的遗传特性，日粮中丰富的营养是鸡只充分发挥其特性的基本条件。肉用仔鸡对营养要求严格，应保证供给其高能量、高蛋白质，及维生素、微量元素丰富而平衡的日粮。肉用仔鸡生长过程中，对营养物质需要的特点是前期蛋白质高、能量低，后期蛋白质低、能量高。原因是肉用仔鸡早期组织器官发育需要大量优质蛋白质，而后期脂肪沉积能力增加，需要较高的能量。目前，饲养速长型（快大型）肉用仔鸡，饲养期可分为 3 个阶段，0~21 日龄为饲养前期，22~42 日龄为饲养中期，42 日龄以后为饲养后期。按我国现行肉用仔鸡饲养标准要求，0~21 日龄，蛋白质 21.5%，代谢能 12.54MJ/kg；22~42 日龄，蛋白质 20.0%，代谢能 12.96MJ/kg；42 日龄以后，蛋白质 18.0%，代谢能 13.17MJ/kg。

肉用仔鸡日粮配方应以饲养标准为依据，结合当地饲料资源情况而制订。在设计日粮配方时不仅要充分满足鸡的营养需要，而且也要考虑饲料成本，以保证肉用仔鸡生产的经济效益。

四、肉用仔鸡的饲养

1. 适时开食、饮水

（1）饮水。雏鸡在出壳后 24h 内就要给予饮水，以防止雏鸡由于出壳太久，不能及时饮到水，造成失水过多而导致雏鸡脱水。在雏鸡进舍前，应均匀放置饮水器，以便所有的雏鸡能及时饮到水。供水时，每 1 000 只鸡需要 15 个雏鸡饮水器，3 周龄后更换大的（4L）。使用长型水槽供水时，每只鸡应有 2cm 的饮水位置。采用乳头供水系统时，每个乳头可供 10~15 只鸡使用。

饮水器应放置于喂料器与热源之间，应距喂料器近些。雏鸡进舍休息 1~2h 后饮水，以后不可间断。

初次饮水，可在饮水中加入适量的高锰酸钾，经过长途运输或高温条件下的雏鸡，最好在饮水中加入 5%~8% 的白糖和适量的维生素 C，连续用 3~5d，以增强鸡的体质，缓解运输途中引起的应激，促进胎粪排泄，降低第 1 周雏鸡的死亡率。第 1 周最好饮用温开水，水温基本与室温一致，1 周后可改饮凉水。通常情况下，鸡的饮水量是采食量的 1~2 倍。当气温升高时，饮水量相应增加。

鸡的饮用水必须清洁新鲜。使用饮水器供水时，每天至少清洗消毒 1 次。更换饮水设备时应逐渐进行。饮水设备边缘的高度以略高于鸡背为宜，饮水器下面的垫料要经常更换。采用乳头式自动供水系统时，进雏前应将水压调整好，将整个供水系统清洗消毒干净，并逐个检查乳头，以防堵塞或漏水。饲养期间应经常检查饮水设备，对于漏水、堵塞或损坏的应及时维修、更换，以确保使用效果。

（2）开食。雏鸡初次饮水 2~3h 后即可开食，或饮水 30min 后有 30% 的雏鸡随意走动，并用喙啄食地面有采食行为时，就应及时开食。开食料最好直接使用全价配合料。开食时，将饲料放到雏鸡脚下，使其容易看到。开食使用的喂料设备最好是雏鸡开食盘，一般每 100 只用一个，也可选用塑料蛋托或塑料布等。如果以后采用自动喂料器具，也应在进雏前调试好。

开食料不可一次加得过多，应均匀地少给勤添，并注意观察雏鸡的采食情况。对尚未采食的雏鸡要诱导其吃料。

2. 合理喂料 雏鸡开食后 2~3d 就应使用喂料器，改喂全价配合料。雏鸡的配合饲料要求营养丰富、全价，且易于消化吸收，饲料要新鲜，颗粒大小适中，易于啄食。

采用料桶饲喂时，一般每 30 只鸡备 1 个，2 周龄前使用容量为 3~4kg 的料桶，2 周龄后改用 7~10kg 的料桶。如使用自动喂料设备也应在 2~3 日龄时启动，并保证每只鸡有 5cm 的采食位置。采用料槽喂料时也应使每只鸡有相同长度的采食位置。随着雏鸡日龄的增加，采食位置应适当加宽，基本原则是保证每只鸡均有采食位置，以利于肉用仔鸡生长均匀。

为刺激鸡采食和确保饲料质量，应采用定量分次投料的饲喂方法，但每次喂料器中无料不应超过 0.5h。肉用仔鸡饲喂时间是昼夜饲喂，饲喂次数第 1 周 8 次/d，第 2 周 7 次/d，第 3 周 6 次/d，以后 5 次/d 即可。每天喂料量应参考种鸡场提供的耗料标准，并结合实际饲养条件掌握。

五、肉用仔鸡的管理

1. 进雏前的准备

（1）鸡舍的准备。肉用仔鸡生长周期短，每年可在同一舍内饲养周转 5～6 批，每批鸡出舍后，对鸡舍应进行彻底清扫、冲洗、整修和消毒。消毒的方法主要有化学药物喷雾、火焰消毒、熏蒸消毒等。消毒后要求空舍 10d 以上。

（2）饲养设备准备。所有育雏用的设备如饮水、喂料、供温，及打扫、冲洗用具等都应认真检修和调试，经彻底消毒后备用。笼养要提前准备好育雏笼，网上平养要准备好底网。

（3）饲料、垫料和药品准备。肉用仔鸡开食的破碎料和正常饲喂的饲料都要按要求提前备足；厚垫料地面平养要提前准备好垫料，垫料要求干燥、清洁、柔软及吸水性强；肉用仔鸡全期应用的各种疫苗及预防、治疗、消毒用化学药物等都应落实到位。

（4）预温。雏鸡入舍前 1～2d，应提前将舍温升至要求的温度，使用的热源要可靠，舍温应均匀。

2. 初生雏的选择与安置

（1）初生雏鸡的选择。选择符合品种标准的健壮雏鸡是提高肉用仔鸡成活率的重要环节。健壮雏鸡的特征是眼大有神、活泼好动、叫声响亮、腹部柔软、平坦、卵黄吸收良好、脐口平整、干净，手握雏鸡有弹性，挣扎有力，体重均匀，符合品种要求。

（2）初生雏的安置。出壳后的雏鸡，待绒毛干燥后应立即运往育雏室。用专门的运雏盒包装雏鸡，选择平稳快速的交通工具，运输途中应定时观察盒内雏鸡的表现，防止过冷、过热和挤压死亡。运到育雏室后，应及时检查清点，检出死雏，分开强弱雏，并将弱雏安置在温度稍高的位置饲养。

3. 创造适宜的环境条件

（1）温度。肉用仔鸡所需要的环境温度比同龄蛋用雏鸡高 1℃ 左右，供温标准可掌握在第 1～2 天为 35～33℃，以后每天降温 0.5℃ 左右，一般以每周递减 2～3℃ 的降温速度为宜。降温过快，雏鸡不易适应，降温过慢对羽毛生长不利。从第 5 周开始环境温度可保持在 20～24℃，这样有利于提高肉用仔鸡的增重速度和饲料转化率。

（2）湿度。湿度对雏鸡的健康和生长影响较大。高湿低温，雏鸡易受凉感冒，病原菌易生长繁殖，而且容易诱发球虫病；湿度过低，则雏鸡体内水分随着呼吸而大量散发，影响雏鸡体内卵黄的吸收，引起雏鸡大量饮水，易发生腹泻，导致脚趾干瘪无光泽。

在一般情况下，第 1 周相对湿度应保持在 70%～75%，第 2 周为 65%，第 3 周以后保持在 55%～60% 为宜。在育雏的前几天，舍内温度较高，相对湿度会偏低，应注意补充室内水分，可采用在地面和墙上喷水等措施来增加湿度。1 周以后由于雏鸡呼吸量和排粪量增加，室内的湿度会提高，此时应注意用水，不要让水溢出，造成湿度过大，同时加强通风换气，并及时更换过湿的垫料，以控制室内湿度在适宜的范围内。

（3）通风换气。由于肉用仔鸡生长快、代谢旺盛，饲养密度大，极易导致室内空气污浊，不利于雏鸡的健康，还易导致缺氧引起腹水症发生。所以要注意通风换气，保持室内空气清新，温湿度适宜。有条件的鸡场还可采用机械纵向负压通风。当气温高达 30℃ 以上时，单纯采用纵向通风已不能控制热应激，须增设湿帘等降温装置。采用自然通风时要注意风速，防止贼风。一般情况下，以人进入鸡舍不感到较强的氨气味和憋气的感觉即可。

(4) 光照。光照的目的是延长雏鸡的采食时间,促进其生长,但光线不能过强。一般1日龄时采用23h光照,1h黑暗,使鸡适应新的饲养环境,熟悉采食、饮水位置。也可在夜间喂料和加水时给光1～2h,然后黑暗2～4h,采用照明和黑暗交替方式进行光照。

为了防止肉用仔鸡猝死症、腹水症和腿病的发生,可采用适度的限制光照程序。一般在3日龄前24h光照,4～15日龄12h光照,以后每周增加4h光照,从第5周龄开始给予23h光照,1h黑暗至出栏。

光照度掌握的原则是由强到弱,第1～2周光照度为10lx,第3周开始可降到5lx直至出栏。灯泡安装要均匀,以灯距不超过3m,灯高2m为宜。

(5) 饲养密度。饲养雏鸡的数量应根据育雏舍的面积来确定。饲养的密度要适宜,密度过大或过小都会影响鸡的生长发育。当饲养密度过大时,鸡的活动受限,造成空气污浊,湿度过大,鸡群的整齐度差,易发病和发生啄癖。当饲养密度过小时,又会影响鸡舍的利用,增加鸡的维持消耗,不经济。适宜的密度必须根据饲养方式、鸡舍条件、饲养管理水平等确定。地面垫料平养方式的饲养密度可参考表6-1。网上平养和笼养时的密度可比地面垫料平养高出30%～100%。开放式鸡舍自然通风,按体重计算,鸡群密度不应超过20～22kg/m²,环境控制鸡舍可增加到30～33kg/m²。不同体重的肉用仔鸡出栏时饲养密度可参考表6-2。

表6-1 地面垫料平养肉用仔鸡的饲养密度

日 龄	饲养密度(只/m²)	备 注
1～7	40	
8～14	30	
15～28	25	每周应将鸡群疏散一次
29～42	16～17	
43～56	10～12	

表6-2 不同体重肉用仔鸡网上平养饲养密度

体重(kg)	开放式鸡舍		环境控制鸡舍	
	(只/m²)	(kg/m²)	(只/m²)	(kg/m²)
1.5	15	22.5	22	33.0
2.0	11	22.0	17	34.0
2.5	9	21.5	14	35.0
3.0	7	21.0	11	33.0
3.5	6	21.0	9	31.5

4. 合理分群 分群饲养是管理中一项繁重的工作。由于公鸡和母鸡的生长速度不同,如果混养,当公、母鸡长到2周龄后对食槽、水槽高低要求不同,往往不能满足。另外,母鸡7周龄后生长速度相对下降,而公鸡的快速增重期可持续到9周龄,所以出栏的时间不同。因此,在生产中按照鸡只的体质强弱、性别、体重大小进行分群管理,有利于每只鸡都能吃饱、喝足,生长整齐一致,提高经济效益。

5. 胸囊肿的预防 胸囊肿是肉用仔鸡的常见病,这是由于鸡的龙骨承受全身的压力,使其表面受到刺激和摩擦,继而发生皮质硬化,形成囊状组织,其里面逐渐积累一些黏稠的渗出液,呈水泡状,颜色由浅变深。究其产生原因,是由于肉用仔鸡早期生长快、体重大,在胸部羽毛未长出或正在生长的时候,鸡只较长时间卧伏在地,胸部与结块的或潮湿的垫草接触摩擦而引起。

预防胸囊肿的措施有保持垫料的干燥、松软,有足够的厚度,潮湿的垫料要及时更换,板结的垫料要用耙齿抖松;适当的赶鸡运动,特别是前期,以减少肉用仔鸡卧伏的时间,后期应减少趟群的次数。采用笼养或网上饲养,必须加一层弹性塑料网垫,这样可以减少囊肿的发生。

6. 卫生与防疫　鸡舍不但应在进雏前彻底清理和消毒,而且也应在进鸡后定期消毒,以保证安全生产。一般夏季每周消毒1次,冬季半个月带鸡消毒1次;对鸡舍的周围环境也必须每隔一定时间消毒1次;对肉用仔鸡本身可定期地在饮用水中适量加入浓度为5mg/kg的漂白粉或浓度为0.01%～0.03%的高锰酸钾溶液,以杀死饮用水中的病原菌和胃肠道中的有害菌类。消毒时,应避开鸡的防疫。一般在防疫前后4～5d不能进行消毒,否则会影响防疫效果。

另外,要根据所养鸡种的免疫状况和当地传染病的流行特点,再结合各种疫苗的使用时间,编制防疫制度表并严格执行。在生产中除了用疫苗防疫外还应定期在饲料中投放预防疫病的药物,以确保鸡群健康。肉鸡在上市前1周停止用药,以防止药物残留,确保肉品无公害。

为了更有效地加强卫生防疫管理,鸡场还要严格执行隔离制度,以保证鸡场不受污染。要求鸡场内除了饲养员外,其他人员不得随意进出鸡场;要谢绝外来人员参观;场内饲养员之间严禁互相走动;对病死鸡要及时有效地处理或深埋或焚烧。

7. 鸡群应激的控制　肉用仔鸡生产过程中,尤其是规模化、工厂化生产过程对鸡会产生很多应激,最终导致鸡的采食量下降,生长速度减缓,严重的可引起鸡只大批量死亡。因此,生产中应严防各种应激发生。对于有预见性应激可在应激产生前后使用抗应激类药物,对于突发性应激可在应激发生后及时使用抗应激类药物,以减少因应激引起的不必要的损失。

8. 出栏

(1) 出栏时间。为了获取最大的经济效益,肉用仔鸡要适时出栏。生产上要根据肉用仔鸡的生长发育规律结合市场的需求特点和价格等因素,确定最合适的出栏日龄。

(2) 停料。肉用仔鸡出栏前还应计算好抓鸡到屠宰所需的时间,以便适时停料。一般宰前8h断食,但不停止供水。断食时间过长时,不仅肉鸡失重太大,而且胴体品质和等级也有所下降。断食时间过短,不仅浪费饲料,而且会增加运输过程中的死亡。

(3) 抓鸡。抓鸡前要制造一种让鸡群安定的环境,尽量将鸡舍光线变暗,移走料桶和饮水器等器具。抓鸡时不应抓翅膀,应抓跖部,以免骨折或出现瘀血。

(4) 装运。抓鸡、入笼、装车、卸车及放鸡的动作要轻快敏捷,不可粗暴操作,以防碰伤而影响其商品价值。装笼时应将笼具事先修整好,每笼装鸡数不能过多。炎热季节装车时要留足通风间隙,寒冷季节要使用帆布遮盖。从抓鸡装车直至屠宰都应有专人负责看管,注意防晒、防闷、防冻、防雨,防止鸡积堆压死压伤。

六、夏、冬季肉用仔鸡饲养管理要点

(一) 夏季肉用仔鸡饲养管理要点

我国大部分地区夏季的炎热期会持续3～4个月,给鸡群造成强烈的热应激,肉用仔鸡表现为采食量下降、增重慢、死亡率高等。因此,为消除热应激对肉用仔鸡的不良影响,必须采取相应措施,以确保肉用仔鸡生产顺利进行。

1. 做好防暑降温工作 鸡羽毛稠密,无汗腺,体内热量散发困难,因而高温环境影响肉用仔鸡的生长。一般6~9月的中午气温达30℃左右,育肥舍温度多达28℃以上,使鸡群感到不适,此时必须采取有效措施进行降温。夏季防暑降温的措施主要有鸡舍建筑合理、植树、鸡舍房顶涂白、进气口设置水帘、房顶洒水、舍内流动水冷却、增加通风换气量等。

(1) 鸡舍的方位应坐北朝南,屋顶隔热性能良好,鸡舍前无其他高大建筑物。

(2) 搞好环境绿化。鸡舍周围的地面尽量种植草坪或较矮的植物,不让地面裸露,四周植树,如大叶杨、梧桐树等。

(3) 将房顶和南侧墙涂白。这是一种降低舍内温度的有效方法,气候炎热地区屋顶隔热差的鸡舍可以采用,可降低舍温3~6℃。但在夏季气温不太高或高温持续期较短的地区,一般不宜采取这种方法,因为这种方法会降低寒冷季节鸡舍内的温度。

(4) 在房顶洒水。这种方法实用有效,可降低舍温4~6℃。其方法是在房顶上安装旋转的喷头,有足够的水压使水喷到房顶表面。最好在房顶上铺一层稻草,使房顶长时间处于潮湿状态,房顶上的水从房檐流下,同时开动风机,效果更佳。

(5) 在进风口处设置水帘。采用负压纵向通风,外界热空气经过水帘时蒸发,从而使空气温度降低。外界湿度越低时,蒸发就越多,降温就越明显。采用此法可降温5℃左右。

(6) 进行空气冷却。通常用旋转盘把水滴甩出成雾状使空气冷却,一般结合载体消毒进行,2~3h 1次,可降低舍温3~6℃,适用于网上平养。

(7) 使用流动水降温。可向运行的暖气系统内注入冷水,也可向笼养鸡的地沟中注入流动冷水,也可使水槽中经常有流动水。此法可降温3~5℃。

(8) 采用负压或正、负压联合纵向通风。负压通风时,风机安装在鸡舍出粪口一端,启动风机前先把两侧的窗口关严、进风口(进料口)打开,保证鸡舍内空气纵向流动,以使启动风机后舍内任何部位的鸡只均能感到有轻微的凉风。此法可降温3~8℃。

2. 调整日粮结构及喂料方法,供给充足饮水 在育肥期,如果温度超过27℃,肉用仔鸡采食量会明显下降,生产中,可采取如下措施进行调整。

(1) 提高日粮中蛋白质含量1%~3%,多种维生素增加0.3~0.5倍,保证日粮新鲜,禁喂发霉变质饲料。

(2) 饲用颗粒饲料,提高肉用仔鸡的适口性,增加采食量。

(3) 将饲喂时间尽量安排在早晚凉爽期,日喂4~6次,炎热期停喂让鸡休息,减少鸡体代谢产生热,降低热应激,提高成活率。另外,炎热季节必须提供充足的凉水,让鸡饮用。

3. 在日粮(或饮水)中补加抗应激药物

(1) 在日粮中添加杆菌肽粉,每千克饲粮中添加0.1~0.3g,连用。

(2) 在日粮(或饮水)中补充维生素C。热应激时,机体对维生素C的需要量增加,维生素C有降低体温的作用。舍温高于27℃时,可在饲料中添加维生素C150~300mg/kg或在饮水中加维生素C100mg/kg,白天饮用。

(3) 在日粮(饮水)中加入碳酸氢钠或氯化铵。高温季节,可在日粮中加入0.4%~0.6%的碳酸氢钠,也可在饮水中加入0.3%~0.4%的碳酸氢钠,白天饮用。注意使用碳酸氢钠时应减少日粮中食盐(氯化钠)的含量。在日粮中补加0.5%的氯化铵有助于调节鸡体内酸碱平衡。

（4）在日粮（或饮水）中补加氯化钾。热应激时易出现低血钾，因而在日粮中可补加0.2%～0.3%的氯化钾，也可在饮水中补加氯化钾0.1%～0.2%。补加氯化钾有利于降低肉用仔鸡的体温，并促进其生长。

（5）加强管理，降低密度，做好防疫工作。在炎热季节，搞好环境卫生工作非常重要。要及时杀灭蚊蝇和老鼠，以减少疫病传播媒介。要天天刷洗水槽，加强对垫料的管理，定期消毒，以确保鸡群健康。

（二）冬季肉用仔鸡饲养管理要点

冬季的管理要点主要是防寒保温、正确通风、降低舍内湿度和有害气体含量等。

1. 减少鸡舍的热量散发　房顶隔热效果差的要加盖一层稻草，窗户要用塑料膜封严，调节好通风换气口。

2. 供给适宜的温度　主要靠暖气、保温伞、火炉等供温，舍内温度不可忽高忽低，要保持恒温。

3. 减少鸡体的热量散失　要防止贼风吹袭鸡体；加强饮水的管理，防止鸡羽毛被水淋湿；最好改地面平养为网上平养，或增加地面平养的垫料厚度，并保持垫料干燥。

4. 调整日粮结构，提高日粮能量水平。

5. 采用厚垫料平养育雏时，应注意将空间用塑料膜围护起来，以节省燃料。

6. 正确通风，降低舍内有害气体含量　冬季必须保证舍内温度适宜，同时要做好通风换气工作，只看到节约燃料，不注意通风换气，会严重影响肉用仔鸡的生长发育。

7. 防止一氧化碳中毒　加强夜间值班，经常检修烟道，防止漏烟。

8. 加强防火观念　冬季养鸡火灾发生较多，尤其是农户养鸡的简易鸡舍，更要注意防火，包括炉火和电火。

【商品肉鸡饲养管理案例】

养鸡户李某具有多年的养鸡经验，2012年10月10日至11月29日饲养肉用仔鸡（艾维茵商品肉鸡），采用网上饲养方式，经过精心管理，出栏平均体重达2.4kg，饲料转化率2.02，取得了较好的经济效益。现将其饲养日程安排介绍如下：

1. 1～2日龄

（1）育雏器下和舍内的温度要达到标准，不让鸡群在圈内拥挤成堆。舍温保持24℃左右，育雏器下温度为34～35℃。

（2）保持舍内湿度在70%左右，如过于干燥则及时喷洒水进行调整。

（3）供给足够饮水，并每隔1.5～2h诱雏鸡开食一次，直到全部会饮水、吃食为止。

（4）初饮时用0.05%～0.1%高锰酸钾饮水；在饮水中加入青霉素、链霉素各4 000U/（d·只），2次/d；观察鸡白痢是否发生，对病雏要立即隔离治疗或淘汰。

（5）采用24h光照，白天用日光，晚上用电灯光，平均每平方米4～5W。

2. 3～4日龄

（1）注意观察鸡群，添加土霉素等药物预防鸡白痢的发生。

（2）饲喂全价配合饲料，饲喂时先把厚塑料膜铺在地上，然后撒上饲料，每次饲喂30min，每天喂8～10次。

（3）饮水器洗刷换水。

(4) 适当缩短照明时间（全天为 22~23h），照度以鸡能看到采食饮水即可。
(5) 舍温 24℃，育雏器下温度减为 32~33℃。

3. 5~7 日龄
(1) 加强通风换气，使舍温均匀下降，保持鸡舍清爽感，舍内湿度控制为 65%。
(2) 饲喂次数减少到每天 8~10 次。
(3) 换用较大的饮水器，保持不断水。
(4) 继续投药预防白痢。
(5) 育雏器下的温度降至 31~32℃。

4. 8~14 日龄
(1) 增加通风量，清扫粪便，添加垫料。
(2) 饲槽、水槽常用消毒药消毒。
(3) 进行鸡新城疫首免和传染性法氏囊病免疫，即在 10 日龄用鸡新城疫 Ⅱ 系或 Lasota 系疫苗滴鼻点眼；14 日龄用鸡传染性法氏囊病疫苗饮水。
(4) 每周末称重，检出弱小的鸡分群饲养，并抽测耗料量。

5. 15~21 日龄
(1) 调整饲槽和饮水器，使之高度合适，长短够用。
(2) 饲料中添加氯苯胍、盐霉素等药物预防球虫病。
(3) 灯泡可换用小灯泡，使之变暗些。
(4) 每周抽测 1 次体重，检查鸡只采食量和体重，以确定是否达到预期增重和耗料参考标准，以便适时改善日粮配方和饲喂方法，调整饲喂次数。
(5) 适当调整饲养密度。

6. 22~42 日龄
(1) 改喂中期饲料，降低日粮中蛋白质含量，提高能量水平。
(2) 撤去育雏伞，降到常温饲养。
(3) 经常观察鸡群，将弱小的鸡只挑出分群，加强管理。
(4) 进行新城疫 Lasota 系疫苗饮水免疫，接种禽霍乱菌苗。
(5) 在饲料或饮水中继续添加抗球虫药物。
(6) 每周抽测 1 次体重，检查鸡只采食量和体重，以确定是否达到预期增重和耗料参考标准，以便适时改善日粮配方和饲喂方法，调整饲喂次数。
(7) 及时翻动垫草，增加新垫料，注意防潮。
(8) 根据鸡群状况，在日粮中添加助长剂及促进食欲的药物。

7. 43~56 日龄
(1) 改喂后期饲料，采取催肥措施，降低日粮中蛋白质含量，提高能量水平。
(2) 减少光照度，使其运动降到最低限度。
(3) 停用一切药物。
(4) 日粮中加喂富含黄色素的饲料或饲料添加剂——着色素。
(5) 联系送鸡出栏，做好出栏的准备工作。
(6) 出栏前 10h，撤出饲槽。抓鸡入笼时，小心装卸，以防止外伤。

任 务 评 估

一、填空题

1. 肉用仔鸡生产特点有_____、_____、_____、_____。
2. 肉用仔鸡对饲料中蛋白质的需要特点是前期_____，后期_____。而代谢能的需要则是前期_____，后期_____。
3. 肉用仔56日龄3段式饲养，前期是指_____日龄，中期是指_____日龄，后期是指_____日龄。
4. 一般情况下，肉用仔鸡饲料中蛋白质前期为_____，中期为_____，后期为_____。能量前期为_____ MJ/kg，中期为_____ MJ/kg，后期为_____ MJ/kg。
5. 肉用仔鸡开食料不可一次加得太多，应均匀地_____，喂饲次数第1周_____次，第2周_____次，第3周开始每天_____次。
6. 肉用仔鸡所需要的环境温度比同龄蛋用雏鸡高1℃左右，供温标准可掌握在第1～2d为_____，以后每天降温_____左右，一般以每周递减_____的降温速度为宜。降温过快，雏鸡不易适应，降温过慢对羽毛生长不利。从第5周开始环境温度可保持在_____，这样有利于提高肉用仔鸡的增重速度和饲料转化率。
7. 鸡舍照明灯以灯距_____ m，灯的高度距地面_____ m为宜。
8. 肉用仔鸡光照的目的是延长其采食时间，光照度的一般原则是由_____到_____。

二、判断题

1. 肉用仔鸡适于大群高密度饲养，因此，鸡群越大密度越高经济效益就越高。（　　）
2. 肉用仔鸡对营养的要求严格，只要保证供给肉用仔鸡高能、高蛋白的饲料就可以获得理想的饲养效果。（　　）
3. 饮水设备边缘的高度以低于鸡背为宜。（　　）
4. 雏鸡饲料营养要丰富、全价，且易于消化吸收，饲料要新鲜，颗粒大小适中，易于啄食。（　　）
5. 在肉用仔鸡饲养过程中，为刺激鸡采食和确保饲料质量，应采用定量分次投料饲喂方法。（　　）
6. 环境温度对肉用仔鸡生长发育影响很大，一般5周龄后环境温度以不超过24℃为宜。（　　）
7. 肉用仔鸡1周龄内环境湿度要求较低。（　　）

三、思考题

结合肉用仔鸡生产的特点，考虑怎样给肉用仔鸡创造最佳的饲养环境条件？

任务 2　提高肉用仔鸡生产效益的措施

【技能目标】理解肉用仔鸡公、母分群饲养的意义；了解肉用仔鸡生长发育规律及对饲料利用的特点；掌握肉用仔鸡最佳生长期的控制方法和提高肉用仔鸡生产效益的主要措施。

一、实行"全进全出"饲养制度

"全进全出"是指同一幢鸡舍或全场在同一时间饲养同一日龄的肉鸡雏，而且又在同一时间出售屠宰，然后使鸡舍空舍7~14d。"全进全出"的主要目的为：空舍期间，彻底清扫鸡舍，并对鸡舍及全部养鸡设备进行彻底地消毒处理，以杜绝各种疾病的循环传播，使每批鸡都有一个"清洁的开端"，能充分利用鸡舍及设备，提高资金周转和劳动生产率。一般每批鸡饲养50~60d出栏，中间休整7~14d；无论平养还是笼养，肉用仔鸡都应采用"全进全出"制生产方式。

二、公、母分群饲养

（一）公、母鸡分群饲养的依据

由于公、母鸡的生理特点有所不同，它们对生活环境、营养条件的要求和反应也不一样，主要表现在以下几方面：

1. 生长速度不同　公鸡生长速度快，母鸡生长缓慢。1日龄时公鸡日增重比母鸡高1%，生长到4周龄时，母鸡体重是公鸡的80%~90%，8周龄时为70%~80%，这说明随日龄增加，公、母鸡的体重差别越来越大。

2. 对营养的要求不同　公鸡对蛋白质含量高的日粮的应用效果比母鸡好，2周龄前差异不大，3周后差异加大。如果后期日粮蛋白含量比前期减少2%~4%，则母鸡比公鸡长得快（并且不会对其生产性能产生不良影响），公鸡的饲料转化率则反而有可能降低；母鸡沉积脂肪的能力较公鸡强；公鸡对日粮能量要求较低，钙、磷的需求量比同龄母鸡高；对维生素A、维生素E和B族维生素的需要量也是公鸡比母鸡高。

3. 对环境条件要求不同　公鸡对温度变化较母鸡敏感。前期公鸡要求温度高，而后期要求低。公鸡前期羽毛生长慢，一般较母鸡要求的温度高1~2℃。公鸡体重大，易患胸、腿疾病，饲养密度要相对小些。公鸡地面平养对垫料要求较高，垫料应厚而松软。

（二）公、母分群饲养的技术措施

1. 分期出栏　一般肉用鸡7周龄以后，母鸡增重速度相对下降，饲料消耗急剧增加，此时如果已达到上市体重，即可提前出栏。而公鸡9周龄以后生长速度才降低，与此同时饲料消耗也增加，故可以饲养到9~10周龄出栏。

2. 按公、母鸡生理需求调整日粮营养水平　公鸡能更有效地利用高蛋白质日粮。喂高蛋白质日粮可以提高公鸡的生长速度，公鸡前期日粮蛋白质水平可提高到25%。母鸡对高蛋白质饲料利用率较低，而且会将多余的蛋白质在体内转化为脂肪沉积，既不经济，又影响胴体品质，可将饲料粗蛋白质调整为18%~19%。在饲料中添加人工合成的赖氨酸后，公鸡的生长率及饲料转化率明显提高，而母鸡对此反应却很小。公、母鸡分群饲养营养标准参见表6-3。

表 6-3 爱拔益加肉用仔鸡公、母分群群饲养饲养标准

项 目	育雏料(0～21日龄)		中期料(22～37日龄)		后期料(38日龄至出场)	
	公	母	公	母	公	母
粗蛋白质（%）	23.0	23.0	21.0	19.0	19.0	17.5
代谢能（MJ/g）	12.98	12.98	13.40	13.40	13.40	13.40
钙（%）	0.90～0.95	0.90～0.95	0.85～0.88	0.85～0.88	0.80～0.85	0.80～0.85
有效磷（%）	0.45～0.47	0.45～0.47	0.42～0.44	0.42～0.44	0.40～0.42	0.40～0.42
赖氨酸（%）	1.25	1.25	1.10	0.95	1.00	0.90
含硫氨基酸（%）	0.96	0.96	0.85	0.75	0.76	0.70

3. 根据公、母鸡的不同特点提供与其相适应的环境条件 公鸡前期的温度要求要较母鸡高2℃，待全身长出大部分羽毛时，可把温差调整到1℃，而后期由于公鸡比母鸡怕热，故室温以低些为宜（比正常温度低1～2℃）。约4周龄开始公鸡的温度要适当下降快些，以促进其生长。要加强对垫料的管理，使垫料保持松软、干燥和适宜的厚度。

三、采用颗粒饲料

颗粒饲料的优点是适口性好，营养全价，易于消化吸收，比例稳定，经包装、运输、喂饲等工序不会发生质的分离和营养不均的现象，饲料浪费少，同时在加工成颗粒饲料的过程中还起到了消毒作用，颗粒料的体积小、密度大，可促使肉鸡多吃料。所以，使用颗粒饲料消化率可提高2%，增重提高3%～4%，且对减少疾病和节省饲料有重要意义。

四、注意早期饲养

肉用仔鸡1周龄体重可达150g以上，而且以器官组织机能发育为主，这对以后的生长发育和体重增加有重要作用。如果前期营养不良，会导致其生长缓慢，后期虽然有一定的补偿作用，但最终不如前期生长发育快的肉用仔鸡效果好。有研究表明，前期使用营养平衡的含粗蛋白质23%的全价饲料与含粗蛋白质21%的全价饲料相比，肉用仔鸡在8周龄时的体重高出3%，虽然饲料成本比较高，但生长速度快，饲料效率高，其单位增重成本相对较低，同时也缩短了饲养周期。因此，饲养肉用仔鸡，注意早期饲养是重要的技术之一。

五、适时出栏

肉用仔鸡适时出栏是提高经济效益的重要措施，而效益的高低除了受鸡的遗传特性、饲料质量、生长速度、环境因素、管理水平等因素影响外，还受饲料成本和肉鸡市场价格左右。所以，在抓好一系列的技术措施工作外，还要及时掌握市场信息，包括饲料信息和肉鸡市场信息，安排最适宜的出栏时间。另外，还要特别注意仔鸡出栏前最佳停料时间、装车运输以及等候屠宰等环节。准备出栏的肉鸡，要在出栏前6～8h停料，防止屠宰时消化器官残留物过多，致使产品受到污染。抓鸡时间最好安排在清晨或傍晚。如是无窗鸡舍，也可利用光来引导鸡走到笼车里，这种引导捕捉可大大降低商品肉鸡在捕捉与装运过程中的损伤率。抓鸡时，不应抓鸡的翅膀，应抓脚，要轻拿轻放不得抛鸡入笼，以免骨折成为次品，鸡笼最好使用塑料笼。夏季要防止烈日曝晒，已装笼和已运到屠宰场等候屠宰的肉用仔鸡要注意通风、防暑。寒冷季节运鸡应考虑适当的保暖措施。笼子、用具等回场后须经消毒处理后才能

再次使用，以免带进病原。

任 务 评 估

一、填空题
1. 肉用仔鸡的相对生长速度，母鸡_____周龄后开始下降，公鸡_____周龄后开始下降。
2. 肉用公鸡比母鸡能更好地利用_____，公鸡沉积脂肪的能力比母鸡_____。
3. 肉用公鸡前期生长羽毛的速度比母鸡_____。
4. "全进全出"是指_____。

二、问答题
1. 公、母鸡的生理特点有何不同？
2. 颗粒饲料有哪些优点？
3. 肉鸡出栏时应作好哪些工作？

三、思考题
结合任务一，制订出提高肉用仔鸡生产效益的综合措施。

项目二 肉用种鸡的饲养管理

任务1 肉用种鸡的限制饲养技术

【技能目标】通过本部分学习，让学生能理解限制饲养在肉用种鸡生产中的作用；掌握限制饲养的基本方法；能拟定不同性别和不同生产阶段肉用种鸡限制饲养方案。

一、限制饲养的意义

限制饲养是指对肉用种鸡的饲料在量或质的方面采用某种程度的限制。现代肉用鸡品系在育种过程中特别注重早期增重速度和体重的选育，尽管保证了其优异的肉用性能，但是肉用种鸡繁殖能力会随着体重过大和脂肪沉积过多而下降。限制饲养不但可以保证肉用种鸡优异的肉用性能，还能提高种鸡的繁殖力、种用价值，降低饲料成本。因此，肉用种鸡的限制饲养在生产中具有重要意义。

肉用种鸡的最大生理特点是采食量大，生长速度快，沉积脂肪能力强。通过限制饲养可以控制肉用种鸡的生长速度和减少脂肪的沉积，使体重和体质符合繁殖的需要，适时开产。

肉用种母鸡在育成后期（20周龄）如果体重控制在2.2～2.4kg，体内没有过多脂肪沉积，种鸡可以表现出较强的繁殖能力。如果任其自由采食，自然生长，体重可达2.6kg以上，这样会大大降低其种用价值，种鸡的产蛋量减少，种蛋合格率和受精率也会下降。

肉用种公鸡在育成后期（20周龄）体重应控制在2.7～2.9kg，以确保其具有较高的配种能力。如体重过大，则配种困难，腿趾疾患增加，利用期短，较早失去配种能力。

在生产中，如果肉用种鸡不限饲或限饲方法不当，会导致鸡群过早或过晚开产。过早开产，蛋重小，产蛋高峰不高，持续时间短，总产蛋数少；过晚开产，蛋重虽大，但产蛋数少，种蛋合格率低。正确的限饲，可以使鸡群在最适宜的周龄开产，（一般在24周龄见蛋，25周龄产蛋率达5%），蛋重标准，产蛋率上升快，产蛋高峰出现早（30周龄左右进入产蛋高峰），持续时间长，全期总产蛋数多，种蛋合格率高。

二、限制饲养的标准与方法

（一）限制饲养的标准

限制饲养的程度主要依肉用种鸡的体重而定。不同品系的肉用种鸡和不同生长发育阶段，其体重增加变化都有所不同，所以在制订限制饲养方案时应根据育种公司提供的不同生产阶段的肉用种鸡体重标准，采取不同的限制饲养方法和不同的限制程度，以达到最佳的限饲效果。爱拔益加公司提供的常规系父母代种鸡喂料标准、体重标准和限饲程序见表6-4至表6-7。

表6-4 爱拔益加常规系父母代种母鸡体重标准与饲喂程序（顺季）[1]

鸡群年龄		体重（g）		料量（g/只）[2]		蛋白（g/只）	
周龄	日龄	标准	每周增重	日料量	累计	每天	累计
1	7	90		21.0	147	3.6	25
2	14	185	95	30.0	357	5.1	60
3	21	340	155	35.0	602	6.0	102
4	28	430	90	38.0	868	6.5	147
5	35	520	90	41.0	1 155	6.4	192
6	42	610	90	44.0	1 463	6.8	239
7	49	700	90	47.0	1 792	7.3	290
8	56	795	95	49.5	2 139	7.7	344
9	63	890	95	52.0	2 503	8.1	400
10	70	985	95	55.0	2 889	8.5	460
11	77	1 080	95	58.0	3 294	9.0	523
12	84	1 180	100	61.0	3 721	9.5	589
13	91	1 280	100	64.0	4 169	9.9	659
14	98	1 380	100	68.5	4 648	10.6	733
15	105	1 480	100	73.0	5 159	11.3	812
16	112	1 595	115	77.5	5 702	12.0	896
17	119	1 710	115	82.0	6 276	12.7	985
18	126	1 840	115	87.0	6 887	13.4	1 079
19	133	1 970	130	92.0	7 531	14.2	1 178
20	140	2 100	130	97.5	8 214	15.3	1 285
21	147	2 250	150	105.0	8 962	16.4	1 400
22	154	2 400	150	110.5	9 723	17.1	1 520
23	161	2 550	150	115.5	10 532	17.9	1 645
24	168	2 710	160	120.5	11 375	19.0	1 778
25	175	2 870	160	126.5	12 261	19.9	1 917
26	182	2 970	100	138.5	13 320	21.8	2 070
27	189	3 060	90	150.5	14 284	23.7	2 236
28	196	3 150	90	159.0	15 397	25.0	2 411
29	203	3 225	75	159.0	16 510	25.0	2 586

(续)

鸡群年龄		体重（g）		料量（g/只）②		蛋白（g/只）	
周龄	日龄	标准	每周增重	日料量	累计	每天	累计
30	210	3 285	60	159.0	17 623	25.0	2 762
31	217	3 330	45	159.0	18 736	25.0	2 837
32	224	3 350	20	159.0	19 849	25.0	3 112
33	231	3 370	20	158.0	20 955	24.9	3 287
34	238	3 385	15	157.0	22 054	24.7	3 460
35	245	3 400	15	156.0	23 146	24.6	3 632
45	315	3 520	12	151.0	33 909	23.8	5 324
55	385	3 614	9	146.0	44 304	23.0	6 961
65	455	3 694	8	141.0	54 349	22.2	8 543

注：①顺季：指日照时间由短变长，我国指农历冬至到夏至；②24℃时大约喂料量。

表 6-5 爱拔益加常规系父母代种母鸡体重标准与饲喂程序（逆季）①

鸡群年龄		体重（g）		料量（g/只）②		蛋白（g/只）	
周龄	日龄	标准	每周增重	日料量	累计	每天	累计
1	7	90		21.0	147	3.6	25
2	14	185	95	30.0	357	5.1	61
3	21	340	155	35.0	602	6.0	102
4	28	430	90	38.0	868	6.5	148
5	35	520	90	41.0	1 155	6.4	192
6	42	610	90	44.0	1 463	6.8	240
7	49	700	90	47.0	1 792	7.3	291
8	56	795	95	49.8	2 141	7.7	345
9	63	890	95	52.6	2 509	8.2	402
10	70	985	95	55.9	2 900	8.7	463
11	77	1 080	95	59.1	3 313	9.7	527
12	84	1 180	100	62.6	3 752	9.7	595
13	91	1 280	100	65.8	4 212	10.2	666
14	98	1 380	100	70.5	4 706	10.9	742
15	105	1 480	100	74.5	5 228	11.5	823
16	112	1 595	115	79.0	5 780	12.2	909
17	119	1 735	140	83.7	6 366	13.0	1 000
18	126	1 890	155	89.1	6 990	13.8	1 097
19	133	2 020	130	93.8	7 647	14.5	1 198
20	140	2 150	130	100.6	8 351	15.6	1 307
21	147	2 326	176	109.3	9 116	16.9	1 426
22	154	2 486	160	115.4	9 924	17.9	1 551
23	161	2 640	155	121.0	10 771	18.8	1 683
24	168	2 806	165	124.3	11 641	19.6	1 820
25	175	2 971	165	127.0	12 530	20.0	1 960
26	182	3 070	99	139.0	13 503	21.9	2 113
27	189	3 160	90	151.5	14 563	23.9	2 280
28	196	3 250	90	160.0	15 684	25.2	2 456
29	203	3 326	75	160.7	16 809	25.3	2 634
30	210	3 386	60	161.5	17 939	25.4	2 812

(续)

鸡群年龄		体重（g）		料量（g/只）②		蛋白（g/只）	
周龄	日龄	标准	每周增重	日料量	累计	每天	累计
31	217	3 430	45	162.2	19 074	25.5	2 990
32	224	3 450	19	163.3	20 217	25.7	3 170
33	231	3 470	20	162.4	21 354	25.6	3 349
34	238	3 484	15	161.4	22 484	25.4	3 527
35	245	3 499	15	160.3	23 606	25.2	3 704
45	315	3 617	12	155.6	34 666	24.5	5 446
55	385	3 711	9	150.3	44 311	23.7	7 131
65	455	3 791	8	145.1	55 700	22.9	8 759

注：①逆季：指日照时间由长变短，我国指农历夏至到冬至；②24℃时大约喂料量。

表6-6 爱拔益加常规系父母代种公鸡体重标准与饲喂程序（顺季）①

鸡群年龄		体重（g）		料量（g/只）②		蛋白（g/只）	
周龄	日龄	标准	每周增重	日料量	累计	每天	累计
1	7	91		25.0	175	4.3	30
2	14	227	136	38.0	441	6.5	75
3	21	454	227	57.0	840	9.7	142
4	28	726	272	66.0	1 302	11.2	221
5	35	861	135	68.0	1 778	11.6	302
6	42	996	135	69.0	2 261	11.7	384
7	49	1 131	135	70.0	2 751	10.9	460
8	56	1 266	135	71.0	3 248	11.0	537
9	63	1 401	135	73.0	3 759	11.3	616
10	70	1 536	135	75.0	4 284	11.6	697
11	77	1 671	135	77.0	4 832	11.9	781
12	84	1 806	135	79.5	5 380	12.3	867
13	91	1 946	140	82.5	5 957	12.8	957
14	98	2 086	140	85.5	6 556	13.3	1 050
15	105	2 226	140	88.5	7 175	13.7	1 146
16	112	2 366	140	91.5	7 816	14.2	1 245
17	119	2 506	140	95.5	8 484	14.8	1 348
18	126	2 646	140	102.5	9 202	15.9	1 460
19	133	2 821	175	109.5	9 968	17.0	1 579
20	140	2 996	175	116.5	10 784	18.1	1 705
21	147	3 171	175	122.5	11 641	19.0	1 838
22	154	3 321	150	128.5	12 541	19.9	1 977
23	161	3 471	150	133.5	13 475	20.7	2 122
24	168	3 621	150	135.5	14 424	21.0	2 269
25	175	3 721	100	137.5	15 386	21.3	2 481
26	182	3 811	90	138.5	16 356	21.5	2 569
27	189	3 901	90	139.5	17 331	21.6	2 720
28	196	3 991	90	140.0	18 331	21.7	2 872
29	203	4 081	90	140.6	19 295	21.8	3 024
30	210	4 151	68	140.9	20 281	21.8	3 178
31	217	4 173	23	141.2	21 270	21.9	3 331

(续)

鸡群年龄		体重（g）		料量（g/只）②		蛋白（g/只）	
周龄	日龄	标准	每周增重	日料量	累计	每天	累计
32	224	4 196	23	141.4	22 259	21.9	3 484
33	231	4 218	22	141.6	22 251	21.9	3 638
34	238	4 241	23	141.8	24 243	22.0	3 792
35	245	4 264	23	142.0	25 237	22.0	3 946
45	315	4 445	18	145.2	35 289	22.5	5 503
55	385	4 627	18	149.9	45 618	23.2	7 106
65	455	4 808	18	154.9	56 286	24.0	8 762

注：①顺季：指日照时间由短变长，我国指农历冬至到夏至；②24℃时大约喂料量。

表 6-7　爱拔益加常规系父母代种公鸡体重标准与饲喂程序（逆季）①

鸡群年龄		体重（g）		料量（g/只）②		蛋白（g/只）	
周龄	日龄	标准	每周增重	日料量	累计	每天	累计
1	7	91		25.0	175	4.3	30
2	14	227	136	38.3	443	6.5	75
3	21	454	227	56.9	841	9.7	143
4	28	726	272	66.1	1 304	11.2	221
5	35	861	135	68.1	1 781	11.6	302
6	42	996	135	68.7	2 262	11.7	384
7	49	1 131	135	69.8	2 751	10.9	460
8	56	1 266	135	70.8	3 246	11.0	537
9	63	1 401	135	72.8	3 755	11.3	617
10	70	1 536	135	74.8	4 279	11.6	698
11	77	1 671	135	76.8	4 817	11.9	782
12	84	1 806	135	79.3	5 372	12.3	868
13	91	1 946	140	82.3	5 948	12.8	957
14	98	2 086	140	85.3	6 545	13.3	1050
15	105	2 226	140	88.7	7 165	13.7	1 146
16	112	2 366	140	91.7	7 804	14.2	1 245
17	119	2 526	160	96.7	8 483	14.8	1 349
18	126	2 680	155	104.4	9 214	15.9	1 460
19	133	2 861	180	111.5	9 995	17.0	1 579
20	140	3 046	185	118.7	10 826	18.1	1 705
21	147	3 245	200	125.2	11 702	19.0	1 838
22	154	3 404	159	132.1	12 627	19.9	1 978
23	161	3 559	155	137.9	13 592	20.7	2 123
24	168	3 714	155	140.6	14 576	21.0	2 270
25	175	3 818	104	141.1	15 564	21.3	2 419
26	182	3 907	90	142.0	16 558	21.5	2 569
27	189	3 998	90	142.8	17 557	21.6	2 720
28	196	4 088	91	143.4	18 561	21.7	2 872
29	203	4 179	91	143.9	19 569	21.8	3 025
30	210	4 250	71	144.3	20 579	21.8	3 178
31	217	4 272	22	144.5	21 590	21.9	3 331
32	224	4 296	23	144.8	22 604	21.9	3 484

(续)

鸡群年龄		体重（g）		料量（g/只）②		蛋白（g/只）	
周龄	日龄	标准	每周增重	日料量	累计	每天	累计
33	231	4 318	22	144.9	23 618	21.9	3 637
34	238	4 341	23	145.1	24 634	22.0	3 792
35	245	4 364	23	145.3	25 651	22.0	3 946
45	315	4 546	18	148.5	35 934	22.5	5 504
55	385	4 730	18	153.2	46 493	23.2	7 106
65	455	4 925	18	158.2	57 392	24.0	8 792

注：①逆季：指日照时间由长变短，我国指农历夏至到冬至；②24℃时大约喂料量。

（二）限制饲养的方法

目前，世界各国普遍采用限制喂料量的方法进行限饲。限制喂料量的几种方法是根据不同周龄的体重增加速度以及生产情况来确定的，就整个饲养期来讲，是一个严密的饲喂程序。

1. 每日限饲 在饲喂全价配合饲料的基础上，每日减少饲喂量。这种方法较缓和，主要适用于由雏鸡自由采食转入限制饲养的过渡期（3～6周龄）和育成期末（20～24周龄）到产蛋期结束（68周龄）这两个阶段。

2. 隔日限饲 在饲喂全价配合饲料的基础上，将2d的限喂料量1d喂完，另1d停喂。这种方法限饲强度大，适用于生长速度最快，难于控制的阶段，一般在7～11周龄。当鸡群体重超出标准过高时也可采用此法。应注意的问题是2d的喂料量不能高出产蛋高峰期的喂料量，如果超出应改用其他限饲方法。

3. 5/2限饲 在饲喂全价配合饲料的基础上，将7d的限制喂料量5d喂完。另有不连续的2d停喂。这种方法较每日限饲强，较隔日限饲弱。适用于育成期的大部分阶段，一般在12～19周龄。与5/2限饲相似的限饲方法还有4/3限饲和6/1限饲。

在生产中，对同一群鸡在不同的周龄，应分别采用每日限饲、隔日限饲和5/2或4/3或6/1限饲的综合限制饲养程序。但是无论采用哪种方法，都必须参照体重标准，将体重控制在标准范围内，这是限制饲养应掌握的基本原则。

三、限制饲养应注意的问题

1. 调群 限制饲养一般从第3周开始，限饲前应进行鸡只称重，然后根据体重将鸡群分成大、中、小3群分别饲养。分群的同时剔除病、弱、残鸡，并根据需要作好免疫、驱虫工作。在限饲过程中要根据体重的变化及时调群，将体重过大的和过小的分别选出并分别放在体重大的和体重小的栏中，同时将体重符合标准的鸡只放在中等体重栏中。调群时间一般在停料日的下午称重时进行，要求每周进行1次，开产后每月进行1次。笼养情况下，可按列划分组群，以便于给料量的计算和喂料操作。

调群是为了确保鸡群具有较高的整齐度。尤其是当鸡群整齐度较低时，应分别在6～7周龄和15～16周龄对全群逐只称重。鸡群整齐度的高低与产蛋率密切相关（表6-8）。以70%的鸡只控制在标准体重范围内为基础，鸡群的整齐度每增减3%，平均每只鸡每年产蛋量亦相应增减4枚。一般情况下，良好鸡群的整齐度应在80%以上。为使鸡群具有良好的整齐度，应从雏鸡阶段开始注意各项饲养条件（表 6-9、表 6-10）。

表 6-8　体重整齐度与产蛋量的变异关系

符合全群标准体重 平均数±10%的鸡数比率（%）	每只鸡每年产蛋量的差异
79	+12
76	+8
73	+4
70	0（基础）
67	−4
64	−8
61	−12
58	−16
55	−20
52	−24

表 6-9　肉用种鸡各时期整齐度标准

周龄	体重在平均体重±10% 范围内的鸡只百分数（整齐度）（%）
4～6	80～85
7～11	75～80
12～15	75～80
20 以上	80～85

表 6-10　限制饲养的饲养密度及条件

类　型		饲养密度		采食槽位		饮水槽位			
		垫料平养（只/m²）	1/3 垫料、2/3 栅网（只/m²）	长饲槽槽位（cm/只）	料桶直径40cm（每100只，个）	长水槽（cm/只）	乳头饮水器（每100只，个）	饮水杯（每100只，个）	圆饮水器直径35cm（每100只，个）
母鸡	矮小型	4.8～6.3	5.3～7.5	12.5	6	2.2	11	8	1.3
	普通型	3.6～5.4	4.7～6.1	15.0	8	2.5	12	9	1.6
种公鸡		2.7	3～5.4	21.0	10	3.2	13	10	2.0

在检测鸡群的整齐度时，确定称重的鸡只数量的方法：在生长期每栏抽取 5%～10%，在产蛋期每栏抽取 2%～5%。称重的时间及方法：称重的时间最好固定在每周的同一天的同一时间，一般在喂料前称重。再逐只称重，做好记录，计算平均体重和整齐度，并与标准体重比较。超标准的鸡只，在生长期要维持原来的喂料量，决不可减少料量，一直到体重达到标准时再增加料量。对于体重过轻的鸡只，应增加料量，增加的幅度应控制在每只每天 2～4g。虽然喂料量是由每周鸡群平均体重来决定的，但不能只看周末体重超标就减料或体重不够就加料，要连续观察 3 周的体重变化和走势来决定喂料量的改变。

2. 适当限水

（1）限水的作用。在限饲期间合理的限水有利于保持环境卫生，减少鸡只胸腿疾病的发生，产蛋期限水可减少种蛋的污染，有利于种蛋的清洁卫生。

（2）限水方法。在喂料日上午投料前 1h 至吃完料后 1～2h 充分给水，下午给水 2～3 次，每次不少于 30min，关灯前 1h 给水 1 次。在高温季节（29℃以上）每小时给水 1 次，时间至少 20min。舍温在 30℃以上时不应停水。停水时间的长短可依据鸡的嗉囊软硬程度具体掌握，用手触摸鸡的嗉囊感觉柔软，说明给水时间比较适宜；如果感觉嗉囊较硬，说明给水量不足，应及时调整。在停喂日，清晨给水 30min，上午给水 2～3 次，下午给水 2 次，关灯前 1h 给水 1 次，每次 30min。

在限水期间，应在每次给水开始后 5min 内保证每只鸡都能饮到充足的水，同时注意检查供水系统，使之保持良好的工作状态。乳头式饮水器供水不宜采用限水方式。对于笼养的肉用种鸡可以考虑适当的限水，只要粪便不过于稀薄即可。

3. 确保鸡只采食、饮水位置 采用限制饲养时要求每只鸡都有足够的采食和饮水位置，以避免因争抢饲料和饮水，使一部分鸡只得不到充足的食物和水而造成体重下降、体质过差、整齐度下降，同时也可避免因抢食造成的伤亡现象。

4. 加快投料速度 每次给鸡添料时，应将规定的料量快速、均匀地投到喂料器内，若使用料桶或料槽喂料，则需要提前将料桶装好，并在均等的位置上同时将料桶放下，尽量在 5min 内完成。若采用链式饲槽机械送料，要求传送速度不低于 30m/min，速度低时应考虑增加辅助料箱或人工辅助喂料。

5. 及时更换饲料 应按育雏期、育成前期、育成后期、预产期、产蛋期及时更换饲料。更换时应有适当的过渡期，一般为 3～5d。

6. 适当调整营养 鸡群在逆境环境下（如断喙、转群、疫苗接种、投药、鸡群称重、高温或低温等）对营养物质需要量有变化，要注意适当地调整。在应激条件下应注意在水中或饲料中适量补充维生素类、无机盐类和药物类等抗应激饲料。

7. 控制光照 控制光照的目的是控制鸡的性成熟。肉用种鸡的光照程序基本与蛋鸡相同，对于有条件的鸡场可实施遮黑式的鸡舍管理，这样能更有效地控制性成熟，以达到理想的生产效果。方法是在适宜季节或机械调节舍温的情况下，将鸡舍所有进光的门窗用塑料遮帘遮黑，采用人工控制光照。要求遮黑必须彻底，光照时必须光线充足，让鸡能明显分辨出白天和黑夜。遮黑式鸡舍光照控制程序见表 6-11。

表 6-11 遮黑式鸡舍肉用种鸡育成期光照程序

性 别	日 龄	光照时间（h/d）	光照度（lx）
母 鸡	1～3	23	10～20
	4～7	16	10～20
	6～147	8	5～10
公 鸡	1～3	23	10～20
	4～7	16	10～20
	8～28	12	5～10
	29～140	8	5～10

四、种公鸡的限制饲养

现代肉鸡系的父本种鸡生长快，若不严格控制体重会影响其种用价值。只有体质良好的种公鸡，才具有适宜的体重、旺盛的性欲表现、适时的性成熟及较高的受精能力。因此，要求对种公鸡采取严格的限制饲养。在平养或 2/3 棚架饲养条件下，育成期公、母鸡应分群饲养，种用期混群分饲，并进行分别限饲。为了使公鸡的骨骼发育良好，以具备良好的繁殖性能，种公鸡应比种母鸡晚 1 周限饲，但限饲期间必须依据标准严格控制体重。种公鸡的限饲程序可参照如下方法进行。

0~3周龄：采用自由采食的方法，使用雏鸡料。当每只种公雏累计吃进1kg饲料时改为育成料。

4~6周龄：当公雏在3周龄末体重达标后，可采用隔日限饲直到6周龄末为止。

7~13周龄：采用5/2或4/3法限饲。此阶段应减缓种公鸡的生长速度，使用营养水平较低的育成料饲喂。

14~23周龄：由4/3限饲改为5/2限饲或每日限饲。此阶段是性器官发育的重要时期，为使性器官得到充分发育，限饲措施可略放松，从18周龄开始，必须提高饲料营养水平，可由育成料逐渐更换为产蛋前期饲料。到20周龄时必须进行种公鸡的选种和公、母鸡混群。

24周龄以后：采用每日限饲。此期应降低饲料营养水平，饲喂单独配制的种公鸡饲料。目前，我国还没有制订种公鸡饲养标准，可参照各育种公司的推荐标准并与生产实际相结合进行。

在限制饲养期间，应及时淘汰鉴别有误的母鸡和有各种生理缺陷的种公鸡。一般要求种公鸡在6周龄时体重应达到标准或略高于标准。

技能训练　肉用种鸡限制饲养方案的拟订

一、基本条件

某父母代肉用种鸡饲养场，准备饲养4 000套爱拔益加父母代种鸡，饲养方式为2/3棚架饲养，25周龄及以后每平方米饲养种鸡4.3只，育雏育成期均在同一幢鸡舍。要求25周龄育成率为90%，公、母比例为15∶100。拟定出0~25周龄期间种鸡限制饲养方案。体重标准和耗料标准参照表6-4至表6-7。

二、方案拟订与步骤

1. 依照饲养方式和拟定饲养量计算所需要的面积及设备　育雏期只在地面垫料上饲养，4周龄开始分栏，6周末全舍分栏饲养，采用公、母分饲。饮水器：雏鸡阶段使用杯式饮水器，每80只母鸡配置1个饮水器，需要50个，每70只公鸡配置1个饮水器，需要9个，共需饮水器59个；圆形料桶每30只母鸡配1个，需要134个，每20只公鸡配1个，需要30个，共需要164个；育成期使用普拉松饮水器，每80只母鸡配1个，需要50个，每60只公鸡配1个，需要10个，共需要60个。喂料设备：链式饲槽供料，每只鸡15cm采食位置，需料槽长度30m，每只公鸡需20cm，需要料槽6m，共需要36m（料槽为双侧采食）。需要舍内使用面积（4 000＋600）×90%÷4.3（每平方米饲养鸡数）=963m²，大约需要宽12m，长95m的房舍一栋。

2. 估算所需饲料　以爱拔益加公司所提供的营养标准为依据配制日粮，全程采用全价配合饲料。所需饲料数量：0~6周龄育雏料每只母鸡1.46kg，需要5.8t，每只公鸡2.26kg，需要1.365t，共需要7.2t；7~17周龄育成料每只母鸡4.86kg，需要19.24t，每只公鸡6.22kg，需要3.73t，共需22.97t；18~23周龄每只母鸡预产料4.27kg，需要

15.37t（鸡数按3 600只计算），每只公鸡6.22kg，需要3.73t（鸡数按600只计算），共需要18.06t；24~25周龄产蛋期料每只母鸡需1.73kg，需6.23t，公鸡每只需1.88kg，需1.02t，共需7.25t。全期共需饲料约56.15t（该组数据是怎样计算来的）。

3. 组群与调群计划 育雏期（0~6周龄）前2周分成10栏，母鸡每500只1栏，共8栏，公鸡每300只1栏，共2栏，3周龄母鸡2栏合1栏，每栏饲养1 000只鸡，公鸡暂时不合并，同时调群。育成期（7~25周龄）初再将隔栏拆除1/2，母鸡每群2 000只，公鸡栏仍不拆。

4. 称重与均匀度计算 每周末停喂日下午4:00进行。育雏期每栏称重50只，育成期母鸡每栏称重100只，公鸡始终每栏称重50只。每次称重后，计算全群体重的均匀度，并及时进行调群。

5. 确定限饲方法 采取公、母分饲分阶段分别拟定限饲方法。母鸡2周龄前自由采食，3周龄初开始采取每日限饲至6周龄，7周龄初开始采取隔日限饲至11周龄，12周龄初开始采取5/2限饲至19周龄。

6. 计算某一种限饲方法饲料的供给量及分配 如（以顺季为例）：母鸡7周龄开始由每日限饲变为隔日限饲，42日龄的喂料量应是该周的平均喂料量的上限料量，即44g加4g为48g，7周龄的平均料量为47g，1周的总料量为329g，计算时还应考虑下周的总料量，以便于顺延执行每次的喂料量。下周8周龄的平均料量为49.5g，1周的总料量为346.5g，2周的总料量为675.5g，共14次应喂7d，平均每次应喂96.5g，即将2周的中间喂料日给量定为96.5g，其他6次的喂料量应为前3次递减后3次递增，实际7周龄期间的3次分别在44日龄、46日龄和48日龄喂料，其喂料量依次为90.5g、92.5g和94.5g，而8周龄的依次应分别在52日龄、54日龄和56日龄喂饲，依次料量为98.5g、100.5g和102.5g，7d总计喂料量为675.5g。喂料量分配原则是递增，每次递增量不要多，应按喂饲标准执行，并要充分考虑前后各1周的供料标准，以便于实施，保证鸡群体重稳定增加。在变换限饲方法时，决不可使料量突然增加或减少，一般增加幅度以每次不超过2g为原则。在换料期间也要考虑到饲料营养水平对采食量的影响，应以保证种鸡育成质量为前提，确定饲料的分配量。

7. 制订全期限制饲养程序表 依据制订的各阶段限饲方法和耗料标准，按周龄分别计算出每周耗料量和累计耗料量，制订出全期限制饲养程序表，以便于具体实施。

任 务 评 估

一、名词解释

限制饲养 每日限饲 隔日限饲 5/2限饲 调群 体重整齐度

二、填空题

1. 通过限制饲养可以控制肉用种鸡的_____和_____，使_____符合繁殖的需要，适时开产。

2. 通过合理限饲，可以控制肉用种鸡正常在_____周龄见蛋，25周龄产蛋率达_____％，_____周龄左右进入产蛋高峰。

3. 肉用种鸡的限制饲养方法有_____、_____和_____等几种。

4. 调群是为了确保鸡群具有较高的_____。尤其是当鸡群整齐度较低时,应分别在_____和_____周龄期间对全群进行逐只称重。

5. 在限饲期间合理的限水有利于保持_____,减少鸡只_____的发生,产蛋期限水可减少_____的污染,有利于_____的清洁卫生。

6. 采用限制饲养时要求每只鸡都要有足够的_____位置,以避免因争抢饲料和饮水。

7. 光照的目的是控制鸡的_____。

8. 现代肉鸡系的父本种鸡若不严格控制体重会影响其_____。

三、技能评估

1. 基本条件充分合理。
2. 限制饲养方案项目齐全,步骤正确,基本内容全面。
3. 数据计算准确,依据可靠。
4. 具有可操作性。
5. 口述回答问题正确无误。

任务2　肉用种鸡的常规饲养与管理技术

【技能目标】了解肉用种鸡的饲养方式、生理变化和对营养及环境的要求;掌握肉用种鸡的饲养管理技术。

一、肉用种鸡的饲养方式

肉用种鸡生产性能的高低与饲养方式及设备的使用、管理水平有很大关系。目前,普遍采用网上平养、2/3棚架饲养和笼养3种饲养方式。

1. 网上平养　是利用铁丝网或硬塑料网或木条等材料制成有缝地板,并借助支撑材料将其架起,距地面有一定高度的平整网面饲养肉用种鸡。网面距地面高度约60cm。网眼的大小以粪便能落入网下为宜。网上平养可采用槽式链条喂料或弹簧喂料机供料。公母鸡混养时,公鸡另设料桶喂料。网上平养每平方米可饲养4.8只成年肉用种鸡。

2. 2/3棚架饲养　舍内纵向中央1/3为地面铺设垫料,两侧各1/3部分为棚架。地面与棚架之间设隔离网以防止鸡进入棚架下面。在棚架的一侧还应设置斜梯,以便于鸡只上下。喂料设备和饮水设备置于棚架上,产蛋箱横跨一侧棚架,置于垫料地面之上,其高度距地面60cm左右。2/3棚架饲养方式模式图见图6-1。

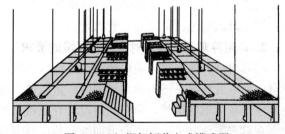

图6-1　2/3棚架饲养方式模式图

2/3棚架饲养的优点:鸡的采食、饮水均在棚架上,粪便多数都落到棚架之下,减少了垫料的污染。由于鸡只可以在架上架下自由活动,增加了其运动量,减少了脂肪的沉积,有利于鸡只体质健壮。另外,种鸡交配大多数在垫料地面上进行,受精率高。

2/3棚架饲养的缺点：耗费垫料多，增加饲养成本。管理人员需要经常清理垫料，以保持清洁。饲养密度比网上平养稍低，每平方米可养4.3只成年肉用种鸡。

3. 笼养 肉用种鸡笼多为两层阶梯笼。种母鸡每笼装2只，种公鸡每笼1只。由于肉用种鸡体重大，对鸡笼质量要求高，笼底的弹性要好，坡度要适当，否则鸡易患胸腿疾病。

笼养的优点：笼养的优点是可以提高房舍的利用率，便于管理。由于鸡的活动量减少，可以节省饲料，采用人工授精技术，可减少种公鸡的饲养量，一般公、母比例为1∶25～1∶30。

笼养的缺点：由于鸡只的活动量少，易过胖，影响其繁殖性能，还易患胸腿部疾病。在饲养过程中要注意调整营养水平。

在生产中，以上3种饲养方式可以结合使用，育雏期、育成期采用网上平养，种用期采用2/3棚架饲养或笼养，这样可以节省一次性投资。总之，在选用设备方面应以适用为原则，并保证每只鸡的采食、饮水位置。采用平养和棚架饲养方式，在育成期限制饲养比较严格，应保证食槽和饮水器的数量。

二、肉用种鸡开产前的饲养管理

开产前期也称预产期，一般是指18～23周龄。这一时期的鸡体状况对产蛋影响很大，必须根据肉用种鸡此阶段的生理特点做好一系列饲养管理工作。

1. 肉用种鸡开产前期的生理变化 在肉用种鸡的开产前期，其生理会发生一系列变化。

(1) 已达到性成熟。18周龄后母鸡可以有成熟的卵子排出，并开始分泌雌激素；公鸡已能产生精子，并可射精，但身体各部位仍处于继续发育时期。

(2) 母鸡贮存钙的能力增强。为了满足产蛋需要，在卵巢释放的雌激素作用下，母鸡贮存钙的能力显著增强。贮存钙的目的是以备产蛋时不致动用骨骼中的钙。据相关资料介绍，母鸡在开始产蛋前10d左右，体内钙的含量显著升高，骨骼重量增加幅度较大。

(3) 群序等级明显。鸡群在10周龄左右，已有群序等级现象出现，18周龄表现更加突出。当组群后，公鸡在群内的群序等级和母鸡在群内的群序等级会发生变化，并且影响交配。群序等级处于中等的公鸡和母鸡的交配频率最高，受精率也较高。

(4) 神经敏感。临近产蛋的鸡对环境变化反应比较敏感，此时应将产蛋箱的位置尽早固定，以防母鸡"争窝"或引起在产蛋箱外产蛋现象的发生。饲养人员、管理人员要稳定，饲槽、饮水器的形态、位置等也要固定。

2. 肉用种鸡开产前期对营养和环境的要求

(1) 对营养的要求。肉用种鸡经过育成期的严格限饲后，已具备了标准体重和体质。但是育成期的营养水平已不能满足鸡的产蛋和体重继续增长的需要。为了保证开产后产蛋量的急剧增加和体重的增长，应在此阶段将育成料更换为预产料。预产料的营养水平应高于育成料，在营养方面除了钙少于产蛋期外，其他营养成分均与产蛋期一致。同时，要保证足够的料量，并将每周限饲改为每日喂料，为产蛋期做好一切准备。

(2) 对环境条件的要求。这一时期应与产蛋期的环境要求一致，应保证适宜的舍内温度、湿度、通风与合理的光照条件。一般要求舍内适宜的温度为13～22℃，相对湿度为50%～65%，舍内通风良好，空气清新，光照适宜。一般在20周龄增加光照，如果是遮黑式鸡舍，在23周龄时光照可增加到13.5h，以后每周增加0.5h，到28周龄时达到16h，维持到产蛋期结束。

3. 产蛋箱的合理布置 平养或2/3棚架饲养方式，应在19～20周龄时安置产蛋箱。产蛋箱一般为双层组合式，每个产蛋箱可隔成8～10个产蛋窝，产蛋窝的长、宽、高分别为350、380、330mm，4只母鸡共用1个产蛋窝。设置产蛋箱时，箱底应高于地面60cm。产蛋开始的前1周应打开产蛋箱门，并铺以清洁而干燥的垫料，晚上要关好产蛋箱的门，以防止种鸡栖息，避免就巢现象和造成产蛋箱的污染。

4. 合理的组群 当肉用种鸡达到18周龄时应进行一次种公鸡和种母鸡的选择。对种公鸡要严格选择，淘汰不符合种用标准的公鸡，其标准主要是体重和第二性征。在人工授精时还要对种公鸡的精液品质进行逐只检查，选留精液品质优良的种公鸡，淘汰品质差的公鸡，并按正常的公、母比例，提前4～5d将公鸡转入产蛋鸡舍，使之适应新环境和各种饮食用具，同时也有利于群序等级的建立，防止组群后打斗而影响配种。20周龄时将母鸡转入产蛋鸡舍。公、母混群的比例以1∶8～1∶10为宜，笼养人工授精时，公、母鸡比例为1∶25～1∶30。为了保证配种后期公鸡的数量和平时淘汰公鸡后的补充，应在组群时留好后备公鸡，一般可多留3%～5%。

5. 实行公、母混群分饲 种用公鸡与种用母鸡的营养需要和采食量都有较大差别，体重的增加速度也不一致，只有通过饲喂不同的饲料才能保持其适宜的体重与体质，从而获得理想的产蛋率和受精率。公、母鸡混群饲养极容易造成由于公鸡抢料而体重增加过快，母鸡由于吃不到足够量的饲料而体重增长速度偏低的现象。因此，20周龄组群后应实行公、母分饲的方法，即公、母鸡分别设喂料系统，公鸡用的料桶吊起使母鸡无法采食到公鸡的饲料，而母鸡喂料器上安装公鸡头伸不进去的隔鸡栅。种公鸡料桶可吊起41～46cm，母鸡饲槽的隔鸡栅间隙为43mm。由于母鸡的料量大于公鸡，而且母鸡吃料的速度较慢，为使母鸡不抢食且能与公鸡同时吃完料，母鸡给料应提前15min左右，然后再给公鸡喂料。

6. 预产料适时投放 预产料是根据当时种鸡生理特点和以后生产的需要而精心配制的。就其营养成分而言，比育成期高出很多。但饲料中钙的含量一般应比产蛋期低1%～1.5%。因为超量的钙不能及时被利用，还会在肾及输卵管中积留而影响代谢，甚至引起种鸡发病。因此，在种鸡产蛋前期喂预产料十分必要。这样既能保证鸡快速生长、为产蛋积累营养的需要，又不至于因钙含量过高破坏营养平衡和与有机物结合而排出造成浪费。

7. 光照管理 合理的光照程序是控制种鸡生长发育、促进性成熟及提高产蛋量的重要措施。肉用种鸡光照程序与蛋用种鸡的光照程序基本相同，但由于肉用种鸡对光照刺激的反应比蛋用种鸡迟钝，肉用种鸡要求开产前5～6周龄就应该增加光照的刺激，一般第1次可增加1～1.5h的光照，以后应逐渐增加，并于种鸡产蛋高峰开始时增加最后1次光照。

三、肉用种鸡产蛋期的饲养管理

肉用种鸡产蛋期一般为24～66周龄。自然配种的鸡群，由于公、母混群，在分饲的基础上，还应对饲料的给量、体重控制、环境控制等诸多因素加强管理，始终保持种鸡健康的体质，以获得更多的合格种蛋。

1. 饲养方式 大型肉用种鸡最好采用 2/3 棚架饲养方式。采用这种方式饲养时，肉鸡日常的栖息、采食、饮水均在板条床上，粪便落在板条下面，每个产蛋周期清理 1 次，既省工又省时。小型肉用种鸡可采用笼养或地面平养。

2. 采食、饮水位置 在组群前应将所有的设备安置妥当，对不能正常使用的器具，应及时修好，并定期清理和消毒，确保使用安全。饮水器和采食料桶数量要充足，以保证每只鸡能及时吃料、饮水和正常活动。

3. 合理饲养

（1）及时更换饲料。种母鸡的预产料喂到 23 周龄末结束。从 24 周龄开始改喂产蛋期的饲料。种公鸡从预产期就喂给特定的专用公鸡料并一直用下去。

（2）调整初产期饲料量。种鸡经过预产料的给予和产蛋前期饲料量的调整，已由育成期的严格限饲过渡到每日限饲，体内已为产蛋贮备了充足的营养。但由于体重的继续增加和产蛋对营养物质的大量需要，在初产至产蛋高峰到来之前，应合理地、不断地增加饲料的供给量，直至达到最大料量，从而引导产蛋高峰的及时到来。此期给料量具体调整方法是：在 24～27 周龄，每周增加 10～11g 饲料。料量的增加应早于产蛋率的增长。在正常情况下，若料量增加合适，则产蛋率应每天以 3%～5% 的速度上升。如果鸡群 25 周龄产蛋率达 5%，到 27 周龄时则应接近 50%。所以在初产期应注意产蛋率的变化，若产蛋率上升较慢，则应适当推迟继续增料，若产蛋率上升较快，则可适当提前给予最大料量。掌握好最大料量的给予时机是：一般产蛋率达到 30%～40% 时即可给予最大料量。若产蛋率日增长为 4%～5%，产蛋率达 30% 时即给予最大料量。若产蛋率日增长 2%～3%，则产蛋率达 40% 给予最大料量。

（3）维持产蛋高峰期饲料量。实践证明，在产蛋初期若喂料量不足，鸡群产蛋高峰的到达会延迟，只有达到最大料量后方可引导产蛋高峰的出现。产蛋高峰到达后，最大料量的供给应维持一段时间，这样可使高峰稳而不降或稍有下降，一般维持期为 8～9 周。

（4）调整产蛋高峰后期饲料量。当产蛋高峰过后，肉用种鸡的体重和蛋重的增加速度变慢，产蛋率有所下降，此时应逐渐减少饲料量。具体的减料方法是：当产蛋率以每周 1% 正常速度下降时就开始减料。第 1 周每只减少 2～3g，第 2 周减少 0.5～1.0g。若产蛋率下降速度超过每周 1% 时，则应停止减料。具体执行时，如果每周以 0.5g 减少料量，可持续下去；如果每周减少料量 1g 时，则应减 1 周停 1 周，实际是 2 周减 1 次料。当减少至最大料量的 10%～12% 时，可不再减少。正常情况下，父母代种鸡在 43～45 周龄时开始减料。产蛋高峰后期适当的减料可以节省饲料，降低成本；防止鸡只过胖，降低种用价值。

4. 种蛋的管理 种蛋卫生清洁才能孵出健康的雏鸡。所以在产蛋期加强产蛋箱和种蛋的卫生管理很重要。当产蛋率和蛋重达到标准后便可收集种蛋，种蛋应使用专用的蛋托和蛋箱。蛋箱必须经过消毒，拣蛋前必须洗手消毒，拣蛋时应先将合格的种蛋放在蛋托内且钝端朝上，然后再拣出不合格的种蛋，另放。夏季要防止种蛋被阳光直射和温度过高，冬季要防止种蛋冷冻和温度过低。每次拣蛋后应及时做好记录并尽快在短时间内消毒，消毒好的种蛋应立即放入蛋库保存。

在整个产蛋期内要经常对产蛋箱进行检查并及时维修。经常更换产蛋箱内的垫料，保持蛋箱清洁卫生，及时清除产蛋箱尘埃和鸡粪。晚上拣完最后一次蛋后，关好产蛋箱门，第 2

天开灯后再打开箱门,定期对产蛋箱进行清理和消毒。

5. 加强种公鸡的选择和淘汰 保持种公鸡体重均匀、体质健壮是提高受精率的重要保证。在控制体重的同时,也要经常检查鸡群中是否出现体小、体质差、雄性不佳、行为异常的公鸡,发现这几种类型的公鸡要及时淘汰。

任 务 评 估

一、填空题

1. 肉用种鸡的饲养方式有_____、_____和_____3种饲养方式。

2. 为了满足产蛋需要,在卵巢释放的_____作用下,母鸡贮存钙的能力显著增强。贮存钙的目的是为了以备_____时不致动用_____的钙。

3. 为了保证开产后产蛋量的急剧增加和体重的增长,应在此阶段将_____更换为_____。预产料的_____应高于育成料,在营养方面除了_____少于产蛋期外,其他营养成分均与产蛋期一致。

4. 肉用种鸡要求开产前_____周龄就应该增加光照的刺激,一般第1次可增加_____h的光照,以后应逐渐_____,并于种鸡_____开始时增加最后一次光照。

5. 种母鸡的预产料喂到_____周龄末结束。从_____周龄开始改喂产蛋期的饲料。

6. 在种鸡24~27周龄期间,每周增加_____饲料。料量的增加应早于_____的增长。

7. 在种鸡产蛋后期减料,当料量减到最大料量的_____时不可再减料。

8. 拣蛋时应先将合格的种蛋放在蛋托内且_____朝上。

二、判断题

1. 肉用种鸡2/3棚架饲养,由于鸡只架上架下增加运动量,减少脂肪沉积,有利于鸡只体质健壮。( )
2. 群序等级处于上等的公鸡和母鸡的交配频率最高。( )
3. 临近产蛋的鸡对环境变化反应比较敏感。( )
4. 种母鸡的预产料只能喂到23周龄。( )
5. 一般产蛋率达到30%~40%时给予最大料量。( )

三、问答题

1. 肉用种鸡开产前有何生理变化?
2. 怎样搞好肉用种鸡开产前的饲养管理?
3. 肉用种鸡在整个产蛋期怎样合理用料?

四、思考题

比较分析肉用种鸡几种饲养方式的优缺点。

项目三　优质型肉鸡的饲养管理

【技能目标】了解优质型肉鸡饲养特点；掌握优质型肉鸡饲养管理技术。

一、优质肉鸡的标准

优质肉鸡又称精品肉鸡。中国的优质肉鸡强调风味、滋味和口感，而国外强调的是长速，但国外专家也已经认识到了快速生长会使鸡肉品质下降。实际上国内养鸡生产中提到的优质肉鸡是指包括黄羽肉鸡在内的所有有色羽肉鸡，但黄羽肉鸡在数量上占大多数，因而一般习惯用黄羽肉鸡一词。我国地域宽广，各地对优质肉鸡的标准要求不一，如南方粤港澳活鸡市场认可的优质肉鸡需达到以下标准：

1. 配种前的公鸡和临开产前的小母鸡　饲养期在120d以上的本地鸡；饲养90~100d以上的仿土鸡。
2. 具有"三黄"外形，有的品种羽毛为黄麻羽或麻羽，胫为青色或黑色。
3. 体型团圆、羽毛油光发亮、冠脸红润、腔骨小。
4. 肉质鲜美、细嫩，鸡味浓郁；皮薄、紧凑、光滑、呈黄色，皮下脂肪黄嫩，胸腹部脂肪沉积适中。

近20年，利用国内丰富的地方品种资源和一些国外品种，我国培育了一批改良品种和配套品系，优质肉鸡生产也在全国展开，市场由原来的香港、澳门、广东向上海、江苏、广西、浙江、福建扩展，并向湖南、湖北、甘肃、河南、河北等北部省市蔓延。优质肉鸡一词的内涵和外延有了较大变化，众多学者专家从鸡的血统、外貌、肉品质、屠宰年龄、上市体重、社会消费习惯和市场接受程度等阐述了优质肉鸡的标准，但普遍认为，优质鸡是指生长较慢、性成熟较早、具有有色羽（如三黄鸡、麻鸡、黑鸡和乌骨鸡等）；宽胸、矮脚、骨骼相对较小而载肉量相对较多；皮薄而脆，肉嫩而实，骨细，脂肪分布均匀，鸡味浓郁、鲜美可口、营养丰富（一些鸡种还有药用价值）的鸡种。

优质肉鸡除生产活鸡外，大批生产加工成烧鸡、扒鸡等，均以肉质鲜美、色味俱全而闻名，商品价值明显高于快大型肉用仔鸡。

目前，我国南方市场优质肉鸡占整个肉鸡生产的70%~80%。其中，港澳台约占90%以上。我国北方约占20%，主要集中在北京、河南、山西等省市。我国优质肉鸡的发展有由南方向北方不断推移的趋势。

二、优质型肉鸡的饲养管理

（一）优质型肉鸡的饲养方式

优质肉鸡的饲养方式除可以采用与速长型肉鸡相同的方式外，还可以采用较大空间的散养，如在果园、林地、荒坡、荒滩等处设置围栏放养，也有的采用带运动场的鸡舍进行地面平养。为了提高优质肉鸡的成活率和生长速度，一般在6周龄前采用室内地面平养，6周龄后采用放养。这样，鸡既可采食自然界的虫、草、脱落的籽实或粮食，节省饲料，又可加强运动，增强体质，肌肉结实，味道更好。

（二）优质型肉鸡的阶段饲喂

根据生长速度的不同，黄羽肉鸡可按"两阶段"或"三阶段"进行饲喂。两段制分为 0~4 周龄和 4 周龄以后；三段制分为 0~4 周龄、5~10 周龄和 10 周龄以后。由于优质肉鸡的种质差异很大，各阶段饲料营养水平也不相同。但一般前期可以饲喂能量较低、蛋白质含量较高的饲料，后期为了增加肌肉脂肪的沉积，同时提高饲料蛋白质的利用率，应降低日粮蛋白质含量，适当提高能量浓度。

（三）优质型肉鸡的饲养管理技术要点

1. 选雏 雏鸡必须来自健康高产的种鸡。初生雏平均体重在 35g 以上，大小均匀，被毛有光泽，肢体端正，精神活泼，腹大小适中，没有脐出血、糊肛现象。

2. 进雏 适宜的温度是保证雏鸡成活的必要条件。开始育雏时热源边缘地上 5cm 处的温度以 32~35℃ 为宜，育雏室的温度要维持在 25℃ 左右，并保持温度稳定。在鸡舍内或育雏器周围摆好饮水器，围好护围，饮水器装满清水。

3. 开食与饲喂 雏鸡一般在 24~36h 开食。雏鸡的饮水通常与开食同时进行。如果雏鸡孵出时间较长或雏体较弱，可在开食的饮水中加入 5% 的蔗糖，有利于体力的恢复和生长。雏鸡一开始就喂肉用仔鸡前期的全价料，不限量，自由采食。

优质肉鸡的喂料原则是敞开饲喂，自由采食。要求有足够的采食位置，使所有的鸡只能同时吃到饲料。一般 4 周龄前喂小鸡料，5~8 周龄后喂中鸡料，8 周龄后喂育肥料，这一时期鸡生长快，容易肥，可以在饲料中加 2%~4% 的食用油，拌匀喂鸡。采用这种方法喂出来的鸡肥，羽毛光亮，肉质香甜，上市价格高。饲料转换要逐步过渡，新料由 1/3 增加到 1/2，再增至 2/3，5~7d 全部换上新料。

4. 饲养密度 适当的加大饲养密度，可增加肉鸡的产量，提高经济效益。密度过小易造成设备和空间的浪费；密度过大容易引起垫料潮湿，空气污浊，羽毛生长不良，易发生啄癖，生长缓慢，死亡率高，屠体等级下降。具体应用时应结合鸡舍类型、垫料质量、养鸡季节等综合因素加以确定。

5. 环境要求 提供适宜的温度、湿度，合理的通风换气及光照制度，有利于提高肉鸡成活率、生长速度和饲料转化率。

（1）温度。适宜的温度是保证雏鸡成活的必要条件。开始育雏时以 32~35℃ 为宜，随着鸡龄的增长，温度应逐渐降低，通常每周降低 2~3℃，到第 5 周龄时降到 21~23℃。

（2）湿度。雏鸡从相对湿度较大的出雏箱取出，如果转入过于干燥的育雏室，雏鸡体内的水分会大量散失，腹中剩余的卵黄也会吸收不良，脚趾干枯，羽毛生长减慢。因此，在第 1 周龄内育雏室湿度应保持 60%~65%。两周后保持舍内干燥，注意通风，避免饮水器洒水，防止垫料潮湿。

（3）光照。为了促进雏鸡采食和生长，开始采用人工补充光照。育雏前两天连续照 48h，而后逐渐减少。光照度在育雏初期时强一些，而后逐渐降低。

6. 公、母分群饲养 由于公、母雏鸡对环境、营养的要求和反应有所不同，表现为生长速度、沉积脂肪能力和羽毛生长速度等方面的不同。在同一期内，公鸡的生长速度比母鸡快 17%~36%。若公、母分群饲养，则可适当调整营养水平，实行公、母分期出栏。

7. 断喙 对于生长速度比较慢的肉鸡，由于其生长期比较长，需要进行断喙处理。断喙方法和要求与蛋鸡相同。

8. 加强卫生防疫　鸡舍和运动场要经常清扫，定期消毒，鸡群最好驱蛔虫1~2次。还要做好鸡病的预防接种和药物预防工作。鸡场要远离村庄，不要靠近交通干道，并建围墙，防止其他家禽进入，以免传播疾病。

（四）优质型肉鸡的生态放养技术

鸡肉的品质受很多因素影响，但是饲养方式无疑是关键因素之一。生态放养方式生产的鸡肉由于品质优、味道好等特点受到消费者青睐，价格也比普通圈养肉鸡高出30%以上。生态放养方式已成为国内优质肉鸡养殖的优选饲养方式。

1. 放养品种的选择　选用适应性强、生长迅速、肉质鲜美的地方优质肉鸡品种或品系。一般饲养3~4个月，体重达2.5kg左右即可上市。

2. 鸡舍的搭建　优质肉鸡放养就是充分利用果园、山林、灌丛、草地等环境，搭建一定量的简陋鸡舍，为鸡提供休息和遮风避雨的场所。一般可以在山上开辟一块略为平整的地方搭建棚舍，利用钢材、木材或竹竿做成房架，利用石棉瓦、苇草或彩钢板等做成屋顶、四周用秸秆、木条、塑料绳编成篱笆墙，或用塑料布、塑料薄膜、油毡等围上（南面设置门、窗或上半部敞开无窗）。一般棚宽6~8m，棚中间高2.0~2.2m，长度依据养鸡数量而定，掌握在15~20只/m²为最好；在棚内距地面30cm处用竹条或木条钉成活动层板（每隔1cm设1根），供鸡栖息，以避免粪便与鸡只直接接触，便于清粪；棚舍四周需留排水沟，以便于排水。

放牧林地四周用尼龙网、塑料网、钢网围成围栏，也可用竹竿、树干作围栏。围栏内饲养密度一般掌握在每667m²200只左右，场地周边设围栏，栏高1.5m，间隔2m打一木桩，把塑料网固定在木桩上即可（也可用竹子编成竹篱笆）。

3. 饲养设备及饲料的准备　在进鸡之前按照计划提前准备好常用药品、设备和饲料。

（1）常用药品及设备。需准备消毒药品、抗菌药物、抗球虫药物、多种维生素添加剂、疫苗、温度计、连续注射器、滴瓶、喷雾器、料桶和饮水器等。料桶和饮水器应根据饲养鸡的数量而定，一般每30只鸡配1只料桶和1个饮水器，放鸡时这些设备应摆在棚外。

（2）饲料的准备。购买饲料应注意以下3个方面：一是查看标签，根据鸡龄购买小、中、大鸡饲料；二是查看生产日期和保质期；三是检查饲料包装是否破损。为使放养鸡肉质鲜美、生长快、节约成本，可在养殖区附近人工养殖昆虫喂鸡。

4. 严把育雏技术关　刚出壳的雏鸡抵抗力差，不能直接野外放养，需在室内育雏28~30d（北方需6周以上），并按免疫程序完成疫苗接种后方可上山放养。

（1）育雏室建设。一般育雏室是利用空房进行改造的，按40只/m²鸡育雏，要用火炉或红外线灯混合保温；地面再垫上消过毒、暖和干燥的木花或切成3~5cm的稻草等垫料；育雏室必须开有换气的窗口，使其既能保温，又利于新鲜空气的进入。

（2）育雏室的环境要求。

①温度。要求均匀、恒定，切忌忽高忽低。第1周以32~34℃为好，其中前3d不得低于33℃，第2周为29~31℃，第3周为25~27℃，第4周为21~23℃，以后以18~20℃为宜。平时应注意观察，一般当温度适宜时，鸡群活泼、均匀分布在育雏室内；温度过低时，鸡群则紧靠热源，易挤堆；温度过高，则鸡群远离热源并张口呼吸。

②通风。通风的目的是减少舍内的有害气体，增加氧气，同时降低舍内湿度，保持垫料干燥，减少病原微生物繁殖。为了既能保持室温又能使室内空气新鲜，可以先提高室内温

度，然后再适当打开门窗进行通风换气。

③湿度。湿度对鸡的健康和生长影响也较大。如果高湿低温，则鸡很容易受凉感冒，有利于病原微生物生长繁殖，易诱发球虫病。一般要求第1周相对湿度为65%～70%，以后保持在55%～60%即可。在生产中，应考虑前期增湿和后期防潮。

④密度。鸡的饲养密度随着日龄的增加而减少，一般1周龄饲养密度为40～50只/m^2，冬天多些，夏天少些，以后逐渐降低密度，4周龄时饲养密度为25～30只/m^2。若密度过大，鸡的活动受到限制，空气污浊，导致鸡只生长缓慢，群体整齐度差，易感染疾病，死亡率高，且易发生啄羽、啄肛等恶癖。若饲养密度小，则浪费空间，利用率低，效益不好。

⑤光照。强光会刺激鸡的兴奋性，影响鸡群休息和睡眠，引起鸡相互啄羽、啄肛等恶癖；而弱光照可降低鸡的兴奋性，使鸡保持安静状态，这对鸡的增重有益。在育雏的最初3d之内给予较强的24h光照，以后应逐渐降低至只要能看见采食、饮水即可。光照时间一般为23h光照，1h黑暗；还有一种方法是第2周以后实行晚上间断照明，即喂料时开灯1h，采食后熄灯2h。这种方法的优点是使鸡有足够的时间休息，并能适应和习惯黑暗的环境，以防出现停电等情况时发生惊群。

(3) 饮水、喂料。良好的饮水是鸡群健康的必要条件。在育雏的前3～5d，应在20℃左右的凉开水中添加多种维生素（如速补、电解多维等）及预防白痢的药物（如百草霜、恩诺沙星、环丙沙星、氟哌酸、青霉素、链霉素等）。这样有利于雏鸡健康生长，提高成活率。在给鸡进行免疫、断喙、转群的前1d，应在饮水中加入多种维生素，连用2d以缓解鸡的应激反应。

饮水后2～4h开食。当发现鸡群有1/3雏鸡有寻食表现时即可开食。开食时要把预先洗净消毒的深色塑料布铺好，将饲料均匀地撒在塑料布上，要注意勤添少喂。雏鸡开食得当，对促进雏鸡的生长发育、提高成活率有良好的作用。鸡需要换料时，至少应有3d的过渡期，这样才能减少鸡的应激反应。

(4) 免疫。根据当地鸡场传染病流行情况及鸡苗品种、饲养周期长短综合制订免疫程序，推荐参考免疫程序见表6-12。

表6-12 免疫程序

日龄	疫苗	免疫方法
1	马立克液氮苗	皮下注射
7	新支二联苗	点眼、滴鼻
14	法氏囊	滴口、饮水
22	新支二联苗	点眼、滴鼻
28	法氏囊	滴口、饮水
35	禽流感（H_5N_9）	注射
50	新城疫Ⅰ系	注射

注：若用饮水免疫，则在水中加0.3%的脱脂奶粉，疫苗用2～3倍量，停水2～3h，增加饮水50%，在免疫前1d应停止抗菌药物的使用。

5. 脱温鸡放养关键技术

(1) 鸡苗经28～30d育雏脱温后，可转入放养棚舍，在转群前后3d，应在饮水中加入抗应激药物，以防转群应激。转运鸡只宜在晚上进行，以减少对鸡群的惊扰。白天让鸡在林间自由活动，饮水喂食也在舍外。

(2) 转入放养棚的雏鸡不宜立即放牧，应在棚内进行 5～7d 的适应性饲养，以避免鸡放牧后不回鸡棚过夜。

(3) 选择天气暖和的晴天放牧。开始几天，每天放牧 2～4h，以后逐月增加放牧时间；放牧地点最初选在鸡棚周围进行，逐渐由近到远，可通过移动料桶、料槽的方法训练。在训练时可通过拍打料桶、吹哨等方法使鸡只形成条件反射。每天放养时间不能过早，过早时天气寒冷，雏鸡抵抗力差，难以成活。

(4) 在棚舍附近放置若干料桶（槽）及饮水器，早晚让鸡自由采食。每天早上不要喂饱（只喂六七成饱），促进其寻找食物，以增加鸡的活动量，采食更多的有机物和营养物。太阳下山时将鸡群赶回鸡舍，晚上一定要喂饱。

(5) 刮风下雨，露水太大时停止放养，以防止淋湿羽毛而受寒发病。

(6) 加强放牧管理，防止天敌和兽害以及被人偷窃，并注意放牧区域的深坑和暗沟，防止鸡只意外死亡。

(7) 放牧过程中善于观察鸡群，发现鸡只异常时应及时挑出隔离治疗。

(8) 鸡棚内外及鸡群活动场所应定期进行消毒，发生疾病应增加消毒次数。

(9) 果园、林地施用农药时禁止放鸡，停放时间按农药安全期而定，以防止鸡发生农药中毒。

(10) 鸡场应谢绝参观，特殊情况下，参观者应进行消毒，在鸡棚出入口通道上放置消毒盆，进出要进行消毒。发现病鸡应及时隔离饲养及治疗，避免交叉感染。

6. 掌握放养密度及放牧方式　针对不同的放牧方式，每群根据棚舍条件以 500～1 000 只为宜，按 2 001～3 335m² /栏实行围栏分区轮牧，每区放养周期控制在 1 个月左右，这样有于防止过度放牧造成草地破坏，同时使放牧地通过日光照射达到杀死病菌的目的。

7. 放养成鸡的饲料补饲　鸡为非草食家禽，光靠放牧采食远不能满足其生长需要，需早晚补饲精料。一般采用浓缩料加玉米配制，中鸡饲料推荐配方：35％鸡浓缩料、65％玉米；大鸡饲料推荐配方：30％鸡浓缩料、70％玉米。更换饲料时需有 3d 的过渡期。为减少饲料的浪费，可以将饲料拌湿后饲喂，但要现拌现喂。若植物有优质牧草，可在饲料中添加 15％～30％的优质牧草，可降低养殖成本。

任 务 评 估

一、填空题

1. 优质肉鸡又称_____。

2. 优质肉鸡除生产活鸡外，大批生产加工成_____、_____等，均以_____、_____而闻名，商品价值明显高于肉用仔鸡。

3. 为了提高优质肉鸡的成活率和生长速度，一般在_____周龄前采用室内地面平养，_____周龄后采用放养。

4. 黄羽肉鸡可按"两阶段"或"三阶段"进行饲喂。两段制分为_____周龄和_____周龄以后；三段制分为_____周龄、_____周龄和_____周龄以后。

5. 优质肉鸡的喂料原则是_____，_____。要求有足够的采食位置，使所有的鸡只能同时吃到饲料。一般_____周龄前喂小鸡料，_____周龄后喂中鸡料，_____周龄后喂育肥料。

6. 开始育雏时以_____℃为宜，随着鸡龄的增长，温度应逐渐降低，通常每周降低_____℃，到第5周龄时降到_____℃。

7. 放牧林地四周用尼龙网、塑料网、钢网围成围栏，也可用竹竿、树干作_____。围栏内饲养密度一般掌握在每667m² _____左右，场地周边设围栏，栏高_____ m。

8. 购买饲料应注意3个方面：一是查看_____，根据鸡龄的情况购买小、中、大鸡饲料；二是查看_____和保质期；三是检查饲料包装是否破损。

二、思考题

阐述优质型肉鸡的饲养管理技术要点。

模块七 鸭、鹅生产

项目一 鸭的饲养管理

任务1 蛋鸭的饲养管理

【技能目标】了解鸭的生物学特性、蛋鸭营养需要特点；掌握雏鸭饲养管理技术；育成鸭的放牧饲养和圈养技术；掌握蛋鸭不同阶段的饲养管理技术；掌握种鸭饲养管理技术要点，能正确实施种鸭的限制饲养技术和光照控制技术。

一、鸭的生活习性

1. 喜水性 鸭是水禽，喜欢在水中觅食、洗浴、嬉戏和求偶交配。因此，宽阔的水域、良好的水源是养鸭的重要条件之一。但鸭在休息的场所需要保持相对干燥才能保证健康和生产性能。对于采取舍饲的种鸭和蛋鸭，要设置一些人工小水池，以提供鸭洗浴及种鸭交配的场所。现代规模饲养条件下的肉鸭，也可全部实现旱养。

2. 耐寒怕热性 鸭全身覆盖羽毛，羽毛细密柔软，尤其是毛片下的绒毛保温性能好，加上具有较厚的皮下脂肪和发达的尾脂腺，能防水防寒，因此具有极强的耐寒能力。在0℃左右的低温下，仍能在水中活动，在10℃左右的气温下，仍能保持较高的产蛋率。但鸭比较怕热，在炎热的夏季喜欢泡在水中，或在阴凉处休息，觅食时间减少，采食量和产蛋量均会下降。

3. 杂食性 鸭的味觉、嗅觉均不发达，对饲料的品性要求不高。鸭的食道宽大，肌胃强而有力，可借助沙砾较快地磨碎食物。因此，鸭的食性很广，无论精、青、粗饲料都可作为鸭的饲料。鸭尤其喜腥，喜欢吃小鱼、小虾等腥味饲料，对螺蛳等贝壳食物具有特殊的消化能力，采食后能提高采食量。

4. 敏感性 鸭具有较强的反应能力，能较快地接受饲养管理的训练和调教，但鸭性急、胆小，容易受惊而互相挤压、践踏。影响生长和产蛋，甚至造成伤残和死亡。鸭的这种惊恐行为一般在1月龄开始出现。因此，应尽量减少应激，保持鸭舍的安静，防止犬、猫等动物侵害，避免突发性声响和突然的光照刺激。

5. 合群性 鸭性情温驯，群体内相互争斗较少，具有良好的合群性，经过训练的鸭在放牧条件下可以成群远行数里而不乱，因此适合大群放牧和圈养，便于管理。

6. 无就巢性 家鸭在人类长期驯化过程中已经丧失就巢性，但瘤头鸭仍然保留有就巢性。由于蛋鸭无就巢性，因而产蛋量较高，但孵化和育雏则需要人工进行。

7. 夜间产蛋性 鸭产蛋时间主要集中在0：00～5：00，一般在产蛋前0.5h左右才进入产蛋窝，恋蛋性弱，如果产蛋窝不够，有些鸭会将蛋产在地上。因此，鸭舍内产蛋窝数量要充足，在产蛋集中的时间应增加拣蛋的次数，防止破蛋、脏蛋。

8. 生活规律性 鸭的生活很有规律性，一经训练很容易建立条件反射。生产中鸭群的采食、休息、交配、产蛋、动物等容易形成固定的模式，管理人员不要随意改变以免影响生产。

二、蛋鸭的营养需要

国外制定的一些鸭的营养需要量标准，主要是北京鸭和番鸭。其中，以肉鸭的营养需要研究较多，研究蛋鸭营养的资料较少，我国目前尚未制定出完整的蛋用鸭营养需要，仅在借鉴国外标准的基础上制定了配合饲料的国家标准（表7-1至表7-3）。

表7-1 我国蛋鸭的营养需要

营养成分	周龄			产蛋期
	0～2	3～8	9～18	
代谢能（MJ/kg）	11.506	11.506	11.297	11.088
粗蛋白质（%）	20	18	15	18
赖氨酸（%）	1.2	0.9	0.65	0.90
蛋氨酸（%）	0.4	0.3	0.25	0.33
蛋氨酸+胱氨酸（%）	0.7	0.6	0.5	0.65
精氨酸（%）	1.2	1.0	0.7	1.0
维生素A（IU/kg）	4 000	4 000	4 000	8 000
维生素D_3（IU/kg）	600	600	600	1 000
维生素E（mg/kg）	20	20	20	20
维生素K（mg/kg）	2	2	2	2
维生素B_1（mg/kg）	4	4	4	2
维生素B_2（mg/kg）	5	5	5	8
烟酸（mg/kg）	60	60	60	60
维生素B_6（mg/kg）	6.6	6	6	9
泛酸（mg/kg）	15	15	15	15
生物素（mg/kg）	0.1	0.1	0.1	0.2
叶酸（mg/kg）	1.0	1.0	1.0	1.5
氯化胆碱（mg/kg）	1 800	1 800	1 100	1 100
维生素B_{12}（mg/kg）	0.01	0.01	0.01	0.01
钙（%）	0.9	0.8	0.8	2.5～3.5
磷（%）	0.5	0.5	0.45	0.5
钠（%）	0.15	0.15	0.15	0.15
氯（%）	0.15	0.15	0.15	0.15
钾（%）	0.25	0.25	0.25	0.25
镁（mg/kg）	500	500	500	500
锰（mg/kg）	100	100	100	100
锌（mg/kg）	60	60	60	60
铁（mg/kg）	80	80	80	80
铜（mg/kg）	8	8	8	8
碘（mg/kg）	0.6	0.6	0.6	0.6

表 7-2　生长鸭配合饲料国家标准

营养成分	育雏期（0～3 周龄）	生长期（4～9 周龄）	育成期（9 周龄至开产）
代谢能（MJ/kg）	11.5	11.5	10.8
粗蛋白质（%）	≥18	≥16	≥14
粗纤维（%）	≤6	≤6	≤7
粗灰分（%）	≤8	≤9	≤10
钙（%）	0.8～1.2	0.8～1.2	0.8～1.2
磷（%）	0.6～0.9	0.6～0.9	0.6～0.9
食盐（%）	0.2～0.4	0.2～0.4	0.2～0.4

表 7-3　产蛋鸭、种鸭配合饲料国家标准

营养成分	高峰期	后期
代谢能（MJ/kg）	11.3	11.1
粗蛋白质（%）	≥17	≥16.5
粗纤维（%）	≤6	≤6
粗灰分（%）	≤12	≤13
钙（%）	2.5～3.5	2.5～3.5
磷（%）	0.5～0.8	0.5～0.8
食盐（%）	0.2～0.4	0.2～0.4

养鸭户可充分合理地利用当地饲料资源，依据鸭的饲养标准，配制或购进价廉质优的全价饲料。

三、雏鸭的饲养管理

雏鸭是指 0～4 周龄的小鸭。做好育雏工作是养鸭成功的关键。

（一）雏鸭的生理特点

1. 生长发育快　雏鸭新陈代谢快，生长发育速度较快，4 周龄时雏鸭体重可达到初生重的 11 倍。

2. 环境的适应能力差　雏鸭各项生理机能尚未发育健全，因此对环境的适应能力较差，尤其对温度较为敏感，环境应激会造成鸭群生长缓慢，甚至死亡。

3. 消化能力差　雏鸭的消化器官尚未发育成熟，胃肠容积小，因此消化机能较弱。不良的饲养管理易造成雏鸭消化不良，降低育雏率。

4. 喜欢扎堆　雏鸭喜欢扎堆，即使在正常育雏条件下仍会出现扎堆情况，容易出现挤压现象，造成伤残或死亡。

5. 抗病能力差　雏鸭个体小，抗逆性较差，因此容易患病。

（二）育雏季节

主要根据本地自然条件和饲养条件，选择合适的季节，采取相应的技术进行育雏。根据育雏时间的不同，可将雏鸭分为：

1. 春鸭　当年 3～5 月出壳的雏鸭称为春鸭。这一时期天气逐渐转暖，气候适宜，天然饲料丰富，雏鸭可以充分觅食水生动物，在水稻田或麦地放牧，食杂草花籽。因此，春鸭生长快、省饲料、产蛋早，开产后能很快达到产蛋高峰。春鸭饲养成本相对较低，成活率较高。但春鸭御寒能力差，饲养不当会导致母鸭疲劳，遇到气温突然下降容易出现停产。如作

为种鸭,则要养到第2年春季才能留用种蛋,与秋鸭作种相比,需消耗较多的饲料。故饲养的春鸭一般都作为商品蛋鸭,或作为一般的肉鸭上市,很少留作种用。

2. 夏鸭 6~8月上旬出壳的雏鸭称为夏鸭。此期气温高、湿度大,天然野生饲料丰富。育雏期间的保温要求容易满足。此时,由于农作物生长旺盛,放牧条件好,场地宽阔,自然饲料丰富,所以,育成期进行放牧饲养既可以节省饲料,还能增强鸭的体质,为成年后的高产打下良好基础。

3. 秋鸭 8月中旬到10月出壳的雏鸭称为秋鸭。此期气温逐渐下降,符合雏鸭由小到大育雏温度逐渐下降的特点。在南方秋季是育雏的较好的季节,可充分利用晚稻收获时间放牧秋鸭,可节省饲料。如将秋鸭留作种用,产蛋高峰期正遇上春孵期,种蛋价值高,南方大部分地区将秋鸭作为种鸭。如作为蛋鸭饲养,开产以后产蛋持续期长,产蛋期可延续到第2年年底。但秋鸭的育成期正处于寒冬,气温低,天然饲料少,放牧地少,故应注意防寒和适当补料。饲养秋鸭,可以将不适合留种的个体淘汰,短期育肥后作肉鸭出售,这时正逢元旦、春节,可获得较好的经济效益。

确定育雏季节还应考虑市场价格的变化规律,要把鸭群的产蛋高峰期安排在一年中鸭蛋价格最高的阶段,才能获得最大的养殖收益。

(三) 育雏方式

雏鸭的育雏方式主要有地面育雏、网上育雏和笼内育雏3种。

1. 地面平养育雏 将雏鸭直接饲养在垫料上。育雏舍地面上铺上5~10cm松软的垫料。垫料来源有清洁干燥的稻草、谷壳或木屑等。垫料的厚度可随鸭龄的增长而减少。此法的优点是设备简单,投资少,但需加强垫料管理,防止垫料潮湿,否则易诱发疾病。

2. 网上育雏 在距地面60cm左右处铺设金属网、塑料网或竹木栅条,将雏鸭饲养在网上。此法的优点是环境卫生条件好,雏鸭不与粪便接触,感染疾病的机会少,成活率高,节省垫料,节约劳动力。缺点是一次性投资比较大。

3. 笼内育雏 即将雏鸭饲养在育雏笼内。目前,我国笼养主要用于育雏阶段。笼养多采用单层,也可采用两层重叠式或半阶梯式。笼子可用金属或竹木制成。笼养可减少鸭舍和设备的投资,降低劳动强度,还可有效地预防疾病。因此,笼养鸭生长发育迅速、整齐,成活率高。

(四) 雏鸭的饲养

1. 开水 雏鸭出壳后第1次饮水称开水,一般在出壳后24h左右进行。给雏鸭饮水多采用饮水器或浅水盘。方法是抓1~2只雏鸭将其喙部浸入水盘中,让其喝水,反复几次雏鸭即可学会饮水,其他雏鸭会模仿饮水。也可将雏鸭放入1cm深的清水盘中,任其自由饮水、洗毛。开水最好用20℃左右的温水,水中可加入0.02%的高锰酸钾、抗生素等预防肠道疾病,长途运输时还要在水中加入0.1%维生素和5%~10%的葡萄糖,以提高成活率。

2. 开食 开食要在开水后15min左右进行。开食应用营养丰富、品质优良、易消化的饲料。传统方法是采用半生熟的夹生米饭开食;现代饲养提倡用全价配合饲料开食,最好用破碎的颗粒料,这样更有利于雏鸭的生长发育和提高成活率。将开食料撒在塑料布或草席上,让鸭自由采食,对不会吃食的雏鸭,应加以人工辅助。喂料要掌握少喂多餐的原则,吃至七八成饱即可,否则易造成消化不良。

3. 饲喂 定时喂料,让鸭自由采食。饲喂次数:10日龄以内,每天喂5~6次,白天4

次，晚上1~2次；11~20日龄，白天喂3次，晚上1~2次；20日龄以后，白天喂3次，晚上喂1次。10日龄内将料撒在塑料布或草席上饲喂，10日龄后直接用料桶饲喂，15日龄后还可考虑用喂料箱喂料。育雏期喂料量参考见表7-4。

表7-4 绍鸭育雏期喂料量参考

日龄	喂料量[g/(只·d)]	日龄	喂料量[g/(只·d)]
1	2.5	8	20
2	5.0	9	22.5
3	7.5	10	25
4	10	11	27.5
5	12.5	12	30
6	15	13	32.5
7	17.5	14	35

(五) 雏鸭的管理

1. 做好保温工作 温度是影响育雏成活率和健康的主要因素，此阶段特别要注意做好保温工作。保温的方式可采用自温育雏或给温育雏。自温育雏是利用雏鸭自身的温度，使用保温用具如塑料薄膜、被单等，根据雏鸭数量调节温度，此法宜在气温较高的季节或地区采用。给温育雏是通过人工加温来维持雏鸭需要的温度。雏鸭育雏期应根据雏鸭的表现灵活调整温度。育雏舍温度适宜，雏鸭均匀分布，卧伏休息，睡眠安稳，没有怪叫声；育雏舍温度低时，雏鸭缩颈耸翅，互相堆挤，不断往鸭堆里边钻或向上爬，并发出"嘎嘎"的叫声。育雏温度高时，雏鸭喘气，饮水增多。雏鸭所需温度见表7-5。

表7-5 蛋用雏鸭育雏温度（℃）

日龄	1~7日龄	8~14日龄	15~21日龄	22~28日龄	28日龄以后
温度	30~26	28~22	24~19	20~15	15

3周龄后雏鸭已具有一定的抗寒能力，当室温达到15℃左右，可以不再人工给温。肉用仔鸭则要求一直保持在20℃左右。脱温时要逐渐进行。

2. 合理分群 分群是提高雏鸭成活率的重要环节。对雏鸭进行合理分群，可提高个体的均匀度，还可及时淘汰病弱个体，提高饲养效率。分群方法：育雏舍应用隔栏分隔成若干小圈，雏鸭进舍后按个体大小、强弱、年龄等进行分群饲养，每小群300~500只，随日龄增加应及时调整饲养密度。要防止雏鸭互相堆挤，应每隔1h左右用手轻轻赶起鸭群促其运动，以免造成全身"湿毛"，甚至窒息死亡。雏鸭平面饲养密度见表7-6。

表7-6 蛋用雏鸭平面饲养密度（只/m²）

日龄	1~10日龄	11~20日龄	21~30日龄
夏季	35~30	25~30	25~20
冬季	40~35	35~30	25~20

在笼养条件下饲养密度为每平方米笼底面积第1周50只，第2周40只，第3周32只。

3. 放水和运动 雏鸭3日龄即可放水。天气晴朗时（室外温度超过18℃），即可让雏鸭到运动场运动，并引导其在浅水中嬉水，不能硬赶鸭下水。放水的时间，首日1次，10～20min为宜，以后逐渐延长时间。水由浅至深，水池深5～10cm，最深处可达30～40cm。每次放水后，要赶雏鸭上岸或到运动场避风休息、理毛，待羽毛干后再赶回鸭舍。

除洗浴外，雏鸭的运动方式还有两种，一种是室内运动，即每隔20min慢慢轰赶1次；另一种是室外运动，适用于1周龄以上的鸭，选择天气晴朗的中午，让鸭在室外运动场运动15～20min，随鸭年龄增加逐步延长其室内外活动的时间。雨天不能放出活动。夏季运动场要有遮阴网，以防太阳暴晒，雨天、寒冷天气可停止放水运动，以免鸭淋湿受凉。

4. 做好放牧工作 1周龄以上的雏鸭可进行放牧。第1次放牧要选择暖和的晴天进行，让其在舍外运动场或鸭舍周围的放牧地活动，开始每天上下午各放牧1次，每次20～30min。上午放鸭要晚，下午收鸭要早，夏季放牧要防雨淋日晒，冬天要避免大风和雪天。待雏鸭适应后，可逐渐延长放牧时间，放牧地点由近到远。雏鸭大毛开始长大时可进行全天放牧。放牧地要选择地势平坦、青草幼嫩、水源较近的地方，对于没吃饱的雏鸭，要及时补饲。

5. 搞好清洁卫生 要保持鸭舍内外清洁、干燥、通风良好、空气新鲜，做到勤换垫料，清除积粪。水池定期更换水，并保持清洁卫生。定期进行消毒，饲槽、饮水器每天清洗、消毒，鸭舍地面、运动场也应定期消毒。

6. 减少意外伤亡 雏鸭自卫能力差，因此要加强管理，尽量减少鸭群因受惊吓或室温低引起的挤压伤亡，还要防止饲养员疏忽大意踩、压伤雏鸭。10日龄前的雏鸭放水时应注意观察，防止溺水。笼养时要防止雏鸭的腿脚被底网孔夹住，头颈被网片连接缝挂住。运动场地面应平整，以防雏鸭脚底划伤导致跛脚，影响其行走与采食。

7. 建立稳定的管理程序 鸭合群性强，各种行为要在雏鸭阶段开始培养，经过调教训练，使鸭的饮水、采食、下水游泳、上岸理毛、入舍休息、放牧等活动做到定时定地、专人管理，并形成规律。根据这一规律，建立一套管理程序，以后不要轻易改变，以免影响鸭的生长和健康，降低育成率。

四、育成鸭的饲养管理

（一）育成鸭的特点

育成鸭是指5～18周龄的中鸭，也称青年鸭。这个时期，鸭的消化机能已健全，生长发育迅速，也是骨骼、羽毛、肌肉、生殖器官生长发育的重要时期。鸭的活动能力很强，合群性强。育成鸭饲养管理的好坏直接影响产蛋鸭的生产性能和种鸭的种用价值。

（二）育成鸭的饲养管理

1. 放牧饲养 放牧饲养是我国传统的饲养方式。育成鸭觅食能力强，能在农田、江河、果园、水库、湖泊等地觅食各种天然的动植物饲料。因此，进行放牧饲养可节约大量饲料，降低饲养成本。

（1）放牧前的训练和调教。

①觅食训练。应根据放牧地的饲料类型进行针对性训练。我国大部分地区是稻田地区，放牧饲养主要是觅食落谷，因此需要训练鸭觅食稻谷的能力。方法是将洗净的稻谷用开水煮至米粒从谷壳里爆开（称开口谷），再放入冷水中浸凉，逐渐由少到多添加到配合饲料中，开始时要将开口谷撒在料盆中饲料上面，以后数量大时再混入配合饲料中，直到全部用稻谷

饲喂。鸭适应吃开口谷后，放牧前还要训练吃落地谷。喂料前先将一部分稻谷堆撒在地上让鸭采食，喂几次之后，鸭就学会吃落地谷。以后再训练鸭从浅水中觅食，方法是将喂食移到鸭滩边，并把一部分稻谷撒在浅水中，让鸭啄食。这样就使鸭慢慢建立起水下地上都能觅食稻谷的能力。

在湖泊、江河、池塘、沟渠等地进行放牧的鸭群，还可训练鸭采食螺蛳的能力。方法是先调教鸭群吃螺蛳肉，然后改成将螺壳轧碎后连壳饲喂，最后直接喂给过筛带壳的小嫩螺蛳。经过调教后，鸭子养成采食整只螺蛳的习惯，最后可将螺蛳撒在浅水中，使鸭学会在浅水中采食螺蛳。

②放牧信号训练。要用固定的信号和动作进行训练，使鸭群建立起听从指挥的条件反射。

(2) 放牧方法。

①一条龙放牧法。此法适用于在收割后的稻田放牧。一般由2~3人管理一个鸭群。放牧时由一人在前面领路，引导鸭群前进，助手在后面两侧压阵，使鸭群形成5~10层，缓慢前行。

②满天星放牧法。将鸭群赶到放牧地内，让鸭群分散在放牧地内自由采食，放牧人员定时在田边走动进行巡视。此法适合于干田块或近期不会翻耕的田块。

③定时放牧法。在一天的放牧过程中，按照鸭的采食规律在采食高峰时期（9：00~10：00、12：00~14：00、16：00~18：00）进行放牧采食，然后集中休息和洗浴。

(3) 放牧注意事项。

①放牧前要选好放牧地和放牧路线。做到四不放：刚施过化肥农药的不放；不割完禾的田块不放；发生传染病的疫区不放；受"三废"污染或污浊的河流不放。

②放牧要选择水浅的地方，应逆水觅食，遇到有风时，应逆风放牧，以免鸭毛被吹开，使鸭受凉。

③注意根据气温和水温确定放牧的时间。夏季天热时，应在清晨或傍晚进行放牧，放牧地不能太远，以防鸭疲劳中暑。天气恶劣时尽量不放牧或不远牧。

④检查鸭群吃食情况。如收牧时鸭嗉囊充盈，说明放牧效果良好，可以不补饲；如果鸭嗉囊较空、鸭精神不安，说明野外觅食不足，需要补饲，以免影响生长。

2. 圈养 将育成鸭圈在固定的鸭舍内饲养，不外出放牧的饲养方法称为圈养或关养。这种方法是北方常采用的饲养方式。

圈养的优点是环境可以控制，有利于科学养鸭，稳产高产。可以节省劳力，提高劳动生产效率。可降低传染病的发病率，减少中毒等意外事故，提高成活率。

(1) 圈养鸭的饲养。圈养鸭必须喂给全价配合饲料，保证日粮营养成分的完善。每天饲喂2~3次，根据理论参考喂料量确定每次给料量。饲料用混合粉料，喂饲前加适量清水拌成湿料喂。饮水要充足。

由于圈养条件下鸭活动量小，为防止育成鸭体重过大过肥或性成熟过早，影响以后的生产性能，对青年鸭必须进行限制饲养。限制饲养一般在10~16周龄进行。饲喂全价配合饲料，可采取限量饲喂或限时饲喂的方法。限制饲养时，要结合称测体重确定饲喂量。开始时在早晨喂料前空腹称1次体重，以后每2周抽样称测10%的个体体重，根据体重观察鸭群的整齐度，调整鸭群的饲喂量，将鸭群体重控制在适宜范围。小型蛋鸭育成期各周龄的体重和饲喂量见表 7-7。

表 7-7　小型蛋鸭育成期各周龄的体重和饲喂量

周龄	体重（g）	参考喂料量 [g/（只·d）]	周龄	体重（g）	参考喂料量 [g/（只·d）]
5	550	80	12	1 250	130
6	750	90	13	1 300	135
7	800	100	14	1 350	140
8	850	105	15	1 400	140
9	950	115	16	1 420	140
10	1 050	120	17	1 440	140
11	1 100	125	18	1 460	140

（2）圈养鸭的管理。

①分群和密度。圈养鸭的规模可大可小，但每个鸭群的组成不宜太大，以 500 只左右为宜。饲养密度一般可按以下标准掌握：5～9 周龄每平方米 20～15 只，10～18 周龄每平方米 12～8 只。

②控制光照。光照时间宜短不宜长，每天光照时间稳定在 8～10h，夜间补充光照不宜用强光，光照度 5lx 即可。但为方便鸭夜间休息、饮水，并防止老鼠引起惊群，舍内应通宵弱光照明。

③适当加强运动。每天定时在鸭舍内驱赶鸭做转圈运动，每天 2～4 次，每次 5～10min。也可让其在鸭舍外运动场和水池中活动、洗浴，以促进骨骼、肌肉生长，防止过肥。

④建立稳定的作息制度，减少应激。合理安排采食、饮水、下水活动、上岸理毛、入舍休息等环节，并形成稳定的作息制度。饲养员多与鸭群接触，锻炼鸭群胆量，提高鸭对环境的适应能力，防止惊群。

五、产蛋鸭的饲养管理

母鸭从开产直至淘汰为止（19～72 周龄）这一时期称为产蛋期。产蛋鸭群饲养管理的目标是要提高产蛋量和蛋重，减少破蛋和脏蛋，降低饲料消耗及死淘率，获得最佳的经济效益。

（一）产蛋鸭的特点和产蛋规律

1. 产蛋鸭的特点

（1）新陈代谢旺盛，勤觅食。产蛋鸭代谢旺盛，消化快，觅食最勤。早晨醒得早叫得早，放牧时出舍快，四处觅食。喂料时反应快，好抢食。此阶段营养不足可导致产蛋量下降，蛋重减轻，蛋壳质量差，体重下降等。因此，除加强放牧外，还要补饲，以满足其营养需要。

（2）生活、生产规律。产蛋鸭经过前期调教饲养，已形成放鸭、喂料、光照、休息、产蛋等有规律的活动，突然改变会引起产蛋量下降。

（3）胆大，性情温驯，喜欢离群。母鸭开产后胆大，到处觅食，喜欢单独行动，这样就增加了放牧难度。鸭进舍后安静伏卧，不乱跑乱叫，安静休息。

2. 产蛋规律 蛋鸭 150 日龄左右产蛋率达到 50%，至 200 日龄时产蛋率达 90% 以上，产蛋高峰期可持续到 450 日龄左右，以后产蛋率逐渐下降。母鸭产蛋大多集中在后半夜，夏季多在 0:00~2:00，冬季多在 2:00~4:00，规律性很强，要求环境安静，避免鸟兽、异常声响等应激因素干扰，以防鸭群骚乱、惊群引起产蛋量下降。

（二）产蛋鸭的饲养管理

1. 饲养方式 产蛋鸭的饲养方式包括放牧、全舍饲和半舍饲。半舍饲方法最多见，半舍饲的饲养密度为每平方米 7~8 只。

2. 环境条件要求 产蛋鸭适宜的环境温度为 13~20℃。有利于母鸭产蛋的光照时间为每天 15~16h，从 17~19 周龄开始逐渐增长，直至 22 周龄达到 16~17h 为止，以后维持不变。光照度为 10lx，即每平方米 2.5~3W。夜间用弱光通宵光照，以便于鸭群夜间饮水、采食，到产蛋箱产蛋。产蛋期饲养密度以每平方米 6~8 只为宜，每群以 500~800 只为好。保持鸭舍及运动场清洁卫生、干燥，定期消毒。保持环境安静，减少应激对产蛋鸭的影响，以免引起产蛋率下降。

3. 设置产蛋窝 一般采用开放式的产蛋窝，可在鸭舍一角用围栏隔开，或沿鸭舍周边靠墙设置连续的产蛋小间，每小间规格为 40cm×30cm×40cm，每个产蛋窝供 4 只母鸭产蛋。产蛋窝底铺上松软干净的垫草，要经常添加或更换垫草，产蛋窝一旦放好就不能随易变动。蛋鸭的光照时间和光照度见表 7-8。

表 7-8 蛋鸭的光照时间和光照度

周龄	光照时间	光照度
1	24h	10lx
2~7	23h	10lx，另加 1h 弱光光照
8~18	8~10h 或自然光照	夜间弱光光照
19~22	每天增加 15~20min，直至 16h	10lx，夜间弱光光照
23 周龄后	维持在 16h，淘汰前 4 周可增加至 17h	10lx，夜间弱光光照

4. 产蛋期的分期和饲养管理要点 蛋鸭的产蛋期一般分为 4 个时期，即 150~200 日龄为产蛋初期，200~300 日龄为产蛋前期，300~400 日龄为产蛋中期，400~500 日龄为产蛋后期。

（1）产蛋初期和产蛋前期。此阶段饲养管理重点是让鸭群尽快达到产蛋高峰。按产蛋期的营养需要提供营养丰富全面的饲料，特别是蛋白质和钙、磷的含量及比例。产蛋率在 60% 以下时，可采用粗蛋白质为 15%~16%，代谢能为 11.3MJ/kg，钙为 2.9%，磷为 0.5% 的营养水平。增加饲喂次数，白天喂 3 次，21:00~22:00 喂 1 次。每只鸭平均采食量为 150g/d。光照时间要逐渐增加，至 22 周龄时达到 16h，以后不变，夜间弱光照明。

（2）产蛋中期。此阶段饲养管理重点是为鸭提供生产所需营养和稳定、安静、卫生的生活环境，尽可能使产蛋高峰期持续较长时间。产蛋率在 60% 以上时，可采用粗蛋白质为 17.5%，代谢能为 11.3MJ/kg，钙为 2.9%，磷为 0.5% 的营养水平。光照维持在 16~17h。产蛋中期应淘汰低产鸭。低产鸭一般体重大，肛门小，耻骨间距窄，腹部过度下垂的鸭。

（3）产蛋后期。此阶段应根据鸭群的体重和产蛋率变化调整营养水平和喂料量，尽量减缓鸭群产蛋率的下降。产蛋率较高时维持原饲料营养水平，产蛋率较低时，可适当降低蛋白质水平，控制体重增加，同时适当增加钙、磷含量。当产蛋率降至60%左右时，则应考虑及早淘汰。

六、种鸭的饲养管理要点

1. 严格选留，养好种公鸭 种公鸭必须生长发育良好，体质健壮，性器官发育健全，性欲旺盛，精子品质优良。公鸭年龄应比母鸭大1～2个月，以保证在母鸭产蛋前公鸭能达到性成熟。在育成期公、母鸭分开饲养，采用以放牧为主的饲养方法，让公鸭多锻炼，多活动。对已经性成熟但未到配种期的公鸭应少下水，以减少公鸭互相嬉戏，形成恶癖。配种前20d左右公、母鸭混群饲养，此时应多放水，少关养，以刺激公鸭的性欲。

2. 公、母比例适宜 蛋用型品种种公鸭配种能力强，公、母比例以1∶20～1∶25为宜，可保持受精率都在90%以上。配种季节应随时观察鸭群配种表现，发现伤残的公鸭应及时调出并加以补充。

3. 加强洗浴 鸭大多是在水中进行交配，交配的高峰期主要在清晨和傍晚。因此，应延长种鸭下水活动时间，做到早放鸭、迟关鸭，增加其下水活动时间，这样有利于配种，提高受精率。如果种鸭场附近没有水库、池塘等水源，应在场内建人工水池，最好是流动水，若是静水则应经常更换，以保持水质清洁。

4. 加强日常管理 保持舍内垫草干燥清洁，经常翻晒和更换。每天清晨及时收集种蛋，及时消毒和妥善保存。保持鸭舍环境的安静，避免惊群和骚乱。

七、人工强制换羽

人工强制换羽可以调控产蛋季节，缩短休产期，提高种蛋品质。可结合鸭群进入休产期进行自然换羽的规律采用人工强制换羽，可缩短换羽期2个月以内。

鸭的强制换羽一般是通过停料、控光、拔羽等措施来进行。通常分3个步骤：第1步是遮光停料。第1天将鸭在舍内关养、遮光，停料停水；第2天仅在上午给水1次；第3天给足够饮水，第4天开始给少量糠麸类饲料，第7～13天增加糠麸类饲料，另喂少量青饲料，10d内不放牧不放水。第2步是拔羽，经过停料刺激后，可于第15～20天开始人工拔羽。拔羽必须在羽根已干枯、易脱不出血时进行。拔羽时将主翼羽、副翼羽、主尾羽依次用瞬时力逐一拔除。第3步是复壮，逐步恢复喂给营养水平较高的饲料，增加喂料量；拔羽后第2天开始放牧放水，拔羽后5d内避免烈日暴晒，以保护毛囊组织，利于新羽的生长。强制换羽期间公、母鸭分开饲养，同时拔羽，以免影响配种。

任 务 评 估

一、填空题

1. 蛋鸭饲养一般按育雏期_____周龄，育成期_____周龄，产蛋期_____周龄分为3个阶段。
2. 雏鸭的育雏方式有_____、_____和_____3种方式。

3. 春鸭是指_____月出壳的雏鸭,秋鸭是指_____月出壳的雏鸭。
4. 10日龄内的雏鸭每天喂_____次,白天喂_____次,晚上喂_____次;圈养育成鸭每天喂_____次,产蛋鸭每天喂_____次,每天每只鸭平均喂配合饲料_____g左右。
5. 母鸭每天产蛋时间一般集中在_____。
6. 产蛋鸭舍一般采用_____光照,便于鸭群夜间饮水、采食,到产蛋窝产蛋。
7. 鸭交配一般在_____中进行,交配高峰期主要在_____。因此,应做到_____放鸭、_____关鸭,增加其下水活动时间,有利于配种,提高受精率。

二、选择题
1. 初生雏鸭入舍后( )。
　　A. 先饮水后开食　　B. 先开食后饮水　　C. 开食饮水同时进行
2. 雏鸭1~3日龄的温度以( )℃为宜。
　　A. 28~30　　B. 24~26　　C. 20~22
3. 蛋用型产蛋鸭平面饲养时每平方米饲养( )只。
　　A. 3~4　　B. 6~8　　C. 10~12
4. 天气暖和时,雏鸭放水训练可从( )日龄开始进行。
　　A. 1　　B. 3　　C. 7
5. 种鸭实行人工强制换羽需要( )个月左右可恢复产蛋。
　　A. 2　　B. 4　　C. 6

三、问答题
1. 鸭有哪些生物学特性?
2. 如何做好雏鸭的饲养管理?
3. 育成鸭如何圈养?
4. 如何进行种鸭的人工强制换羽?

四、思考题
如何针对产蛋鸭的特点及产蛋规律,做好产蛋鸭的饲养管理?

任务2　肉鸭的饲养管理

【技能目标】了解肉鸭的营养需要;了解肉鸭育肥方法;掌握肉鸭人工填饲技术。

一、肉用仔鸭生长特点

肉用仔鸭具有生长迅速,体重大,出肉率高,饲料转化率高,生产周期短,全年可批量生产等特点。肉用仔鸭的早期生长速度是所有家禽中最快的一种。大型肉鸭饲养6~7周龄即可上市,体重可达3kg以上,饲料转化率为2.6~2.7∶1。胸腿肉发达,出肉率高,肉质嫩,风味好。由于早期生长快,饲养期为6~8周,因此资金周转快,适合于集约化生产和全年批量生产。

二、肉鸭的营养需要

国外制定的鸭营养需要量的标准，主要是北京鸭和番鸭，且这些标准大多是参照肉鸡的饲养标准制定的。生产中应根据实际饲养情况参考使用。肉鸭的饲养标准参见表 7-9 至表 7-11。

表 7-9　肉鸭的营养需要

营养成分	北京鸭（美国 NRC 1994）			中国台湾（1993）	
	0～2 周龄	3～7 周龄	种鸭	0～3 周龄	4～8 周龄
代谢能（MJ/kg）	12.13	12.55	12.13	12.09	12.09
粗蛋白质（%）	22.00	16.00	15.00	18.70	15.40
赖氨酸（%）	0.90	0.65	0.60	1.10	0.90
蛋氨酸（%）	0.40	0.30	0.27	0.40	0.27
蛋氨酸＋胱氨酸（%）	0.70	0.55	0.50	0.68	0.57
精氨酸（%）	1.10	1.00	1.10	1.00	0.89
异亮氨酸（%）	0.63	0.46	0.38	0.66	0.54
亮氨酸（%）	1.26	0.91	0.76	1.30	1.08
色氨酸（%）	0.23	0.17	0.14	0.24	0.20
苏氨酸（%）					
缬氨酸（%）	0.78	0.56	0.47	0.80	0.68
钙（%）	0.66	0.75	2.75	1	0.9
有效磷（%）	0.40	0.36	0.40	0.7	0.65

表 7-10　樱桃谷肉鸭的营养需要

营养成分	0～2 周龄	3 周龄以上
代谢能（MJ/kg）	13.00	13.00
粗蛋白质（%）	22	16
精氨酸（%）	1.53	1.20
异亮氨酸（%）	1.11	0.87
亮氨酸（%）	1.96	1.68
赖氨酸（%）	1.23	0.89
蛋氨酸（%）	0.50	0.36
蛋氨酸＋胱氨酸（%）	0.82	0.63
色氨酸（%）	0.28	0.22
苏氨酸（%）	0.92	0.74
缬氨酸（%）	1.17	0.95
苯丙氨酸（%）	1.12	0.91
甘氨酸＋丝氨酸（%）	2.46	1.90
钙（%）	0.8～1.0	0.65～1.0
可利用磷（%）	0.55	0.52
维生素 A（IU/kg）	2 500	2 500
维生素 D_3（IU/kg）	400	400
维生素 E（IU/kg）	10	10
维生素 K（mg/kg）	0.5	0.5
维生素 B_2（mg/kg）	4.0	4.0
烟酸（mg/kg）	55	55
维生素 B_6（mg/kg）	2.5	2.5
泛酸（mg/kg）	11.0	11.0

表 7-11 肉用仔鸭配合饲料国家标准

营养成分	0～3 周龄	4 周龄以上
代谢能（MJ/kg）	11.7	12.1
粗蛋白质（%）	≥19	≥17
粗纤维（%）	≤6	≤6
粗灰分（%）	≤8	≤9
钙（%）	0.8～1.2	0.8～1.2
磷（%）	0.6～0.9	0.6～0.9
食盐（%）	0.2～0.4	0.2～0.4

三、肉鸭的饲养管理

(一) 饲养方式

肉用仔鸭大多采用全舍饲的饲养方式，一般采用地面平养、网上平养、笼养 3 种类型。笼养多用于育雏阶段，网上平养多用于大型肉用仔鸭，地面平养则适用于各种肉仔鸭饲养。

(二) 育雏期的饲养管理

0～3 周龄是肉鸭的育雏期，这是肉鸭生产中的重要环节。

1. 环境条件 肉鸭的保温要求比蛋鸭要高，1 周龄内的温度应在 29～30℃，2～3 周龄末降至 18～21℃。1 周龄内采用 23～24h 光照，1h 黑暗，2 周龄要求 18h 光照，2 周龄以后 18h 保持到出栏前。也可于 2～3 周龄即过渡到自然光照。白天利用自然光照，早晚喂料时只提供微弱灯光，只要看见灯光即可。鸭舍内湿度适宜，第 1 周相对湿度为 65%，第 2 周为 60%，第 3 周以后为 55%。根据饲养方式和通风结构合理调整饲养密度。不同饲养方式雏鸭的饲养密度见表 7-12。

表 7-12 肉雏鸭平面饲养密度（只/m²）

周龄	地面平养	网上平养	笼养
1	20～30	30～50	60～65
2	10～15	15～25	30～40
3	7～10	10～15	20～25

2. 雏鸭的饲养管理

(1) 雏鸭的选择。肉用雏鸭应来源于优良健康的种鸭群。所购雏鸭应大小一致，体重在 55～60g，精神活泼，无大肚脐、歪头、拐脚等，毛色整洁有光泽。

(2) 分群。分群管理可提高育雏率，每群 300～500 只为宜。

(3) 饮水。雏鸭开食前先饮水。饮水中应加入适量的维生素 C、葡萄糖、抗生素，可提高成活率。饮水器数量要充足，不能断水，也要防止水外溢。

(4) 开食。雏鸭出壳 24h 左右开食。用全价的破碎料饲养肉用雏鸭效果较好，如果没有条件也可用夹生米加蛋黄饲喂，几天后改用营养丰富的全价配合饲料。

(5) 饲喂方法。第 1 周龄的雏鸭采用自由采食，保持料盘中随时有料，宜少喂勤添，防止饲料被污染而引起雏鸭患病或浪费饲料。

(三) 生长肥育期的饲养管理

肉用仔鸭从 4 周龄到上市这一阶段称为生长肥育期。根据肉用仔鸭生长发育特点，进行科学合理的饲养管理，使其在短期内迅速生长，达到上市要求。

1. 饲养方式　多采用舍内地面平养或网上平养，育雏期地面平养或网上平养的，可不转群，以减少应激。对于由笼养转为平养的，应在转群前一周做好鸭舍清洁卫生和消毒工作，地面平养要铺设好垫料，转群前加满饲料，保证饮水不断。

2. 温度、湿度和光照　鸭舍内温度以15～18℃为宜，冬季要注意加温。湿度50%～55%，保持地面垫料干燥。光照以能看见、可吃食即可。白天用自然光，早晚加料时才开灯。

3. 饲养密度　地面平养饲养密度，每平方米饲养只数为：4周龄，7～8只，5周龄，6～7只，6周龄，5～6只，7～8周龄，4～5只，具体的可根据鸭群个体大小及季节而定。气温太高时可让鸭在室外过夜。

4. 饲喂次数　白天3次，晚上1次。喂料原则以刚好吃饱为宜。为防止饲料浪费，可将饲槽高度控制在10cm左右。自由饮水，保证饮水充足。每只鸭占有饲槽位置在10cm以上，水槽位置在1.25cm以上。

四、肉鸭的育肥

我国肉鸭的育肥方法主要包括放牧育肥、圈养育肥和人工填饲育肥。

1. 放牧育肥　一般多用于麻鸭的育肥，在我国南方水稻田地区或水田密布地区较多采用。放牧育肥季节性很强，通常一年有3个放牧育肥期：即春花田时期、早稻田时期、晚稻田时期。仔鸭在收稻前2个月育雏，放牧20～35d，体重达2.0kg左右即可上市屠宰。放牧鸭群以600～800只为宜。可根据鸭群放牧觅食的情况，适当补饲。

2. 圈养育肥　为工厂化规模饲养条件下肉鸭常用的育肥方式，在无放牧条件或天然饲料较少的地区较多采用。鸭场应建有鸭舍及水、陆运动场，舍内设水槽、饲槽。饲喂高能量、高蛋白全价配合饲料，每天喂4次，任其自由采食，供给饮水。饲料中可加入沙砾或将沙砾放于料桶中，任鸭采食，以助于消化。适当限制鸭的活动，定时放鸭入水洗浴、活动，待毛干后赶回鸭舍休息。鸭舍要求光线较暗，空气流通，周围环境安静，舍内的垫料要经常翻晒或增加垫料，以免造成仔鸭发生胸囊肿。经过10～15d肥育饲养，可增重约0.5kg。圈养育肥不受季节影响，一年四季均可采用。

3. 人工填鸭育肥　人工填鸭育肥是指通过人为强制鸭吞食大量高能量饲料，促进其在短期内快速增重和沉积脂肪，从而达到快速育肥的目的。填鸭主要供制作烤鸭用。大型肉鸭品种如北京鸭、樱桃谷鸭、番鸭及其与麻鸭杂交后代都是较为理想的填鸭品种，尤其以北京鸭较为常用。北京鸭填饲日龄在6～7周龄，体重达1.6～1.8kg时，经10～15d的强制填饲，体重达到2.7～3.0kg时即可上市。

五、肉用种鸭的饲养管理

（一）生长阶段的饲养管理

肉用种鸭生长阶段包括育雏期（0～4周龄）和育成期（5～24周龄）。育雏期饲养管理参照肉鸭育雏期饲养管理。育成期是养好种鸭的关键时期，此阶段的体重和光照管理是影响产蛋期产蛋量和孵化率的关键因素。

1. 饲养方式　肉用种鸭育成期多采用半舍饲方式。

2. 限制饲养 进入到育成期，由于鸭的食欲旺盛，消化能力强，增重迅速，体重易超过标准。因此，肉种鸭生长阶段对体重的控制是关键，也是种鸭饲养是否成功的决定因素。

(1) 限饲方法。有每日限饲法和隔日限饲法。每日限饲是按限饲量将 1d 的料 1 次投喂；隔日限饲是把 2d 规定的饲料量合在 1d 投饲，第 2 天不喂料。实践证明，隔日限饲的效果更佳。因这样一次投给的喂料量多，较小的鸭子也能采食到足够的饲料，鸭群生长发育整齐。

(2) 喂料量确定。从 5 周龄开始改喂育成期日粮。按育种公司提供的标准给料。28 日龄早上，从鸭群中随机抽样 10% 个体，空腹称重，计算平均体重，与标准体重比较，以确定下周的喂料量。如在标准体重的范围（标准±2%）内，则该周按标准喂料量饲喂；如超过标准体重 2% 以上，则该周每日每只喂料量减少 5～10g；低于标准体重 2% 以下，则每只每日增加 5～10g 饲料。樱桃谷鸭 SM 父母代种鸭饲喂标准和标准体重见表 7-13、表 7-14。

表 7-13 樱桃谷鸭 SM 父母代种鸭饲喂标准（0～28 日龄）

日龄	g/只	累计（g）	日龄	g/只	累计（g/只）
1	5.1	5.1	15	75.8	606.3
2	10.1	15.2	16	80.8	687.1
3	15.2	30.3	17	85.9	773.0
4	20.2	50.5	18	90.9	864.0
5	25.2	75.8	19	96.0	960.0
6	30.3	106.1	20	101.0	1 061.0
7	35.4	141.5	21	106.1	1 167.0
8	40.4	181.9	22	111.1	1 278.3
9	45.5	227.4	23	116.2	1 394.5
10	50.5	277.9	24	121.3	1 515.7
11	55.6	333.5	25	126.3	1 642.0
12	60.6	391.1	26	131.4	1 773.4
13	65.7	459.8	27	136.4	1 909.8
14	70.7	530.5	28	141.5	2 051.3

表 7-14 樱桃谷鸭父母代种鸭标准体重（kg）

周龄	大型		中型	
	公鸭	母鸭	公鸭	母鸭
1	0.14	0.13	0.13	0.13
2	0.37	0.35	0.35	0.35
3	0.72	0.66	0.68	0.66
4	1.14	0.99	1.04	0.99
5	1.55	1.30	1.39	1.30
6	1.90	1.54	1.66	1.54
7	2.19	1.73	1.89	1.73
8	2.44	1.90	2.09	1.90
9	2.67	2.04	2.26	2.04
10	2.88	2.18	2.42	2.18
11	3.09	2.31	2.57	2.31
12	3.27	2.43	2.72	2.43
13	3.45	2.54	2.86	2.54

（续）

周龄	大型		中型	
	公鸭	母鸭	公鸭	母鸭
14	3.58	2.63	2.97	2.63
15	3.73	2.71	3.10	2.71
16	3.86	2.79	3.22	2.79
17	3.98	2.87	3.33	2.87
18	4.09	2.94	3.42	2.94
19	4.14	3.01	3.47	3.01
20	4.18	3.09	3.52	3.09
21	4.21	3.16	3.56	3.16
22	4.25	3.20	3.56	3.20
23	4.25	3.20	3.56	3.20
24	4.25	3.20	3.56	3.20

注：英国樱桃谷公司培育的主要品种有 SM 型、SM2 型、SM2i 型、SM3 型 4 种四系配套超级肉鸭。

（3）饲喂方法。每天喂料量和每天鸭群只数一定要准确，将称量准确的饲料在早上一次性快速投喂，尽量保证鸭只采食均匀，饲料营养要全面，所喂饲料应要 4～6h 吃完。

3. 光照控制　育成期光照原则是光照时间宜短不宜长，光照度宜弱不宜强，以防止过早性成熟。每天的光照时间应控制在 9～10h 或采用自然光照。

4. 转群和分群　育雏期笼养或网上地面平养转为地面垫料平养，转群前 1 周准备好鸭舍，转群前加好应喂饲料量，加满水槽。鸭舍分隔成栏，每群按一套或二套鸭组群，一般每套为 140 只。各群用隔栏隔开，公、母混群饲养，密度以每只鸭 0.4m² 鸭舍、0.5m² 运动场、0.1m² 水池计算。中型鸭按舍内面积计算，为 5～7.5 只/m²。

5. 加强运动　分舍内运动和舍外运动，舍外运动分水、陆两种。育成期每天赶鸭在舍内或舍外运动场转圈运动 2～3 次，每次赶 2～3 圈，有水池的也可赶鸭下水洗浴，每天 3 次，可促进鸭生长发育和羽毛生长。不定期停电，适当惊吓，在育成期给鸭形成条件反射，以减少产蛋期的应激。

（二）繁殖阶段的饲养管理

1. 饲养技术

（1）饲养方式。与育成期相同，可以不转群。

（2）饲喂技术。从 24 周龄起改喂产蛋期料和增加喂料量。鸭的喂料量可按不同品种的饲养手册或建议喂料量进行饲喂，最好采用全价配合饲料。正常鸭群 26 周龄开产，产蛋率达 5%。喂料方法可采用日喂 4 次的方法，自由采食，保证吃饱。一种是昼夜喂料，每次少喂勤添，保证槽内有料，让鸭吃料的机会均等，不会发生抢料踩踏或暴食致伤的现象。

2. 管理技术

（1）设置产蛋箱。最好在 20～21 周龄进行，每 3 只母鸭备 1 个产蛋箱。产蛋箱底部铺上干燥柔软的垫草，在舍内四周均匀摆放，位置不可随意更换。

（2）光照。从 21 周龄起将自然光照改为每周逐渐增加人工光照，至 26 周龄时光照时间增加到 17h，光照度不低于 10lx。产蛋期间，应保证稳定的光照制度，不可随意更改光照程序，否则将会影响鸭群的产蛋效果。

(3) 饲养密度。繁殖期肉种鸭每平方米饲养 2~3 只。

(4) 公、母配比。肉用种鸭公、母比例应以 1∶5~1∶6 为宜。产蛋后期对配种性能差的公鸭应给予淘汰，并更换青年公鸭，可提高种蛋受精率。

(5) 运动。每天放鸭出栏前在舍内轻赶鸭群，让其在舍内转圈运动，每天上下午各赶鸭下水洗浴 1 次。舍外运动场每天清扫 1 次，水池每天清洗和换水 1 次。舍外运动场地面要平坦，以防伤到鸭，造成跛鸭。

(6) 收集种蛋。鸭在夜间产蛋，每天早晨应尽早收集种蛋，尤其是产蛋箱外的蛋要及时拣起。收集的种蛋尽快消毒，并转入蛋库贮存。

技能训练　鸭的机器填饲技术

一、材料

1. 填饲用饲料、填饲机。
2. 待填饲肉鸭若干只。

二、方法及操作步骤

1. 填饲前的准备工作　根据日龄体重等选择健壮、大而结实的鸭，并按体重大小、体质强弱，公、母分开填饲。将病鸭或体质差的鸭淘汰，分群的同时剪去鸭脚趾甲。

2. 填鸭饲料配制和填饲量　填饲前将配合饲料加水调成稠粥状，料水比例为 2∶3。为便于消化，填饲前可先用水闷浸饲料 4h，用时用填饲机搅拌后再填饲。开始填饲时每次 150g 为宜，或按鸭的体重的 1/12 计，以后每天填饲量增加 30~50g，一般填饲 8d 后每次填饲 350~450g，气温适宜时，鸭只消化良好时可适当增加填饲量。填饲次数每天 4 次。

3. 保定鸭　四指并拢握鸭的食道膨大部，拇指握鸭颈的底部，这样可将鸭捉稳。不能抓鸭的翅膀或肢，防止鸭挣扎时造成伤残。

4. 填饲操作　操作技术要领：鸭体平、开嘴快、压舌准、插管适、进食慢、撒鸭快。操作时左手握住鸭的头部，掌心靠着鸭的后脑，用拇指与食指在两侧嘴角处轻撑开鸭上下喙，中指伸进口腔，向外压住鸭舌，右手握住鸭的食道膨大部，对准填饲机填食胶管，小心将胶管送入鸭的咽下部，注意鸭颈部应与填食管平行，将胶管插入鸭的食道膨大部，右手松开鸭脖。将饲料压入膨大部，左手拇指退至颈部上 1/3 处成环握姿势，将胶管从鸭喙退出（防止胶管撤出时带出饲料进入气管）。随后放开鸭，完成填饲。

5. 填饲后管理　搞好环境卫生，保持垫草干燥，舍内保持安静，避免噪声和引起鸭群骚乱。填饲后的鸭不爱活动，应适当驱赶鸭只运动和水浴，防止久伏地面造成胸部瘀血，还可促进消化和羽毛生长。驱赶鸭群时要缓慢驱赶。调整饲养密度，前期为 2.5~3 只/m²，后期 2.0~2.5 只/m²。

任 务 评 估

一、填空题

1. 肉鸭的育肥方法有_____、_____、_____等3种。
2. 肉鸭圈养育肥一般采用_____饲喂方法，饲喂_____饲料。
3. 北京鸭填饲周龄_____，体重达_____kg时，经_____d的强制填饲，体重达到_____kg时即可上市。
4. 肉种鸭生长阶段对_____控制是关键，也是种鸭饲养是否成功的决定因素。
5. 肉种鸭繁殖期饲养密度_____。
6. 机器填饲操作技术要领：_____、_____、_____、_____、进食慢、撒鸭快。

二、问答题

1. 肉鸭的放牧育肥如何进行？
2. 肉鸭圈养育肥如何进行？

三、技能评估

1. 会使用填饲机。
2. 会保定鸭。
3. 填饲操作正确。

项目二 鹅的饲养管理

任务1 鹅的饲养管理技术

【技能目标】了解鹅的生物学特性和产蛋规律；掌握雏鹅饲养管理技术；掌握肉仔鹅的放牧饲养、补饲及仔鹅的育肥方法；掌握种鹅不同阶段饲养管理技术，掌握种鹅的限制饲养技术和光照控制技术。

鹅是节粮型草食家禽，具有生长快、适应性强、耐粗饲、抗病力强的特点。鹅全身都是宝，鹅肉、鹅肝、鹅掌、鹅头、鹅舌、鹅脖、鹅翅、鹅肠、鹅血都是营养丰富、人们喜食的食品；鹅绒、鹅内脏是上好的工业原料，其加工后的附加值很高，在国内有广阔的市场，在国际市场上也是畅销品。养鹅生产具有投入少、耗粮少、成本低、产出多、产品质量好的特点。

我国拥有鹅品种资源最多，也是最大的鹅产品生产、消费国。我国列入国家鹅品种名录的有27个。2009年，全球肉鹅出栏量6.47亿只。其中，我国出栏量为6.05亿只，占世界总出栏量的93.5%，鹅肉产量148万t，占世界总产量的94.36%。发展养鹅业适合我国国情。我国人多地少，人均粮食占有量不足，鹅以食草为主，耗粮少，对粗纤维消化率高，在放牧条件良好的情况下，每0.8~1.1kg精料和7kg左右的青草可转化为1kg鹅肉。鹅的生产周期短,商品肉鹅饲养 70~80d 上市。鹅的抗病力较强,疾病较少,无需长时间用药,产品无药物残留,是生产生态绿色食品的首选,加之产品市场前景日益广阔,是很有前景的养殖项目。

一、鹅的生物学特性

鹅与鸭均属水禽,有许多特性与鸭相同,如喜水、合群、反应灵敏、生活规律、耐寒等,但还有一些独特的生物学特性。

1. 食草性 鹅的体型大,喙扁而长,边缘呈锯齿状,能截断青饲料,肌胃、盲肠发达,能够大量利用青粗饲料中的粗纤维。因此,饲养鹅时可大量使用青粗饲料,以降低饲养成本。

2. 警觉性 鹅的听觉很灵敏,警觉性很强,遇到陌生人或其他动物时就会高声鸣叫,常防卫性的追逐陌生人,帮助农户看家护院。

3. 择偶性 鹅有固定配偶交配的习惯,一般公、母比例为1∶4~1∶6,可获得较高的受精率。公鹅经常与认准的母鹅交配,而与群体中的其他母鹅很少交配。

4. 就巢性 鹅具有很强的就巢性。在一个繁殖周期中,每产一窝蛋(约15枚)后,就要停产抱窝,故鹅的产蛋量低。

5. 繁殖季节性 鹅的繁殖具有明显的季节性,我国南方地区种鹅繁殖期为10月到次年的5月,北方地区一般在2~7月。夏季大多数鹅处于休产期。种鹅的繁殖季节性导致种鹅利用率低、饲养成本高,效益低,目前研究的鹅反季节繁殖技术致力于提高种鹅的生产力。

二、鹅的营养需要

国内外对鹅的饲养标准研究不是太多,主要原因是鹅的品种多,饲养规模有限,不同品种间得出的研究数据不具有通用性。目前应用比较多的是美国、俄罗斯、法国的饲养标准。我国目前还没有制定鹅的饲养标准,在饲养实践中,往往引用和借鉴国外的饲养标准。生产中应结合我国养鹅的具体情况和中国鹅的特性进行选用,并根据试用中的饲养效果进行调整和修改。现将国外及我国养鹅生产中试用的饲养标准(表7-15至表7-17)介绍如下,供参考使用。

表7-15 美国 NRC(1994)鹅的饲养标准

营养成分	0~4周龄	4周龄以上	种鹅
代谢能(MJ/kg)	12.13	12.55	12.13
粗蛋白质(%)	20	15	15
赖氨酸(%)	1.0	0.85	0.60
蛋氨酸+胱氨酸(%)	0.60	0.50	0.50
钙(%)	0.65	0.60	2.25
有效磷(%)	0.30	0.30	0.30
维生素A(IU/kg)	1 500	1 500	4 000
维生素D(IU/kg)	200	200	200
胆碱(mg/kg)	1 500	1 000	500
泛酸(mg/kg)	15.0	10.0	10.0
烟酸(mg/kg)	65.0	35.0	20.0
核黄素(mg/kg)	3.8	2.5	4.0

表 7-16 朗德鹅的饲养标准

营养成分	0～3 周龄	4～10 周龄	种鹅
代谢能（MJ/kg）	12.1	12.6	11.7
粗蛋白质（%）	20	16	15.5
赖氨酸（%）	1.0	0.85	0.60
蛋氨酸+胱氨酸（%）	0.60	0.50	0.50
钙（%）	0.65	0.60	2.25
有效磷（%）	0.40	0.40	0.40
食盐（%）	0.30	0.30	0.30
粗纤维（%）	5.8	7.3	6.2

表 7-17 鹅的饲养标准

（王怡，2006）

营养成分	0～4 周龄	4～6 周龄	6～10 周龄	后备鹅	种鹅
代谢能（MJ/kg）	11	11.7	11.72	10.88	10.45
粗蛋白质（%）	20.0	17.0	16.0	15.0	16.0～17.0
赖氨酸（%）	1.0	0.7	0.6	0.6	0.8
蛋氨酸（%）	0.75	0.6	0.55	0.55	0.6
钙（%）	1.2	0.8	0.76	1.65	2.6
磷（%）	0.6	0.45	0.4	0.45	0.60
食盐（%）	0.25	0.25	0.25	0.25	0.25

三、种鹅的饲养管理

种鹅饲养管理分为育雏期、后备期、产蛋期等 3 个阶段。

（一）雏鹅的饲养管理

雏鹅是指 0～4 周龄的鹅。雏鹅饲养管理的好坏直接关系雏鹅生长发育和成活率，继而影响育成鹅生长和种鹅的生产性能。

1. 雏鹅的生理特点

（1）体温调节能力差。初生雏鹅个体小，绒毛稀少，保温能力差，对外界温度变化等不良环境的适应能力较差，尤其是怕冷、怕热、怕潮湿。因此，育雏时应做好人工保温工作。

（2）消化能力弱。鹅消化道的容积较小，消化能力差，食物通过消化道的速度快。因此，在饲喂时要少喂多餐，喂给易消化的饲料。

（3）生长发育快。雏鹅的新陈代谢旺盛，生长发育很快，一般到 20 日龄时的体重可达初生重的 10 倍左右。故育雏时应尽早及时给雏鹅饮水、喂食和喂青，供给较高营养水平的日粮。

（4）易扎堆。20 日龄内的雏鹅，当温度稍低时就易发生扎堆现象，常导致挤压伤亡。因此，育雏时应精心管理，掌握好育雏温度和适宜的饲养密度。

2. 育雏季节 育雏季节应根据种蛋来源、当地的气候状况、饲料条件（青草、水草生长情况、农作物收获季节）及市场的需要等因素综合确定。大多地区以养春秋鹅为主，即 3～4 月、9～10 月开始养鹅。3～4 月时青饲料资源丰富、夏收作物相继收割，9～10 月也正是秋收以后，育雏后可于收割后的田地、草坡放牧雏鹅，雏鹅生长快，且饲养成本低，"青草换肥鹅"是最节约的饲养方式。从秋鹅中选留中鹅，第 2 年春季可开始产蛋，满足春孵需要。随着现代饲养技术的提高，解决冬季养鹅所遇到的问题，也可实现常年养鹅。

3. 育雏方式 鹅的育雏方式分为地面育雏和网上育雏。

（1）地面育雏。将雏鹅直接饲养在铺有垫料的地面。育雏室要求保温性能好，育雏时要有供温设备，这种方式适合鹅的生活习性，雏鹅的活动量大，有利于减少雏鹅啄羽。但需大量垫料，且易引起舍内潮湿。

（2）网上育雏。将雏鹅饲养在离地面 50～60cm 的铁丝网或竹板网上，网眼大小为 1.25cm×1.25cm。这种方式可节省大量垫料，且保温，温度均匀，适宜雏鹅生长，又可防止雏鹅扎堆、踩伤、压死等，同时可减少雏鹅与粪便接触，减少传染疾病的机会，提高育雏率。

4. 雏鹅的饲养

（1）开水。雏鹅出壳后 12～24h 先饮水，第 1 次饮水称为开水，俗称"潮口"。多数雏鹅会自动饮水，对个别不会饮水的雏鹅需进行人工调教。将雏鹅放入清洁的浅水中，水深以不淹过雏鹅的胫部、绒毛不湿为原则，让雏鹅自由活动和饮水。饮水中可加入些清肠杀菌药物，如 0.05% 的高锰酸钾，长途运输的还可加入 5% 的葡萄糖，以增强雏鹅体质。

（2）开食与开青。开食在开水后 15～20min 即可进行，可用半熟的大米、碎米或碎玉米作为开食料，最好同时喂切成细丝的青菜叶，将料均匀撒在浅盘上或塑料布上，撒料时避免将料撒在小鹅身上，以免诱发啄癖。从 3 日龄起用全价配合饲料，粉料应拌湿喂，有利于采食。5 日龄后改用料桶，20 日龄后也可改用料槽。

鹅第 1 次吃青饲料称为开青。开青可以从 2～3 日龄开始。鹅的开青饲料最好是新鲜、幼嫩的青菜叶或嫩草，如莴苣叶、苦荬菜、苜蓿草。青料应清洗干净后沥干，最初几天喂的青饲料要切碎，与精料一起喂给，以后应与精料分开喂。可以单独用盆或撒到塑料布上喂给，也可以在雏鹅户外运动时将青料撒在运动场上任其采食。

（3）合理饲喂。采用营养全面的配合饲料与优质青饲料混合饲喂，日粮中精料一般占 30%～40%，青料占 60%～70%。每天饲喂次数为 4～6 次，白天 4 次，晚上 2 次。夜间喂料可促进雏鹅生长发育，增重较快。喂料时要注意供给充足饮水。雏鹅 3 日龄后应适当补充沙砾，以帮助消化。

雏鹅饲养要掌握几个要点：先精后青、定时饲喂、少喂勤添、饮水不断、清洁卫生、由熟到生、由软至硬，逐渐过渡，以确保雏鹅良好生长。鹅每天饲料消耗量见表 7-18、表 7-19。

表 7-18 100 只雏鹅的每天饲料消耗量

周龄	1	2	3	4
精料（kg）	2～4	9～11	12～14	15～17
青料（kg）	4～6	15～17	19～21	24～26

表 7-19 0～4 周龄雏鹅的每天饲喂次数

周龄	1	2	3	4
每天总次数（次）	6～8	6～7	5～6	4～5
夜间次数（次）	2～3	2～3	1～2	1

5. 雏鹅的管理

（1）保温。雏鹅育雏所需温度，可按日龄、季节及雏鹅的体质情况进行调整。注意观察雏鹅对温度的反应。温度适宜时，雏鹅无扎堆现象，安静无声，睡眠时间长；温度过低，雏鹅聚集扎堆，互相挤压，发出尖叫声；温度过高，雏鹅向四周散开，远离热源，张口呼吸、大量饮水，有口渴现象。当观察到雏鹅表现出温度过高或过低的行为活动时，应立即调整温度。在夜间，尤其是2：00～3：00，气温较低时，应注意适时加温，以免雏鹅受冷扎堆。根据气温情况把握好脱温时间，一般雏鹅达20～30日龄时，就可以逐渐脱温。雏鹅的育雏温度见表7-20。

表7-20　雏鹅的育雏温度（℃）

周龄	1	2	3	4
温度	27～28	25～26	22～24	18～21

（2）防潮湿。地面垫料育雏时，应做好垫料的管理工作，防止垫料潮湿、发霉。高温高湿时，雏鹅易"出汗"，食欲减退，抗病力下降；低温高湿时，雏鹅易患感冒等呼吸道疾病及腹泻。育雏鹅舍内适宜的相对湿度为60%～70%。育雏时应注意室内的通风换气，舍内垫料应经常更换，换水或加水时要防止水外溢，保持垫料干燥。

（3）防压与分群。雏鹅怕冷，休息时喜欢挤在一起，饲养过程中要注意检查，尤其是夜间和气温低时，在采取升温措施的同时，还要经常驱散因寒冷而拥挤、聚堆的雏鹅，防止雏鹅被踩踏、窒息死亡。雏鹅要分群饲养，降低饲养密度以防挤堆。群与群之间用30cm高的隔栏隔开。雏鹅的饲养密度及分群见表7-21。

表7-21　雏鹅的饲养密度及分群

日龄（日）	1～10	11～20	20日龄以上
饲养密度（只/m²）	20～25	10～15	5～10
分群（只/群）	300～400	150～180	80～100

（4）适时放牧。夏季，1周龄以后的雏鹅即可放牧。冬春应推迟至15～20日龄后放牧。因此时雏鹅的羽毛尚未长成，怕冷、怕雨、怕露水、怕曝晒。因此，应选择晴朗、温暖、露水干后再放牧。刚开始放牧时可选择无风晴朗的中午将鹅赶到鹅舍附近的牧地，时间为20～30min。以后放牧时间由短到长，牧地由近到远。阴雨天、大风天、曝晒时不宜放牧。

雏鹅放牧应选择青草幼嫩、水源较近的放牧地。随着雏鹅采食青绿饲料能力的增强，出牧前可逐渐减少喂料量，使雏鹅逐渐适应以放牧为主的饲养方式，为过渡到中鹅的饲养管理打好基础。

（5）适时放水。雏鹅一般在10日龄左右开始放水。可将雏鹅放入浅水中每天试水2～3次，每次5min。20～30日龄的雏鹅，可在晴朗温和的天气下到浅水、水流缓慢的水面中放水30min左右，以后逐渐增加放水时间，放水后应驱赶雏鹅上岸理毛、休息，待羽毛干后赶回鹅舍休息。

（6）卫生防疫。加强鹅舍卫生和环境消毒工作。保持饲料新鲜卫生、饮水清洁。经常打扫、清除粪便，勤换勤晒垫料，保持垫料、地面干燥，用具要经常清洗与消毒，鹅舍内外环境要定期消毒。按时进行雏鹅的免疫接种，并做好疾病预防工作，生产中雏鹅易发生的疾病有小鹅瘟、禽流感、副黏病毒等。

（二）后备种鹅的饲养管理

后备种鹅是指1月龄到产蛋前留作种用的鹅。后备鹅的饲养期又分为30～70日龄、70～100日龄、100～150日龄、150日龄至开产前等4个时期。每个时期应根据种鹅的生理特点，进行科学的饲养管理。

1. 后备种鹅的选留

（1）第1次选择。在育雏结束时进行。此次选择的重点是选择体重大的公鹅，母鹅则要求中等体重。淘汰体小、有伤残、杂色毛的个体，不能作为后备种鹅的，经过肥育饲养当作肉鹅出售。公、母鹅留种比例为大型鹅种1∶2，中型鹅种1∶3～1∶4，小型鹅种1∶4～1∶5。

（2）第2次选择。在70～80日龄进行。可根据生长发育、羽毛生长、体型外貌等特征进行选择。淘汰体小、生长慢、羽毛生长不良、腿部有伤残的个体。

（3）第3次选择。在150～180日龄开产前进行。应选择符合品种要求，生长发育良好，健康无畸形的鹅留种。公鹅要求体型大、体质健壮、胸宽背长、腿粗壮有力、阴茎发育正常。母鹅要求体重中等，后躯宽广丰满，两腿结实，间距宽。公、母鹅留种比例为小型鹅种1∶6～1∶7，中型鹅种1∶4～1∶5，大型鹅种1∶3～1∶4。

2. 后备种鹅的饲养管理

（1）30～70日龄。这一阶段的鹅又称为中雏鹅或青年鹅，是骨骼、肌肉生长最快的时期。饲养管理的重点是充分利用放牧条件，锻炼其消化青粗饲料的能力，节省精料，提高适应能力。

此阶段以放牧饲养为主要方式。放牧饲养早期，由于鹅日龄较小，选择的放牧地要有充足的青绿饲料，牧草较嫩，富有营养。可结合"夏放麦茬，秋放稻茬，冬放湖塘、春放草塘"进行放牧。在草地资源有限的情况下，可采用放牧与舍饲相结合的饲养方式。大规模、集约化饲养和养冬鹅也可采用舍饲饲养。

（2）70～100日龄。这一阶段是鹅群的调整阶段。饲养管理的重点是对选留的种鹅调教合群，减少欺生现象，保证生长的均匀度。以30～50只为一群，尔后逐渐扩大群体，300～500只组成一个放牧群体。同一群体中个体间的日龄、体重差异不能太大，尽量做到"大合大，小并小"，以提高群体的均匀度。

（3）100～150日龄。这个阶段是鹅群生长最快的时期，食欲旺盛，易肥。饲养管理的重点是限制饲养和公、母分群饲养。

此阶段以放牧饲养为主，逐渐改用粗料，每日喂2次，尽量延长放牧时间，逐渐减少补饲量。放牧地草质良好时，可不补饲或少补饲精料。配合限制饲养，公、母最好分群饲养，以防止早熟和早配，影响全群的安定。舍饲则要以粗饲料为主，每日喂3次，定时不定量。

（4）150日龄至开产前。这一时期是鹅开产前的时期。饲养管理的重点是加强饲养和疫苗接种，为产蛋做好准备。

此阶段饲养上由粗变精，逐渐增加精料量，每日喂精料2～3次，每次让鹅自由采食，逐渐减少放牧时间。在产蛋前1个月要接种禽流感、小鹅瘟、禽霍乱疫苗，禁止在产蛋期接种疫苗，以防引起应激反应，影响产蛋。

（三）产蛋期种鹅的饲养管理

1. 种鹅的特点和产蛋规律

（1）种鹅的特点。种鹅的行动迟缓，放牧时应选择地面平坦的草地，不宜强赶或急赶。鹅的自然交配在水上进行，种鹅应每天定时有规律的下水3～4次，以保证种蛋的受精率。母鹅有择窝产蛋的习性，应让母鹅在固定的地方产蛋。母鹅有就巢行为，就巢时应及时隔离，采取措施促使其醒抱。

（2）种鹅的产蛋规律。鹅性成熟晚，开产日龄一般在6～8月龄，公鹅的性成熟在4～5月龄。大型鹅种开产较迟，小型鹅种开产早。鹅产蛋较少，年产蛋量仅为30～100枚，有的鹅全年分2～3期产蛋，每产10～14枚即就巢孵化。鹅的产蛋量随年龄增加而增加，到第3年产蛋量最高，第4年开始下降。种公鹅在1.5～3岁时精液品质最好，所以种鹅利用年限应为3年。母鹅一天中的产蛋时间多集中在4:00到9:00。

2. 产蛋期的饲养管理 种鹅饲养管理分为产蛋前期、产蛋期和休产期3个阶段。

（1）产蛋前期。转入种鹅舍，按适宜的公、母比例组建配种群，小型鹅种公、母比例为1:6～1:7，中型鹅种为1:4～1:5，大型鹅种为1:3～1:4，配种群以50～200只为宜，分栏饲养。经过放牧和限饲的后备种鹅体质较差，应在鹅群产蛋前1个月按产蛋期的营养标准配制饲料，饲料应敞开喂，不限饲，每只鹅每天的喂料量250～300g，日喂2～3次，使鹅群的体质迅速恢复，适当提高体重，为产蛋储备营养。种公鹅的精料补饲应提前两周进行。鹅有固定地点产蛋的习惯，为便于收集种蛋，减少脏蛋、破蛋，要提前在棚舍附近搭产蛋棚，或在棚舍内设产蛋窝、棚或窝内铺垫草。

（2）产蛋期。产蛋期的种鹅以舍饲为主，放牧为辅。此期应注意以下4点。

①增加营养：随产蛋率的上升调整日粮营养浓度。喂料时定时定量，先喂精料再喂青料。精料饲喂量为大型鹅种180～200g，中型鹅种130～150g，小型鹅种100～120g。每天喂料2～3次，每天保证喂给青饲料，青饲料可不定量，让其自由采食。

②适当放牧：产蛋母鹅9:00前不宜放牧，应在舍内补饲，待产蛋结束后再放牧。放牧前检查鹅群，观察产蛋情况，有蛋者应留在舍内产蛋，减少窝外蛋。放牧地要选择就近和平坦的地方，产蛋期母鹅行动迟缓，应缓慢驱赶，不能急赶猛轰，以防跌伤，影响产蛋。

③合理交配：种鹅的交配在水面上进行，种鹅在早晨和傍晚性欲旺盛，要充分利用这两个时期，有利于提高种蛋受精率。早上放水应在大多数鹅产蛋结束后，傍晚放水前要让鹅有一定的休息时间。

④合理光照：产蛋鹅每天适宜的光照时间为13～14h，光照度为10～15lx，如光照不足，则每天需补充人工光照。发现就巢鹅要采取隔离措施，将其关在光线充足、通风凉爽处，只给料不给水，经2～3d后可促其醒巢。

（3）休产期。休产期正值种鹅换羽期，休产鹅的日粮应由精改粗，转入以放牧为主的粗饲期，以便促进母鹅羽毛干枯，容易脱落，换羽一致。

休产期种鹅的强制换羽：减少喂料次数，每天喂1次或隔天喂1次，然后改为3～4d喂1次，停喂精料期间保证充足饮水；经12～13d，鹅体消瘦，体重减轻，主副翼羽、主尾羽出现干枯，如试拔容易且无出血时，即可逐根拔除。

强制拔羽后的鹅要加强饲养管理。应将鹅群圈养，避免下水，以防止感染。5~7d后才可以放牧放水，但要防止雨淋和烈日曝晒。以后注意加强放牧并供给优质的青料和精料。公鹅应比母鹅提前20~30d进行，以保证母鹅开产后公鹅精力充沛。在整个强制换羽期，公、母鹅应分群饲养，待换羽完成后再合群饲养。强制换羽的母鹅产蛋可比自然换羽的母鹅提前20~30d。

休产期种鹅群的更新：一是采用全群更换法即"年年清"，将当年的种鹅全部淘汰，用当年的新鹅来替代。此法种蛋的受精率和孵化率高，节省饲料，经济效益好，但产蛋小，仔鹅的生长发育也不如留两个产蛋期种鹅的后代。二是采用逐步分批淘汰法，种鹅群应按一定的年龄比例组群，1岁鹅30%~40%，2岁鹅50%~60%，3岁鹅不超过10%。母鹅利用年限为3年，此法的缺点是比较麻烦，不易管理，新老公鹅较易相互争斗致残。

四、肉用仔鹅的饲养管理

饲养90日龄左右作为商品肉鹅出售的鹅称为肉用仔鹅。

（一）肉用仔鹅生产特点

1. 生产季节性 种鹅繁殖产蛋的季节性决定了肉用仔鹅生产的季节性。我国的地方鹅中除了浙东白鹅、溆浦鹅、雁鹅可四季产蛋、常年繁殖外，其他品种都有一定的产蛋季节性。南方和中部地区主要繁殖季节为冬春季，5月肉仔鹅陆续上市，8月基本结束。而东北地区，种鹅5月才开始产蛋，8月肉仔鹅上市，一直持续到年底。

2. 投资少，产出高 鹅是草食性家禽，可以很好地利用青绿饲料，以放牧饲养为主，生产成本较低，鹅的产品如鹅肉、鹅羽绒市场价格高。因此，肉仔鹅生产投入少、产出高，养殖效益显著。

3. 生产周期短，饲料转化率高 鹅的早期生长比鸡、鸭都快。一般饲养60~80d即可上市，小型鹅2.3~2.5kg，中型鹅3.0~3.8kg，大型鹅种5.5~6.0kg。青饲料充足时圈养或放牧，精料与活重比1~1.7:1，舍饲以精料为主，适当补喂青饲料，精料与活重比为2:1~2.5:1。

4. 产品安全性高 仔鹅以放牧饲养为主，放牧地草地、草坡、林地、滩涂等一般没有农药化肥等污染。鹅的适应性和抗病力强、发病率低，常用饲料中无须添加任何药物，无（或低）残留；并且鹅肉低脂肪、低胆固醇、高蛋白，符合消费者的需求。

（二）肉用仔鹅的饲养管理

肉用仔鹅可采用舍饲、圈养或放牧方式饲养。舍饲多为采用地面平养和网上平养。我国目前肉用仔鹅的饲养方式以放牧或放牧与舍饲结合为主。

1. 仔鹅放牧饲养

（1）放牧地的选择。放牧地应选择有丰富的牧草、草质优良，并靠近水源的地方。荒山草坡、林地、果园、田埂、沟渠、池塘、滩涂、收割后的稻田等都是良好的放牧场地。放牧地附近应有树林，否则就在地势高燥处搭简易凉棚，供鹅遮阴和休息。应对放牧地合理利用，要有计划地分区轮换放牧，每隔15~20d轮换1次，以便有足够的青饲料。如果放牧地被农药、化学物质等污染，则不要放牧。

（2）鹅群的调教。应根据放牧地大小、青饲料生长情况、草质、水源情况、鹅的体质等确定鹅群的大小，一般 300~500 只为宜。在鹅放牧初期，应根据鹅的行为习性，调教鹅的出牧、归牧、下水、休息等行为，固定相应的信号，使鹅群建立条件反射，养成良好的生活规律，以便于放牧管理。鹅群较大时应培养和调教"头鹅"，利用"头鹅"可获得更好地放牧效果。"头鹅"应选择胆大、机灵、健康的老龄公鹅。

（3）放牧方法。鹅群放牧的总原则是早出晚归。放牧初期，每天上、下午各放牧 1 次，中午赶回圈舍休息。气温高时，上午要早出早归，下午应晚出晚归。随着仔鹅日龄的增长和放牧采食能力的增强，可全天放牧，中午不赶回鹅舍，可在阴凉处就地休息。鹅群在放牧时有一定的规律，表现为采食—饮水—休息—采食的规律，一般采食八成饱时即蹲下休息，此时应及时将鹅赶到清洁水源处饮水和戏水，然后上岸休息和梳理羽毛，1h 左右，鹅群又出现采食行为。放牧时应有节奏的放牧，以保证鹅群吃得饱，长得快。

2. 补饲 放牧期间，肉用仔鹅食欲旺盛，增重快，需要的营养较多，除放牧外，还应补饲一定量的精料。补饲精料应用全价配合高能高蛋白饲料。每天补喂的饲料量及饲喂次数主要根据品种类型、日龄、牧地情况和放牧情况而定。小型鹅每天每只补 100~150g，中大型鹅每天每只补 150~250g。50 日龄以下每天喂 3~4 次；50 日龄以后每天喂 1~2 次。补饲时间最好在放牧前和归牧后进行。

3. 仔鹅肥育 肉仔鹅上市前 2~3 周都要加强饲养，喂给高能高蛋白配合饲料，以达到快速育肥和增重的目的。肉仔鹅育肥方法有放牧育肥、舍饲育肥和填饲育肥 3 种方法。

（1）放牧育肥。放牧育肥对放牧地要求较高，要求放牧地草源丰富、草质良好。稻田地区利用稻田、麦田收获后遗落的谷粒进行放牧，适当补饲，一般育肥 2~3 周。采用此法可节省饲料，降低成本，但必须充分利用农作物的收割季节，计划育雏。

（2）舍饲育肥。采用专用鹅舍，仔鹅 60~70 日龄时全部人工喂料，饲料以全价配合饲料为主，适当补饲青绿饲料。青绿饲料和精饲料比例为 3：1，先喂青料再喂精料，后期减少青料量，而且先精后青，促进子鹅增膘。舍饲一般采用自由采食，每天喂料 3~4 次，夜间补饲 1 次。最好选择在有水塘的地方建造既有水面又有运动场的鹅舍，鹅每次喂饲后下水活动片刻，然后令其安静休息以促进消化和肥育。每平方米饲养 4~6 只。舍饲育肥仔鹅增重快，可提前上市，生产效率高，适合于人工种草养鹅；在一些天然放牧条件较差的地方和季节及规模化、集约化的养鹅生产也多采用。

（3）填饲育肥。又称强制育肥，分人工填饲和机器填饲。仔鹅经过 2~3 周人工强制填饲高能量的配合饲料，生长快，增重快。但此方法饲养成本高，需要一定的人力和物力。这种方法主要用于生产鹅肥肝。

任 务 评 估

一、填空题

1. 鹅是_____家禽，能利用大量的_____饲料。
2. 鹅繁殖存在明显的季节性，南方一般在_____，北方一般在_____。夏季则大多数鹅处于_____。
3. 种鹅饲养管理可划分为_____、_____、_____ 3 个阶段。

4. _____周龄的鹅称雏鹅，_____周龄的鹅称为后备种鹅，饲养_____日龄作商品肉鹅出售的鹅称为肉用仔鹅。

5. 雏鹅的育雏方式主要有_____和_____两种。

6. 雏鹅日粮中一般精料占_____，青料占_____。

7. 对后备种鹅的选择分为3次，第1次在_____，第2次在_____，第3次在_____。

8. 鹅的开产日龄一般在_____月龄，鹅年产蛋量为_____枚，母鹅一般利用_____年。

9. 母鹅每天产蛋时间一般集中在_____。

10. 肉用仔鹅的育肥方式有_____、_____、_____3种。

二、判断题

1. 雏鹅育雏第1周的温度以24~26℃为宜。（　　）
2. 母鹅有较强的择偶性。（　　）
3. 雏鹅喜欢扎堆，尤其在夜间和气温低时，易造成压伤压死。（　　）
4. 气温适宜时，雏鹅1周龄后可开始放牧放水。（　　）

三、问答题

1. 鹅有哪些生物学特性？
2. 雏鹅有哪些特点？如何提高育雏的成活率？
3. 休产期种鹅的人工强制换羽如何进行？
4. 种鹅有哪些繁殖规律？
5. 种鹅应如何组群？

任务2　鹅肥肝生产技术

【技能目标】 了解鹅肥肝的生产技术；掌握肥肝鹅的选择，掌握肥肝鹅预饲期的饲养管理技术；掌握肥肝鹅的填饲技术及填饲期管理技术。

鹅肥肝是指通过人工强制填饲育肥后得到的一种脂肪含量特别高的脂肪肝。普通的鹅肝重为60~100g，而鹅肥肝重可达300~1000g，最重的可达1800g，是普通肝重的5~10倍。鹅肥肝营养丰富，质地细腻，柔嫩可口，在国外属高档营养食品。鹅肥肝在国际市场的价格，一般每千克速冻鹅肥肝售价为17~25美元，每千克鲜鹅肥肝售价：一级品40美元，二级品30美元，三级品20美元。将低等级的肥肝加工成肥肝酱之后，可增值5~6倍。法国、匈牙利、以色列是国际上三大鹅肥肝的生产国和消费国。

由于鹅肥肝生产属于劳动密集型产业，加上一些国家出于动物保护的要求，禁止填鹅，因此在欧洲国家鹅肥肝生产成本较高。鹅肥肝的国际市场价格也一直居高不下。我国有丰富的鹅种资源和劳动力资源，近年来国家也在大力推广鹅肥肝生产，2006年全球鹅肥肝的年总产量约3000t，我国的鹅肥肝产量已达500余吨，位居世界第3位。

一、鹅肥肝的营养价值

鹅肥肝中的脂肪主要是不饱和脂肪酸，与植物油接近。这种不饱和脂肪酸易于被人体吸收，且能降低人体血液中胆固醇的含量，减少胆固醇类物质在血管壁的沉积，从而减少动脉硬化的发病率。鹅肥肝中还含有丰富的亚油酸、卵磷脂、脱氧核糖核酸、必需氨基酸等，都是人体生长发育所必需的营养物质。由于鹅肥肝的含脂率比正常鹅肝高7～9倍，因此肝质细嫩，味道鲜美，使人们能接受并喜欢这种高脂肪的鹅肥肝，特别是成为怕吃动物性脂肪的欧美人餐桌上的美味佳肴，这也是鹅肥肝成为目前世界食品贸易中最畅销而又珍贵的高档营养品的原因。鹅肥肝与正常肝和营养成分比较见表7-22。

表7-22 鹅肥肝与正常肝和营养成分比较

营养成分	水分（%）	蛋白质（%）	脂肪（%）	矿物质（%）	卵磷脂（%）	重量（g）
正常肝	66.99～68.49	22.3～23.89	6.4～6.6	1.46～1.68	1.0～2.05	50～100
鹅肥肝	35.7～47.49	6.9～12.56	37.5～56.53	0.8～0.94	4.26～6.9	350～1 400

二、鹅肥肝品种的选择

鹅品种是影响鹅肥肝生产水平的首要因素，一般是利用体型较大、肉用性能较好的鹅品种。体型越大，肥肝重量越大。生产实践中，为提高鹅肥肝的产量，一般选用肥肝生产性能较好的大型品种作为父本，用繁殖性能较好的品种作为母本，进行杂交，利用杂种一代生产鹅肥肝。

（一）主要肝用鹅品种

1. 国外品种 国外用于生产肥肝的鹅品种主要有：法国的朗德鹅、图卢兹鹅，匈牙利白鹅、意大利鹅、德国的莱茵鹅等。朗德鹅肥肝重700～800g，图卢兹鹅肥肝重1 000～1 300g，匈牙利白鹅肥肝重464g，意大利鹅肥肝重396g，莱茵鹅肥肝重350～400g。图卢兹鹅肥肝偏软，煮熟后脂肪会流出。朗德鹅和莱茵鹅肥肝质量较好，朗德鹅引进我国后适应性良好，是生产肥肝的首选品种。

2. 我国品种 我国一些地方品种肥肝性能较好。如狮头鹅的平均肝重538g，最大可达1 400g。溆浦鹅489g，四川白鹅344g。中国鹅的肥肝质量较好，但由于中国没有进行肥肝鹅的选育，肥肝个体间整齐度差。

（二）配套系

目前，国内外普遍利用杂种鹅生产鹅肥肝，这样可以利用母系产蛋多的优点，大量繁殖肥肝用鹅，还可以利用杂种优势来提高肝重。

法国主要采用二系杂交，用图卢兹鹅做父本，玛瑟布鹅或朗德鹅做母本。匈牙利采用四系配套杂交，利用的品种主要有图卢兹鹅、朗德鹅和本国鹅种。我国主要采用大型品种狮头鹅和引进品种朗德鹅、莱茵鹅做父本，以各地产蛋较多的地方品种如太湖鹅、四川白鹅等作母本，进行杂交，其杂种的肥肝性能得到明显提高。如朗德鹅公鹅与四川白鹅母鹅杂交，杂交后代填饲19d后平均肥肝重为408g，而纯种四川白鹅肥肝重只有158.3g。

三、鹅肥肝的生产技术

肥肝鹅从育雏到肥育屠宰都要专门培育，整个饲养期可分为培育期、预饲期、填饲期3

个阶段。

(一) 培育期

从出壳到 9~10 周龄为培育期。

育雏初期喂给优质全价配合饲料，促使幼鹅生长发育良好。从脱温开始逐渐过渡到放牧饲养，利用天然饲料资源，充分采食大量的青绿饲料，此期通过加强放牧和粗饲，以锻炼鹅的体质和胃肠的消化能力。

(二) 预饲期

预饲期是使鹅适应新的饲养方式的时期，一般为 2~3 周。

1. 鹅群选择　预饲期选择体成熟基本完成、体质健康、腿部强壮，大型品种体重达 5kg 左右或小型品种达 3kg 左右的鹅进入预饲期。

2. 预饲期饲料　开始时喂常规的饲料，并逐渐向常规饲料中添加碎玉米粒，使玉米的比例达到 70%，同时饲料中逐渐增大玉米粒，并逐渐过渡为整粒玉米。青饲料不限量，使鹅的消化道体积逐渐膨大，便于以后填饲。

3. 舍饲与分群　逐渐减少放牧，到预饲结束前 3d 转为舍饲，此期应经常清扫消毒鹅舍，并通风干燥，公、母分开饲养，每圈数量不超过 20 只，每平方米饲养 2 只鹅为宜。舍内采用弱光照明，保持安静。

4. 防病与驱虫　在预饲期最后 1 周接种禽霍乱疫苗并进行驱虫，防止因填饲应激使鹅的抵抗力下降而感染疾病。预饲期结束鹅要达到一定的肥育程度，大型鹅 5.5kg，小型鹅 4kg 进入填饲期。

(三) 填饲期

1. 填饲期　一般 3~4 周。实际生产中，填饲期长短与品种、年龄、体重、消化吸收能力、填料量和增重等情况有关，一般根据鹅的相对增重和体型变化来确定。屠宰取肝的增重标准为 60% 以上，应表现为身体肥硕、目光呆滞、喙部发白、行动迟缓、步履蹒跚，精神萎靡、消化不良等。

2. 填饲料　肥肝生产一般采用以玉米为主的高能饲料。最好用无霉变、无杂质、含水量低的玉米。粒状玉米比粉状玉米填饲效果好。

玉米含大量碳水化合物，能量水平高，胆碱含量很低，有利于肥肝的形成。用黄玉米、红玉米填饲生产的肥肝颜色较深，白玉米填饲生产的肥肝颜色较浅，国产的小粒玉米比进口的大粒玉米效果要好。由于玉米粒体积比相同重量的玉米粉小，又便于填饲操作，所以一般用玉米粒填饲。填饲的饲料除玉米外还需添加食盐、复合维生素及食用油。

3. 填饲量　每天填饲次数一般为 3~5 次。日填饲量应由少到多，小型鹅由 200~400g 增至 500g，大、中型鹅由 500~650g 增至 750~1 000g。日填饲量应根据鹅的承受能力和对饲料的消化能力而定。在每只鹅填饲前工作人员应先用手触摸其食道中玉米的消化情况，如有玉米残留，则说明消化不良，可适当减少填饲量。整个填饲期应供饲沙粒。

4. 填饲期管理　填饲期采用全舍饲，尽量减少体能的消耗。鹅舍要通风良好、清洁、安静，光照不宜太强。要保证充足的清洁饮水和沙粒的供给。鹅只可采用平养或笼养，平养每平方米饲养密度为 3~4 只，每栏不超过 10 只鹅。笼养时一笼一只，可将填饲机推至笼前，拉出鹅的脖子即可填饲。填饲后期要减少对鹅群的应激，抓鹅时要轻拿轻放，防止鹅只死亡。

四、影响肥肝质量的因素

(一) 鹅肥肝的分级

1. 重量 肥肝重在很大程度反映了肥肝的价值。同等质量的肥肝,肥肝越重,等级越高。

2. 感官评定 主要是根据肥肝的色泽、组织结构、气味来分级。鹅肥肝分级标准见表7-23。

(1) 色泽。色泽均匀,浅黄色或粉红色。

(2) 组织结构。肝体完整,表面光滑,无斑痕或斑点,无病变,有弹性,软硬度适中。

(3) 气味。具有鲜肝的正常气味,无异味。

(4) 化学成分。要求含粗蛋白质 7‰~8‰,粗脂肪 40%以上。

表 7-23 鹅肥肝分级标准

项目	特级	一级	二级	三级	级外
重 (g)	600	350~600	250~350		
色泽	浅黄或粉红	浅黄或粉红	可较深	150~250	150 以下
血斑	无	无	允许少量	较深	暗红
形状与结构	良好无损伤	良好	一般		

(二) 影响鹅肥肝质量的因素

1. 品种 不同的品种及杂交组合产肝性能有很大差异。一般体型越大的品种,肝重越大。

2. 日龄 一般选择 90~110 日龄、个体发育成熟、体重适宜的鹅进行填饲。一般大、中型品种在 5kg 左右,小型品种宜在 3kg 以上。

3. 性别 性别对肝重的影响不是很大。但实际生产中,母鹅性情温驯,易于育肥,但娇嫩,耐填饲性和抗病力较差,因此育成率低。育肥前应适当选择,淘汰较小的母鹅,以提高整体产肝数量和质量。

4. 温度 填饲最适宜的温度为 10~15℃,最好不超过 25℃。高温填饲,鹅消化能力差,容易引起消化不良等症状,甚至引起死亡。但如温度低于 0℃,饲料消耗增加,更不利于育肥。因此,肥肝生产不宜在炎热的季节进行,春季和秋季最好。

技能训练　鹅肥肝生产技术

一、材料

1. 填饲饲料、电动填饲机。
2. 用于生产肥肝的鹅若干只。

二、方法及操作步骤

1. 填饲鹅的选择 选择90～110日龄、体重3～5kg、体型大、胸深宽、体质健壮的鹅。

2. 填饲饲料调制 选择优质无霉变的玉米及食盐、复合维生素、油脂作为填饲料。玉米粒的加工方法有：

（1）浸泡法。将玉米直接放入冷水中浸泡8～12h，然后沥干水分。浸泡法简单易行，生产中常用此法。

（2）水煮法。将玉米倒入开水中煮沸10～15min，使玉米粒达八成熟。

（3）炒玉米法。将玉米用文火炒至八成熟，放冷后用袋装好备用。填饲前用温水浸泡1～1.5h，至玉米粒表皮展开。

将用上述方法处理的玉米捞出沥干水分，再趁热加入0.5%～1.0%的食盐、1%～2%的食用油，待不烫手后再加入0.01%的复合维生素充分拌匀后即可填饲。

3. 人工填饲 生产中多使用螺旋式电动填饲机填饲。填饲时先往料斗中加料，用食用油涂抹填饲管。填饲人员将鹅固定在固禽器上或用双膝夹住鹅体，左手抓住鹅的头部，拇指和食指打开鹅嘴，右手食指伸入口腔，压住舌根部向外拉，使鹅嘴尽量张开。再把张开的鹅嘴拉向填饲管口，渐渐套入喂料管。填饲管通过咽部时要特别小心，如遇阻力说明角度不对，应退出重插。当填饲管完全伸入食道后，要固定鹅的头部不让其回缩，并保持鹅的脖子成直线。通过脚踏开关，使玉米粒进入食道后，再用手将填入的玉米粒往下捏挤，先将膨大部和下部食道填满，然后边退、边填，将玉米填至距咽喉5cm处为止。退出填饲管时右手握住鹅颈部的上方和喉头，使鹅离开填饲机的填饲管。为防止鹅吸气时将饲料吸入咽喉，导致窒息，右手应将鹅嘴闭住，并将颈部垂直向上拉，用右手的食指和拇指将饲料向下捋3～4次。

4. 屠宰取肝

（1）宰前。禁食8～12h（一般经过一夜的断饲，次日清晨屠宰），采用颈部放血的宰杀方法，待将血放干净后将鹅放进65～70℃的水中浸烫，并不停地翻动1～2min。为防止肝破裂，应用人工拔毛。将毛拔净后用清水将鹅体清洗干净并沥干水分。

（2）预冷。将屠体腹朝上放置在4～10℃的冷库中冷却10～18h，使肥肝脂肪变硬，方便取肝。

（3）取肝。将屠体腹朝上放置于操作台上，剖开腹腔，仔细地将肥肝与其他内脏分离，轻轻摘取肝，取肝过程中要注意保持肝体完整和胆囊不破裂。

（4）修整。小心剪去胆囊，切除附着在肝上的神经纤维、结缔组织、残留脂肪和胆囊下的绿色渗出物，再切除肥肝中的瘀血、出血斑。用清水冲洗后将肝放在1%的盐水中浸泡10min，捞出沥干，称重分级。

5. 肥肝的包装与运输 若出售鲜肝，可将肝直接放在塑料盆中，塑料盆下面需加一层碎冰，冰上再铺一张白纸，纸上放肝，将包装盒和肥肝一起放入冷藏箱中，保持2～4℃，72h内不会变质。我国多采用不同规格的复合塑料袋真空包装，包装箱下面也需铺上一层30～40mm的碎冰。鲜肝如要进行贮存，需放在4℃左右的冷藏环境下贮藏。鲜肝保存与运输时时间最长不超过5d。长期保存的肥肝需在−18～−25℃条件下冷冻保存，一般可保存2～3个月。

任 务 评 估

一、填空题

1. 肥肝生产通常是利用_____的鹅品种。生产实践中，为提高肥肝的产量，通常采用_____作父本，用_____作母本，进行杂交，然后利用杂种一代生产肥肝。

2. 预饲期的鹅公母分开饲养，每圈数量不超过_____只，饲养密度以每平方米饲养_____只鹅为宜。

3. 肥肝鹅填饲量大型鹅_____g，中型鹅_____g，大型鹅_____g，每天填饲次数一般为_____次。

4. 肥肝鹅填饲的年龄一般为_____日龄，填饲体重一般为_____kg。

5. 鲜肝保存与运输时时间最长不超过_____d。肥肝长期保存则需在_____℃条件下冷冻保存，一般可保存_____个月。

二、选择题

1. 肥肝鹅在预饲期内要喂（　　）青绿饲料。
   A. 大量　　　B. 适量　　　C. 少量

2. 肥肝鹅填饲期一般为（　　）周。
   A. 1~2　　　B. 3~5　　　C. 6~7

3. 肥肝鹅填饲饲料最好是（　　）。
   A. 黄玉米　　B. 高粱　　　C. 麸皮

4. （　　）是世界肥肝生产量和消费量最大的国家。
   A. 法国　　　B. 匈牙利　　C. 以色列

5. 肥肝鹅填饲的温度最好在（　　）℃。
   A. 20~25　　B. 10~15　　C. 25~30

三、问答题

1. 填饲期肥肝鹅如何管理？
2. 预饲期肥肝鹅如何饲养管理？

四、技能评估

1. 会调制填饲饲料。
2. 会使用填饲机。
3. 填饲操作正确。

模块八 养禽场疫病综合防控

项目一　养禽场卫生安全体系的建立

【技能目标】了解如何建立养禽场卫生安全体系。

疫病是养禽之大敌，疫病的发生不仅影响家禽的生长发育和禽产品产量及质量，而且某些传染病还会引起家禽群体大批死亡，造成重大的经济损失。因此，养禽场必须高度重视卫生安全体系的建立，认真做好禽病防治和卫生防疫工作，只有这样才能保证家禽生产安全、顺利地进行。

一、制订疫病综合防控措施的基本原则

疫病综合防控措施是养禽场的安全屏障，是一项全面的、系统的、常年的全场性任务。任何养禽场要想达到应有的生产水平，取得应有的经济效益，必须科学制订和严格执行综合防疫措施。

1. 树立强烈的防疫意识　我国现代家禽生产面临饲养环境的污染、流通范围的扩大和速度的加快、新的疾病出现和流行、饲养条件和管理的不完善等许多现实问题，生产经营者必须树立强烈的防疫意识。

2. 坚持"以预防为主"　现代家禽生产规模较大，传染病一旦发生或流行，会给生产带来惨重损失，特别是那些传播能力较强的传染病，发生后蔓延迅速，有时甚至来不及采取相应措施就已造成大面积扩散。因此，必须坚持"预防为主"的原则。同时，加强畜牧兽医工作人员的业务素质和职业道德教育，改变重治轻防的传统防疫模式，尽快与国际接轨。

3. 坚持综合防疫　建立安全的隔离条件，防止外界病原传入场内；防范各种传染媒介与禽体接触或造成危害；减少敏感禽，消灭可能存在于场内的病原；保持禽体的抗病能力；保持家禽群体的健康。

4. 坚持以法防疫　控制和消灭动物传染病的工作不仅关系到畜禽生产的经济效益，而且关系到人民的健康，必须认真贯彻执行相关法律法规，做到以法防疫。

5. 坚持科学防疫

（1）加强动物传染病的流行病学调查和监测。不同传染病的发生时间、地区和在动物群体中的分布特征，危害程度及影响流行的因素有一定差异。因此，要制订适合本地区或养殖场的疫病防制计划或措施，必须在对该地区展开流行病学调查和研究的基础上

进行。

(2) 突出不同传染病防制工作的主导环节。传染病的发生和流行都离不开传染源、传播途径和易感动物群的同时存在及其相互联系。因此，任何传染病的控制或消灭都需要针对这3个基本环节及其影响因素，采取综合性防制技术和方法。但在实施和执行综合性措施时，必须考虑不同传染病的特点及不同时期、不同地点和动物群体的具体情况，突出主要因素和主导措施，即使为同一种疾病，在不同情况下也可能有不同的主导措施，在具体条件下究竟应采取哪些主导措施，要根据具体情况而定。

二、养禽场建设的基本要求

在进行养禽场规划时，从防疫角度方面需要考虑具体地区的生态环境、周围各场区的关系和兽医综合性服务等问题。场址应选择地势较高、容易排水的平坦或稍有向阳坡度的平地。土壤未被传染病或寄生虫病的病原体污染，透气、透水性能良好，能保持场地干燥。水源充足、水质良好。周围环境安静，远离闹市区和重工业区，提倡分散建场，不宜搞密集小区养殖。交通方便，电力充足。

规模化养禽场应按照生产环节合理划分不同的功能区，通常至少应分为相互隔离的3个功能区，即管理区、生产区和疫病处理区。布局时应从人和动物保健的角度出发，建立最佳的生产联系和兽医卫生防疫条件，并根据地势和主风向，合理安排各个功能区的位置。

禽舍可根据养殖规模、经济实力等情况灵活建造。如修建普通鸡舍，其基本要求是：房顶高度2.5m以上，两侧高度2.2m以上，设对流窗，房顶向阳侧设外开天窗，鸡舍两头山墙设大窗或门，并安装排气扇。此设计可结合使用自然通风与机械通风，达到有效通风并降低成本的目的。

三、控制人员和物品的流动

由于人员是传染病传播中潜在的危险因素，并且是极易被忽略的传播媒介。因此，在养禽场中应专门设置供工作人员出入的通道，进场时必须通过消毒池，大型养禽场或种禽场，进禽舍前必须淋浴更衣。对工作人员及其常规防护物品应进行可靠的清洗和消毒，最大限度地防止可能携带病原体的工作人员进入养殖区。同时，应严禁一切外来人员进入或参观家禽养殖场区。

在生产过程中，工作人员不能在生产区内各禽舍间随意走动，工具不能交叉使用，非生产区人员未经批准不得进入生产区。直接接触生产鸡群的工作人员，应尽可能远离外界同种动物，家里不得饲养家禽，不得从场外购买活禽和鲜蛋等产品，以防止被相关病原体污染。另外，应定期对养禽场所有相关工作人员进行兽医生物安全知识培训。

物品流动的控制包括对进出养禽场物品及场内物品流动方式的控制。养禽场内物品流动的方向应该是从最小日龄家禽流向较大日龄的家禽，从正常家禽的饲养区转向患病家禽的隔离区，或者从养殖区转向粪污处理区。

四、强化家禽的饲养管理

影响疫病发生和流行的饲养管理因素，主要包括饲料营养、饮水质量、饲养密度、通风换气、防暑或保温、粪便和污物处理、环境卫生和消毒、动物圈舍管理、生产管理制度、技术操作规程,以及患病动物隔离、检疫等内容。这些外界因素可通过改变家禽与各种病原体接触的机会,而改变家禽对病原体的一般抵抗力以及影响其产生特异性的免疫应答等作用。实践证明,规范化的饲养管理是提高养殖业经济效益和兽医综合性防疫水平的重要手段。在饲养管理制度健全的养禽场中,家禽生长发育良好、抗病能力强、人工免疫的应答能力高、外界病原体侵入的机会少,因而疫病的发病率及其造成的损失相对较小。

各种应激因素,如饲喂不按时、饮水不足、过冷、过热、通风不良导致有害气体浓度升高、免疫接种、噪声、挫伤、疾病等因素长期持续作用或累积相加,达到或超过了动物能够承受的临界点时,可以导致机体的免疫应答能力和抵抗力下降而诱发或加重疾病。在规模化养禽场,人们往往将注意力集中到传染病的控制和扑灭措施上,而饲养管理条件和应激因素与机体健康的关系常常被忽略,进而形成恶性循环。因此,家禽传染病的综合防制工作需要进一步改善和加强。

目前,许多家禽饲养场由于各方面条件的限制,无法实现全进全出,而是采用"连续饲养"的生产制度,即一个养禽场养有若干批不同日龄的禽群,这类养禽场也为"多日龄"养禽场。如一个鸡场内养有雏鸡、产蛋鸡甚至还养有种鸡,这种情况也称综合性鸡场。由于连续饲养,场内养有多批不同日龄的鸡,进而可使传入场内传染病得以循环感染。由于连续饲养,不能进行彻底消毒,就会导致某些微生物大量滋生或由其引起的疾病致使家禽对某种营养素的需要量增高,如仍按常量供给就会使禽只生产水平下降,死亡率升高。对这类养禽场,更应加强日常的防疫卫生和饲养管理,尽可能避免传染性疫病的发生。暂时无法改变已采用"连续饲养制"的养禽场,至少要做到整栋鸡舍的"全进全出"。

分批进场的家禽应来自同一健康的种禽场,每批一次进雏,不同批次进场的家禽要分栋分人饲养,人员不得互串。

五、防止动物传播疫病

病死家禽、带毒(菌)家禽、鼠类、蚊、蝇、蜱、虻等媒介,是养禽场疫病的主要传染源和传播途径。正确处理、杀灭并防止它们的出现,在消灭传染源、切断传播途径、阻止传染病流行、保障人和动物健康等方面具有非常重要的意义,是兽医综合性防疫体系中的重要组成部分。

1. 死禽处理

(1) 焚烧法。是一种传统的处理方式,是杀灭病原最可靠的方法。可用专用的焚尸炉焚烧死禽,也可利用供热的锅炉焚烧。但近年来,许多地区制订了防止大气污染条例,限制焚烧炉的使用。

(2) 深埋法。这是一个简单的处理方法,费用低且不易产生气味,但埋尸坑易成为病原的贮藏地,并有可能污染地下水。故必须深埋,且有良好的排水系统。

(3) 堆肥法。已成为场区内处理死鸡最受欢迎的选择之一。该法经济实用,如设计并管理得当,就不会污染地下水和空气。

①建造堆肥设施。每1万只种鸡的规模,建造2.5m高,3.7m^2的建筑,该建筑地面混凝土结构,屋顶要防雨。至少分隔为两个隔间,每个隔间不得超过3.4m^2,边墙要用5cm×

20cm 的厚木板制作,即可以承受肥料的重量压力,又可使空气进入肥料之中使需氧微生物产生发酵作用。

②堆肥的操作方法。在堆肥设施的底部铺放一层 15cm 厚的鸡舍地面垫料,再铺上一层 15cm 厚的棚架垫料,在垫料中挖出 13cm 深的槽沟,再放入 8cm 厚的干净垫料。将死鸡顺着槽沟排放,但四周要距墙板边缘 15cm。将水喷洒在鸡体上,再覆盖上 13cm 部分地面垫料和部分未使用过的垫料。

堆肥不需其他任何处理,堆肥过程在 30d 内全部完成。正常情况下,2~4d 堆肥中的温度会迅速上升,高峰温度可达到 57~66℃,可有效地将昆虫、细菌和病原体等生物体消灭。堆肥后的物质可作肥料。

无论用哪种处理方法,送运死禽的容器应便于消毒密封,以防运送过程中污染环境。如死禽因传染病而亡,最好进行焚烧。

2. 杀虫 养禽场重要的害虫包括蚊、蝇和蜱等节肢动物的成虫、幼虫和虫卵。常用的杀虫方法分为物理性、化学性和生物性 3 种方法。

(1) 物理杀虫法。对昆虫聚居的墙壁缝隙、用具和垃圾等,可用火焰喷灯喷烧杀虫,用沸水或蒸汽烧烫车船、圈舍和工作人员衣物进而杀灭其中的昆虫或虫卵,当有害昆虫聚集数量较多时,也可选用电子灭蚊、灭蝇灯具杀虫。

(2) 生物杀虫法。主要是通过改善饲养环境,阻止有害昆虫的滋生以达到减少害虫的目的。通过加强环境卫生管理、及时清除圈舍地面中的饲料残屑和垃圾以及排粪沟中的积粪,强化粪污管理和无害化处理,填埋积水坑洼,疏通排水及排污系统等措施来减少或消除昆虫的滋生地和生存条件。生物学方法由于具有无公害、不产生抗药性等优点,日益受到人们的重视。

(3) 化学杀虫法。是指在养殖场舍内外的有害昆虫栖息地、滋生地大面积喷洒化学杀虫剂,以杀灭昆虫成虫、幼虫和虫卵的措施。但应注意化学杀虫剂的二次污染。

3. 灭鼠 鼠类除了给人类的生活带来很大影响外,对人和动物的健康威胁也很大。作为人和动物多种共患病的传播媒介和传染源,鼠类可以传播很多传染病。因此,灭鼠对兽医防疫和公共卫生都具有重要的现实意义。在规模化养禽生产实践中,防鼠灭鼠工作要根据害鼠的种类、密度、分布规律等生态学特点,在圈舍墙基、地面和门窗的建造方面加强投入,让鼠类难以藏身和滋生;在管理方面,应从动物圈舍内外环境的整洁卫生等方面着手,让其难以得到食物和藏身之处,并且要做到及时发现漏洞及时封堵。由于规模化养殖中的场区占地面积大、建筑物多、生态环境非常适合鼠类生存,要有效地控制鼠害,必须动员全场人员挖掘、填埋、堵塞鼠洞,破坏其生存环境。

通过灭鼠药杀鼠是目前应用较广的方法,按照灭鼠药物进入鼠体的途径,将其分为经口灭鼠药和熏蒸灭鼠药两类。通过烟熏剂熏杀洞中鼠类,使其失去栖身之所,同时在场区内大面积投放各类杀鼠剂制成的毒饵,常常能收到非常显著的灭鼠效果。

4. 隔离 隔离是指将患病动物和疑似感染动物控制在一个有利于防疫和生产管理的环境中,进行单独饲养和防疫处理的方法。由于传染源具有持续或间歇性排出病原微生物的特性,为了防止病原体的传播,将疫情控制在最小范围内就地扑灭,必须对传染源进行严格的隔离、单独饲养和管理。

隔离是控制疫病的重要措施之一,在国内外应用非常普遍。传染病发生后,兽医人员应深入现场，查明疫病在群体中的分布状态，立即隔离发病动物群，并对其污染的圈舍进行严格消毒处理。同时，应尽快确诊并按照诊断的结果和传染病的性质，确定将要进一步采取的措施。在一般情况下，需要将全部动物分为患病动物群、可疑感染群和假定健康群等，并分别进行隔离处理。

5. 疫病的净化 疫病的净化是指在某一限定地区或养殖场内，根据特定疫病的流行病学调查结果和疫病监测结果，及时发现并淘汰感染动物，使限定动物群中某种疫病逐渐被清除的疫病控制方法。疫病净化对动物传染病的控制起到了极大的推动作用。

种禽场必须对既可水平传播，又可通过卵垂直传播的疫病，如鸡白痢、鸡白血病、鸡支原体等传染病采取净化措施，清除群内带菌鸡。

（1）鸡白痢的净化。种鸡群定期通过全血平板凝集反应进行全面检疫，淘汰阳性鸡和可疑鸡；有该病的种鸡场或种鸡群，应每隔4～5周检疫1次，将全部阳性带菌鸡检出并淘汰，以建立健康种鸡群。

（2）鸡白血病的净化。通过对种鸡检疫，淘汰阳性鸡，以培育出无鸡白血病病毒的健康鸡群，也可通过选育选出对鸡白血病有抵抗力的鸡种。

国内外通常采用酶联免疫吸附分析法检测鸡白血病病毒特异性抗原R27，以揭示任何亚群鸡白血病病毒的存在状况，从而可以检出带毒鸡或排毒鸡，实现白血病病鸡的净化和淘汰。鸡白血病净化的重点在原种场，也可在祖代场进行。通常推荐的程序和方法是鸡群在8周龄和18～22周龄时，将种鸡分别编号，用酶联免疫吸附分析法检查泄殖腔拭子中鸡白血病病毒抗原，然后在开产初期（22～25周龄）检查种蛋蛋清中和雏鸡胎粪中的鸡白血病病毒抗原，阳性鸡及其种雏一律淘汰。经过持续不断地检疫，并将假定健康的非带毒鸡严格隔离饲养，最终达到净化种群的目的。

（3）鸡支原体的净化。支原体感染在养鸡场普遍存在，在正常情况下一般不表现临床症状，但如遇环境条件突然改变或其他应激因素的影响时，也可能暴发或引起死亡。应定期进行血清学检查，一旦出现阳性鸡，立即淘汰。也可以采用抗生素处理和加热法来降低或消除种蛋内支原体。

任 务 评 估

一、名词解释

死禽处理焚烧法 死禽处理深埋法

二、填空

鸡白痢的净化是种鸡群定期通过全血平板凝集反应进行全面检疫，淘汰阳性鸡和可疑鸡；有该病的种鸡场或种鸡群，应每隔_____周检疫1次，将全部_____检出并淘汰，以建立_____种鸡群。

三、问答题

1. 制订养禽场疫病综合防治的基本原则有哪些？
2. 养禽场如何消灭虫害？

项目二　养禽场的消毒

【技能目标】了解、掌握养禽场消毒的主要方法。

消毒是指通过物理、化学或生物学方法杀灭或清除环境中病原体的技术或措施。它可将养殖场、交通工具和各种被污染物体中病原微生物的数量减少到最低或无害的程度。消毒能够杀灭环境中的病原体，切断传播途径，防止传染病的传播和蔓延。根据消毒的目的可将其分为预防性消毒、随时消毒和终末消毒。

一、消毒的主要方法

消毒方法可概括为物理消毒法、化学消毒法和生物消毒法。

（一）物理消毒法

物理消毒法是指通过机械性清扫、冲洗、通风换气、高温、干燥、照射等物理方法，对环境和物品中病原体的清除或杀灭。

1. 机械性清扫、洗刷　通过机械性清扫、冲洗等手段清除病原体是最常用的消毒方法，也是日常的卫生工作之一。采用清扫、洗刷等方法，可以除去圈舍地面、墙壁，以及家禽体表污染的粪便、垫草、饲料等污物。随着这些污物的消除，大量病原体也被清除。

2. 日光、紫外线和其他射线的辐射　日光暴晒是一种最经济、最有效的消毒方法，通过其光谱中的紫外线以及热量和干燥等因素的作用能够直接杀灭多种病原微生物。在直射日光下经过几分钟至几小时可杀死病毒和非芽孢性病原菌，反复暴晒还可使带芽孢的菌体变弱或失活。因此，日光消毒对于被传染源污染的牧场、草地、动物圈舍外的运动场、用具和物品等具有重要的实际意义。

3. 高温灭菌　是通过热力学作用导致病原微生物中的蛋白质和核酸变性，最终引起病原体失去生物学活性的过程，它通常分为干热灭菌法和湿热灭菌法。养禽场消毒常用火焰烧灼灭菌法。

火焰烧灼灭菌法的灭菌效果明显，使用操作也比较简单。当病原体抵抗力较强时，可通过火焰喷射器对粪便、场地、墙壁、笼具、其他废弃物品进行烧灼灭菌，或将动物的尸体以及传染源污染的饲料、垫草、垃圾等进行焚烧处理；全进全出制动物圈舍中的地面、墙壁、金属制品也可用火焰烧灼灭菌。

（二）化学消毒法

化学消毒法是指在疫病防制过程中，常常利用各种化学消毒剂对病原微生物污染的场所、物品等进行清洗、浸泡、喷洒、熏蒸，以达到杀灭病原体的目的。消毒剂是消灭病原体或使其失去活性的一种药剂或物质。各种消毒剂对病原微生物具有广泛的杀伤作用，但有些也可破坏宿主的组织细胞。因此，通常仅用于环境消毒。

1. 消毒剂的选择　临床实践中常用的消毒剂种类很多，根据其化学特性分为酚类、醛类、醇类、酸类、碱类、氯制剂、氧化剂、碘制剂、染料类、重金属盐和表面活性剂等，进行有效与经济的消毒须认真选择适用的消毒剂。优质消毒剂应符合以下各项要求：

（1）消毒力强。药效迅速，短时间即可达到预定的消毒目的，如灭菌率达99%以上，且药效持续的时间长。

(2) 消毒作用广泛。可杀灭细菌、病毒、霉菌、藻类等有害微生物。

(3) 可用各种方法进行消毒。如饮水、喷雾、洗涤、冲刷等。

(4) 渗透力强。能透入裂隙及鸡粪、蛋的内容物、尘土等各种有机物内杀灭病原体。

(5) 易溶于水。药效不受水质硬度和环境中酸碱度的影响。

(6) 性质稳定。不受光、热影响，长期存贮效力不减。

(7) 对人禽安全。无臭、无刺激性、无腐蚀性、无毒性、无不良副作用。

(8) 经济。低浓度也能保证药效。

2. 保证消毒效果的措施　　保证消毒效果最主要的是用有效浓度的消毒药直接与病原体接触。一般的消毒药会因有机物的存在而影响药效。因此，消毒之前必须尽量去掉有机物。为此，须采取以下措施进行处理。

(1) 清除污物。当病原体所处的环境中含有大量的有机物，如粪便、脓汁、血液及其他分泌物、排泄物时，由于病原体受到有机物的机械性保护，大量的消毒剂与这些有机物结合，消毒效果将大幅度降低。所以，在对病原体污染场所、污物等消毒时，要求首先清除环境中的杂物和污物，经彻底冲刷、洗涤完毕后再使用化学消毒剂。

(2) 消毒药浓度要适当。在一定范围内，消毒剂的浓度愈大，消毒作用愈强，如大部分消毒剂在低浓度时只具有抑菌作用，浓度增加才具有杀菌作用。但消毒剂的浓度增加是有限度的，盲目增加其浓度并不一定能提高消毒效力，如体积分数为70%的乙醇溶液的杀菌作用比无水乙醇强。如稀释过量，达不到应有的浓度，则消毒效果不佳，甚至起不到消毒的作用。

(3) 针对微生物的种类选用消毒剂。微生物的形态结构及代谢方式不同，对消毒剂的反应也有差异。如革兰氏阳性菌较易与带阳离子的碱性染料、重金属盐类及去污剂结合而被灭活；细菌的芽孢不易渗入消毒剂，其抵抗力比繁殖体明显增强；各种消毒剂的化学特性和化学结构不同，对微生物的作用机理及其代谢过程的影响有明显差异，因而消毒效果也不一致。

(4) 作用的温度及时间要适当。温度升高可以增强消毒剂的杀菌能力，而缩短消毒所用的时间。如当环境温度提高10℃，酚类消毒剂的消毒速度增加8倍以上，重金属盐类增加2～5倍。在其他条件都相同时，消毒剂与被消毒对象的作用时间越长，消毒效果越好。

(5) 控制环境湿度。熏蒸消毒时，湿度对消毒效果的影响很大，如过氧乙酸及甲醛熏蒸消毒时，环境的相对湿度以60%～80%为最好，湿度过低可大大降低消毒效果。而多数情况下，环境湿度过高会影响消毒液的浓度，一般应在冲洗干燥后喷洒消毒液。

(6) 消毒液酸碱度要合适。碘制剂、酸类、来苏儿等阴离子消毒剂在酸性环境中的杀菌作用增强，而阴离子消毒剂如新洁尔灭等则在碱性环境中的杀菌力增强。

(三) 生物热消毒

生物热消毒是指通过堆积发酵、沉淀池发酵、沼气池发酵等产热或产酸，以杀灭粪便、污水、垃圾及垫草等内部病原体的方法。在发酵过程中，由于粪便、污物等内部微生物产生的热量可使温度上升达70℃以上，经过一段时间后便可杀死病毒、病原菌、寄生虫卵等病原体，从而达到消毒的目的；同时由于发酵过程还可改善粪便的肥效，所以生物热消毒在各地的应用非常广泛。

二、消毒程序

根据消毒的类型、对象、环境温度、病原体性质以及传染病流行特点等因素,将多种消毒方法科学合理地加以组合而进行的消毒过程称为消毒程序。

(一)禽舍消毒

禽舍消毒是清除前一批家禽饲养期间累积污染最有效的措施,使下一批家禽生活在一个洁净的环境中。以全进全出制生产系统中的消毒为例,空栏消毒的程序通常为粪污清除、高压水枪冲洗、消毒剂喷洒、干燥后熏蒸消毒或火焰消毒、再次喷洒消毒剂、清水冲洗、晾干后转入动物群。

1. 粪污清除 家禽全部出舍后,先用消毒液喷洒,再将舍内的禽粪、垫草、顶棚上的蜘蛛网、尘土等扫出禽舍。平养地面黏着的禽粪,可预先洒水,软化后再铲除。为方便冲洗,可先对禽舍内部喷雾、润湿舍内四壁,顶棚及各种设备的外表。

2. 高压冲洗 将清扫后舍内剩下的有机物去除以提高消毒效果。冲洗前先将非防水灯头的灯用塑料布包严,然后用高压水龙头冲洗舍内所有物体表面,不留残存物。彻底冲洗可显著减少细菌数量。

3. 干燥 喷洒消毒药一定要在冲洗并充分干燥后再进行。干燥可使舍内冲洗后残留的细菌数量进一步减少,同时还可避免在湿润状态下消毒药浓度变稀,有碍药物的渗透,降低灭菌效果。

4. 喷洒消毒剂 用电动喷雾器,其压力应达29.4kPa。消毒时应将所有门窗关闭。

5. 甲醛熏蒸 禽舍干燥后进行熏蒸。熏蒸前将舍内所有的孔、缝、洞、隙用纸糊严,使整个禽舍内不透气(禽舍不密闭影响熏蒸效果)。每立方米空间用福尔马林溶液18mL、高锰酸钾9g,密闭24h。经上述消毒过程后,进行舍内采样细菌培养,灭菌率要求达到99%以上;否则应再重复进行药物消毒—干燥—甲醛熏蒸过程。

育雏舍的消毒要求更为严格,平网育雏时,在育雏舍冲洗晾干后用火焰喷枪灼烧平网、围栏与铁质料槽等,然后再进行药物消毒,必要时需清水冲洗、晾干或再转入雏禽。

(二)设备用具的消毒

1. 料槽、饮水器 塑料制成的料槽与自流饮水器,可先用水冲刷,洗净晒干后再用0.1%新洁尔灭刷洗消毒。在禽舍熏蒸前送回去,再经熏蒸消毒。

2. 蛋箱、蛋托 反复使用的蛋箱与蛋托,特别是送到销售点又返回的蛋箱,传染病原的危险很大。因此,必须进行严格消毒。用2%氢氧化钠热溶液浸泡与洗刷,晾干后再送回禽舍。

3. 运鸡笼 送肉鸡到屠宰厂的运鸡笼,最好在屠宰厂消毒后再运回,否则肉鸡场应在场外设消毒点,将运回的鸡笼冲洗晒干再消毒。

(三)环境消毒

1. 消毒池 用2%氢氧化钠,池液每天换1次;用0.2%新洁尔灭每3d换1次。大门前通过车辆的消毒池宽2m、长4m,水深在5cm以上,人行与自行车通过的消毒池宽1m、长2m,水深在3cm以上。

2. 禽舍间的隙地 每季度先用小型拖拉机耕翻,将表土翻入地下,然后用火焰喷枪对表层喷火,烧去各种有机物,定期喷洒消毒药。

3. 生产区的道路 每天用0.2%次氯酸钠溶液等喷洒1次,如当天运送家禽则在车辆通过后再消毒。

（四）带鸡消毒

鸡体是排出、附着、保存、传播病菌、病毒的根源，是污染源，也会污染环境。因此，须经常消毒。带鸡消毒多采用喷雾消毒。

1. 喷雾消毒的作用 杀死和减少鸡舍内空气中飘浮的病毒和细菌等，使鸡体体表（羽毛、皮肤）清洁。沉降鸡舍内飘浮的尘埃，抑制氨气的发生和吸附氨气，使鸡舍内较为清洁。

2. 喷雾消毒的方法 消毒药品的种类和浓度与鸡舍消毒时相同，操作时用电动喷雾装置，每平方米地面60～180mL，每隔1～2d喷1次，对雏鸡喷雾，药物溶液的温度要比育雏器供温的温度高3～4℃。当鸡群发生传染病时，每天消毒1～2次，连用3～5d。

技能训练　鸡舍消毒（熏蒸法）

一、材料

鸡舍、瓷容器、福尔马林、高锰酸钾。

二、方法及操作步骤

1. 准备消毒药 按每立方米熏蒸空间用福尔马林18mL，高锰酸钾9g，称取药物。

2. 消毒操作 关闭鸡舍窗及通气孔，先把高锰酸钾放入瓷容器内，置于鸡舍中央，然后倒入福尔马林，关严门。两种药物混合后即产生很浓的甲醛气味。密闭熏蒸24h。

3. 消毒完毕后，打开门、窗及通风设备，放出气体，消毒结束。

三、注意事项

1. 消毒必须在鸡舍密闭的情况下进行，否则会影响消毒效果。
2. 消毒药物应严格按要求称取。消毒完毕后，一定要充分通风。
3. 消毒空间保持温度24～27℃、相对湿度70%～80%，熏蒸效果较好。

任 务 评 估

一、名词解释

消毒　消毒程序

二、填空

1. 消毒是指通过物理、化学或生物学方法_____环境中_____的技术或措施。根据消毒的目的可将其分为_____消毒、_____消毒和_____消毒。

2. 消毒方法可概括为_____消毒法、_____消毒法和_____消毒法。

三、问答题
1. 怎样选择化学消毒剂？
2. 鸡舍消毒应遵循哪些程序？
四、技能评估
1. 高锰酸钾、甲醛溶液计量和称取准确。
2. 消毒操作程序和方法正确。
3. 能说明应该注意的事项。

项目三　免疫接种与免疫监测

【技能目标】了解、掌握家禽免疫接种和免疫监测的方法。

免疫接种是激发家禽机体产生特异性免疫力，使易感动物转化为非易感动物的重要手段，是预防和控制疾病的重要措施之一。为了养禽场的安全，必须制订适用的免疫程序，并进行必要的免疫监测，及时了解群体的免疫水平。

一、免疫接种

（一）家禽免疫接种的方法

家禽免疫接种的方法可分为群体免疫法和个体免疫法。群体免疫法是针对群体进行的。主要有经口免疫法（喂食免疫、饮水免疫）、气雾免疫法等。这类免疫法省时省工，但有时效果不够理想，免疫效果参差不齐，特别是幼雏更为突出；个体免疫法是针对每只家禽逐个地进行，包括滴鼻、点眼、涂擦、刺种、注射接种法等。这类方法免疫效果确实，但费时费力，劳动强度大。

不同种类的疫苗接种途径（方法）有所不同，要按照疫苗说明书进行而不要擅自改变。一种疫苗有多种接种方法时，应根据具体情况决定免疫方法，既要考虑操作简单，经济合算，更要考虑疫苗的特性和保证免疫效果。只有正确、科学地使用和操作，才能获得预期的免疫预防效果。现将各种接种方法分述如下：

1. 滴鼻与点眼法　用滴管或滴注器，也可用带有16～18号针头的注射器吸取稀释好的疫苗，准确无误地滴入鼻孔或眼球上1～2滴。滴鼻时应以手指按压住禽只另一侧鼻孔，疫苗才易被吸入。

点眼时，要等待疫苗扩散后才能放开禽只。本法多用于雏禽，尤其是雏鸡的初免。为了确保效果，一般采用滴鼻、点眼结合。适用于新城疫Ⅱ、Ⅳ系疫苗及传染性支气管炎疫苗和传染性喉气管炎弱毒型疫苗的接种。

2. 刺种法　常用于鸡痘疫苗的接种。接种时，先按规定剂量将疫苗稀释好，后用接种针或大号缝纫机针头或沾水笔尖蘸取疫苗，在鸡翅膀内侧无血管处的翼膜刺种，每只鸡刺种1～2下。接种后1周左右，可见刺种部位的皮肤上产生绿豆大小的小疱，以后逐渐干燥结痂脱落。若接种部位不发生这种反应，则表明接种不成功，可重新接种。

3. 涂擦法　主要用于鸡痘和特殊情况下需接种的鸡传染性喉气管炎强毒的免疫。在禽痘接种时，先拔掉禽腿的外侧或内侧羽毛5～8根，然后用无菌棉签或毛刷蘸取已稀释好的疫苗，逆着羽毛生长的方向涂擦3～5下；鸡传染性喉气管炎强毒型疫苗接种时，将鸡泄殖腔黏膜翻出，用无菌棉签或小软刷蘸取疫苗，直接涂擦在黏膜上。

无论是哪种方法，接种后禽体都有反应。毛囊涂擦鸡痘苗后10～12d，局部会出现同刺种相同的反应；擦肛后4～5d可见泄殖腔黏膜潮红。否则，应重新接种。

4. 注射法 这是最常用的免疫接种方法。根据疫苗注入的组织部位不同，注射法又分皮下注射和肌内注射。本法多用于灭活疫苗和某些弱毒疫苗的接种。

（1）皮下注射法。现在广泛使用的马立克氏病疫苗宜用颈背皮下注射法接种，用左手拇指和食指将禽只头顶后的皮肤捏起，局部消毒后，针头近于水平刺入，按量注入即可。

（2）肌内注射法。肌内注射的部位有胸肌、腿部肌肉和肩关节附近或尾部两侧。胸肌注射时，应沿胸肌呈45°角斜向刺入，避免与胸部垂直刺入而误伤内脏。胸肌注射法适用于较大的家禽。

5. 经口免疫法

（1）饮水免疫法。常用于预防新城疫、传染性支气管炎以及传染性法氏囊病的弱毒苗的免疫接种，为使饮水免疫法达到应有的效果，必须注意以下几个问题。

①用于饮水免疫的疫苗必须是高效价的。②在饮水免疫前后的24h不得饮用任何消毒药液，最好加入0.2%脱脂奶粉。③稀释疫苗用的水最好是蒸馏水，也可用深井水或冷开水，不可使用有漂白粉等消毒的自来水。④根据气温、饲料等不同，免疫前停水2～4h，夏季最好夜间停水，清晨饮水免疫。⑤饮水器具必须洁净且数量充足，以保证每只鸡都能在短时间内饮到足够的疫苗量。

大群免疫要在第2天以同样方法补饮1次。

（2）喂食免疫法（拌料法）。免疫前应停料半天，以保证每只鸡都能摄入一定的疫苗量。稀释疫苗的水以不超过室温为宜，然后将稀释好的疫苗均匀地拌入饲料，鸡通过吃料而获得免疫。

已经稀释好的疫苗进入鸡体内的时间越短越好。因此，必须有充足的饲具并放置均匀，保证每只鸡都能吃到。

6. 气雾免疫法 使用特制的专用气雾喷枪，将稀释好的疫苗气化喷洒在高度密集的禽舍内，使家禽吸入气化疫苗而获得免疫。实施气雾免疫时，应将家禽相对集中，关闭门窗及通风系统。幼龄鸡初免或对致病力较强的病原体免疫时，用80～120μm雾珠，老龄鸡群或加强免疫时，用30～60μm雾珠。

（二）预防接种免疫程序的制订

1. 免疫程序制订的原则 免疫程序是指根据一定地区或养殖场内不同传染病的流行情况及疫苗特性，为特定动物群制订的疫苗接种类型、次序、次数、途径及间隔时间。制订免疫程序通常应遵循以下几个原则。

（1）免疫程序由传染病的分布特征决定。由于发生畜禽传染病的地区、发病时间和在动物群中的分布特点及流行规律不同，它们给动物造成的危害程度也会随着发生变化，一定时期内兽医防疫工作的重点就有明显的差异，需要随时调整。有些传染病具有持续时间长、危害程度大等特点，应制订长期的免疫防制对策。

（2）免疫程序由疫苗的免疫学特性决定。疫苗的种类、接种途径、产生免疫力需要的时间、免疫力的持续期等差异，是影响免疫效果的重要因素。因此，在制订免疫程序时要根据这些特性的变化进行充分的调查、分析和研究。

（3）免疫程序应具有相对的稳定性。如果没有其他因素的参与，某地区或养殖场在一定时期内动物传染病分布特征是相对稳定的。因此，若实践证明某一免疫程序的应用效果良好，则应尽量避免改变这一免疫程序。如果发现该免疫程序执行过程中仍有某些传染病流行，则应及时查明原因（疫苗、接种、时机或病原体变异等），并进行适当调整。

2. 免疫程序制订的方法和程序 目前仍没有一个能够适合所有地区或养禽场的标准免疫程序，不同地区或部门应根据传染病流行特点和生产实际情况，制订科学合理的免疫接种程序。某些地区或养禽场正在使用的程序，也可能存在某些防疫上的问题，需要进行不断地调整和改进。因此，了解和掌握免疫程序制订的步骤和方法非常重要。

（1）掌握威胁本地区或养禽场传染病的种类及其分布特点。根据疫病监测和调查结果，分析该地区或养禽场内常发多见传染病的危害程度，以及周围地区威胁性较大的传染病流行和分布特征，并根据动物的类别确定哪些传染病需要免疫或终生免疫，哪些传染病需要根据季节或年龄进行免疫防制。

（2）了解疫苗的免疫学特性。由于疫苗的种类、适用对象、保存、接种方法、使用剂量、接种后免疫力产生需要的时间、免疫保护效力及其持续期、最佳免疫接种时机及间隔时间等疫苗特性是免疫程序的主要内容，因此，在制订免疫程序前，应对这些特性进行充分研究和分析。一般来说，弱毒疫苗接种后 5～7d、灭活疫苗接种后 2～3 周可产生免疫力。

（3）充分利用免疫监测结果。由于年龄分布范围较广的传染病需要终生免疫。因此，应根据定期测定的抗体消长规律确定首免日龄和加强免疫的时间。初次使用的免疫程序应定期测定免疫动物群的免疫水平，发现问题要及时进行调整并采取补救措施。新生动物的免疫接种应首先测定其母源抗体的消长规律，并根据其半衰期确定首次免疫接种的日龄，以防止高滴度的母源抗体对免疫力产生的干扰。

（4）传染病发病及流行特点决定是否进行疫苗接种、接种次数及时机。主要发生于某一季节或某一年龄段的传染病，可在流行季节到来前 2～4 周和疫病易发年龄段进行免疫接种，接种的次数则由疫苗的特性和该病的危害程度决定。

总之，制订不同动物或不同传染病的免疫程序时，应充分考虑本地区常发多见或威胁大的传染病分布特点、疫苗类型及其免疫效能和母源抗体水平等因素，这样才能使免疫程序具有科学性和合理性。

（三）紧急接种

紧急免疫接种是指某些传染病暴发时，为了迅速控制和扑灭该病的流行，对疫区和受威胁区的家禽进行的应急性免疫接种。紧急免疫接种应根据疫苗或抗血清的性质、传染病发生及其流行特点进行合理安排。

接种后能够迅速产生保护力的一些弱毒苗或高免血清，可以用于急性病的紧急接种。疫苗进入机体后往往经过 3～5d 产生免疫力，而高免血清则在注射后能够迅速分布于机体各部位。

由于疫苗接种能够激发处于潜伏期感染的动物发病，且在操作过程中容易造成病原体在感染动物和健康动物之间的传播。因此，为了提高免疫效果，在进行紧急免疫接种时应首先对动物群进行详细的临床检查和必要的实验室检验，以排除处于发病期和感染期的动物。

多年临床实践证明，在传染病暴发或流行的早期，紧急免疫接种可以迅速建立动物机体的特异性免疫，使其免遭相应疫病的侵害。但在紧急免疫时需要注意，第一，必须在疾病流行的早期进行；第二，尚未感染的动物既可使用疫苗，也可使用高免血清或其他抗体进行预防；但感染或发病动物则最好使用高免血清或其他抗体进行治疗；第三，必须采取适当的防范措施，防止操作过程中由人员或器械造成的传染病蔓延和传播。

二、免疫监测

免疫监测是主动了解家禽免疫状况、有效制订免疫接种计划和防治疫病的重要手段，被越来越多的养禽者所采用。免疫监测使用最多最广泛的方法是血清学方法。鸡新城疫、传染性法氏囊病是对养鸡威胁最大的两种常见急性传染病。现简要介绍一下对这两种传染病的监测方法。

（一）鸡新城疫监测

利用鸡血清中抗新城疫抗体抑制新城疫病毒对红细胞凝集的现象，来监测抗体水平，作为选择免疫时期和判定免疫效果的依据。

1. 监测程序与目的

（1）确定最适宜的免疫时间。大中型鸡场应根据雏鸡 1 日龄时血清母源 HI（红细胞凝集抑制试验）抗体效价的水平，通过公式推算最适首次免疫（简称首免）时间，公式如下：

最适宜首免时间＝$4.5\times$（1日龄时 HI 抗体效价的对数平均值－4）＋5

例如：1日龄母源 HI 抗体效价平均值为 1：128，128 为 2^7，其平均对数值为 7，代入公式，则：

该批雏鸡最适宜首免日龄＝$4.5\times(7-4)+5=18.5$（d）

如 1 日龄时 HI 抗体效价的对数平均值小于 4，即小于 1：16，则该批鸡须在 1 周内免疫。蛋鸡场可在进雏时带回一些 1 日龄公雏，用作心脏采血，进行母源 HI 抗体监测的材料。

（2）每次免疫后 10d 监测。检验免疫的效果，了解鸡群是否达到应有的抗体水平。

（3）免疫前监测。大中型鸡场在每次接种前应进行监测，以便调整免疫时间，根据监测结果确定是按时或适当提前或推后免疫，以便在最适宜时期进行接种。

2. 监测抽样 一定要随机抽样，抽样率根据鸡群大小而定。万只以上的鸡群抽样率不得少于 0.5%；千只到万只的鸡群抽样率不得少于 1%；千只以下的抽样不得少于 3%。

3. 监测方法

（1）微量法。被检鸡编号，心脏采血放入编号的试管中，获取血清（称为待检血清）。用微量滴管在微量反应板的每个小槽内加入稀释液（0.025mL），从第 1 小槽加到第 11 小槽，第 12 小槽为对照组，加 2 倍（0.05mL）。稀释液为 0.85% 的生理盐水。再用稀释棒取被检血清 0.025mL，放入第 1 小槽，搓动旋转稀释棒，混匀后再移液至第 2 小槽，如此连续稀释第 11 小槽，血清稀释倍数依次为 1：2～1：2 048。1～11 小槽中再加入含 4 个单位的抗原液 1 滴（0.025mL），第 12 小槽为对照组，不加抗原。将微量反应板放在微型振荡器上振荡 2min，在 10～22℃ 环境中静置 20min。1～12 小槽每小槽中再加 0.5% 红细胞悬浮液 1 滴（0.025mL），再放入振荡器振荡 2min 混匀，置 18～22℃ 环境中，60min

后判定结果。详见表 8-1。

表 8-1　红细胞凝集抑制试验操作程序

凹槽序号		1	2	3	4	5	6	7	8	9	10	11	12
待检血液	稀释液	1∶2	1∶4	1∶8	1∶16	1∶32	1∶64	1∶128	1∶256	1∶512	1∶1024	1∶2048	对照
	加入量(mL)	0.025	0.025	0.025	0.025	0.025	0.025	0.025	0.025	0.025	0.025	0.025	
生理盐水（mL）		0.025	0.025	0.025	0.025	0.025	0.025	0.025	0.025	0.025	0.025	0.025	0.05
4 单位抗原（mL）		0.025	0.025	0.025	0.025	0.025	0.025	0.025	0.025	0.025	0.025	0.025	0.025

血清（抗体）的红细胞凝集抑制滴度，是使 4 个单位抗原（病毒）凝集红细胞的作用受到抑制的血清最高稀释倍数，称为血凝抑制价。一般认为鸡免疫临界水平为 1∶8 或 1∶16（其对数值分别为 3 与 4），在此水平或此水平以下需尽快进行免疫。

（2）快速全血平板检测法。快速全血平板检测法，简称全血法。用来估计鸡群的免疫状态，如检出大量免疫临界线以下的鸡，则需立即进行免疫接种，提高鸡群 HI 抗体水平。其操作简单快速，易掌握，适宜中、小型鸡场或养鸡户采用。

操作方法：先在玻璃板上划好 4cm×4cm 方格，每个方格在中央滴抗原液 2 滴，以针刺破鸡翅下静脉血管，用接种环蘸取一满环全血，立即放入抗原液中充分搅拌混合，使之展开成直径 1.5cm 的液面，1～2min 后判定结果。

判定结果：根据凝集程度来判定，若细胞均匀一致的分散在抗原液中，抗原液不清亮，表明血液中有足量的 HI 抗体，抑制了病毒对红细胞的凝集作用，判定为阳性（＋）；若红细胞呈花斑状或颗粒状凝集，抗原液清亮，则表明血液中缺乏一定量的 HI 抗体，判定为阴性（－）；若红细胞呈现小颗粒状凝集，抗原液不完全清亮，有少量流动的红细胞，则判定为可疑（±）。

现场每 1 000 只鸡抽测 20～30 只，若出现大量阴性鸡时，则说明该群鸡免疫水平在临界线以下水平，须尽快接种。如出现大量阳性鸡则可适当推迟免疫期。

注意事项：操作宜在 15～22℃温度下进行，抗原液与全血之比以 10∶1 为宜，稀释后的抗原液不易保存，最好采用稳定抗原，因其血凝效价稳定，试验结果准确，操作也简单。

（二）鸡传染性法氏囊病监测

主要介绍琼脂扩散试验对鸡传染性法氏囊病的监测。该法简单易行。

1. 操作方法

（1）监测材料。

抗原：在－20℃保存。

阳性对照血清：在－10℃保存，有效期一般为半年。

被检血清采自被检鸡，血清应不溶血，不加防腐剂和抗凝剂。

（2）琼脂板制作。取琼脂 1g、氯化钠 8g、苯酚 0.1g、蒸馏水 100mL，水浴溶化后，用 5.6% 的 $NaHCO_3$ 将 pH 调到 6.8～7.2，分装备用，用前将其溶化，倒入平皿内，制成厚约 3mm 的琼脂板，冷却后 4℃冰箱保存。溶化琼脂倒入平板时，注意不要产生气泡，薄厚应均匀一致。

（3）打孔。首先在纸上画好7孔图案，如图8-1所示，把图案放在带有琼脂板平皿下面，照图案在固定位置打孔，外孔径为2mm，中央孔径为3mm，孔间距3mm。打孔要现打现用，用针头挑下切下的琼脂时，注意不要使孔外的琼脂与平皿脱离。防止加样后下面渗漏而影响结果。

（4）抗原与血清的添加。点样前在装有琼脂的平皿上写明日期和编号。中央孔加入抗原0.02mL，1、4孔加注阳性血清，2、3、5、6孔各加入被检血清，添加至孔满为止，待孔内液体被吸干后将平皿倒置，在37℃条件下进行反应，逐日观察，记录结果。

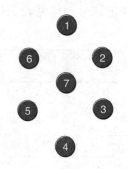

图8-1 琼脂板打孔位置

2. 结果判定与应用

（1）阳性。当检验用标准阳性血清与抗原孔之间有明显致密的沉淀线时，被检血清与抗原孔之间形成沉淀线，或者阳性血清的沉淀线末端向邻近的受检血清孔内侧偏弯者，此受检血清判为阳性。

（2）阴性。被检血清与抗原孔之间不形成沉淀线，或者阳性血清的沉淀线向邻近被检血清孔直伸或向其外侧偏弯者，此孔被检血清判为阴性。

（3）应用。如确定首免适宜时期，则监测雏鸡的母源抗体，当30%~50%雏鸡为阴性时，可作为适宜接种的时期；如检查免疫效果，则监测接种鸡群的抗体，接种后12d，75%~80%的鸡阳性，证明免疫成功。

技能训练 育成鸡免疫接种（肌内注射）

一、材料

育成鸡若干只、鸡新城疫Ⅰ系苗、生理盐水、注射器等。

二、方法及操作步骤

1. 准备注射器 注射器煮沸消毒。

2. 稀释疫苗 注射前，按疫苗瓶签说明，将疫苗稀释备用。如鸡鸡新城疫Ⅰ系苗每瓶装500头份时，用生理盐水50mL稀释，振荡溶解后备用。

3. 注射部位消毒 疫苗稀释后，消毒注射部位。

4. 吸取疫苗 除去疫苗胶盖上的蜡封，用酒精擦拭消毒后，取一个消毒针头由胶盖刺入瓶内，再用胶布把针头固定在胶盖上，并用酒精棉盖住针孔，以防止疫苗被污染。吸取疫苗时，要充分振荡均匀，将注射器和瓶上的针头接好，拉动中轴，将疫苗吸进注射器内，然后从瓶口的针头上取下注射器，再用镊子取另一个消毒针头安装在注射器上，针头朝上，轻轻推动中轴，排净注射器内的空气，准备注射。

5. 注射方法 肌内注射的部位有胸肌、腿部肌肉和肩关节附近或尾部两侧。胸肌注射时，应沿胸肌呈45°角斜向刺入，避免与胸部垂直刺入而误伤内脏。胸肌注射法适用于较大的家禽。

任 务 评 估

一、名词解释

免疫接种　免疫程序　紧急接种

二、填空

1. 家禽免疫接种的方法可分为_____免疫法和_____免疫法。

2. 刺种法常用于_____疫苗的接种。接种时，先按规定剂量将疫苗稀释好，后用接种针或大号缝纫机针头或沾水笔尖蘸取疫苗，在鸡_____无血管处的翼膜刺种，每只鸡刺种1～2下。

3. 皮下注射法目前广泛用于_____疫苗雏鸡颈背皮下注射。

三、问答题

1. 鸡饮水免疫时应注意哪些问题？

2. 制订鸡群免疫程序时应遵循哪些原则？

四、技能评估

1. 正确稀释疫苗。

2. 疫苗接种手法正确，接种量准确，并且动作快。

主要参考文献

程安春主编.2004.养鹅与鹅病防治[M].北京:中国农业大学出版社.
丁洪涛主编.2001.畜禽生产[M].北京:中国农业出版社.
杜文兴、周俊.2002.鸭无公害养殖综合技术[M].北京:中国农业出版社.
贺玉书主编.2003.养鸭、鹅致富新技术[M].贵阳:贵州科技出版社.
黄春元主编.1996.最新养禽实用技术大全[M].北京:中国农业大学出版社.
黄炎坤、韩占兵.2004.新编水禽生产手册[M].郑州:中原农民出版社.
李蕴玉主编.2007.养殖场环境卫生与控制[M].北京:高教出版社.
辽宁省锦州畜牧兽医学校主编.1987.畜牧学各论[M].北京:中国农业出版社.
廖纪朝.2004.蛋鸡蛋鸭高产饲养法[M].北京:金盾出版社.
林建坤主编.2001.禽的生产与经营[M].北京:中国农业出版社.
潘广燧主编.2002.实用养禽技术[M].南宁:广西民族出版社.
宋素芳.2011.鸭鹅健康高产养殖手册[M].郑州:河南科学技术出版社.
王海荣等.2004.蛋鸡无公害高效养殖[M].北京:金盾出版社.
王海荣等.2005.肉鸡无公害高效养殖[M].北京:金盾出版社.
王继文主编.2002.鹅无公害养殖综合技术[M].北京:中国农业出版社.
王来有.2012.鹅业大全[M].北京:中国农业出版社.
席克奇等.2008.怎样经营好家庭鸡场[M].北京:金盾出版社。
许家骐主编.1995.实用动物育种学[M].北京:中国农业出版社.
杨慧芳、周新民.畜牧兽医综合技能[M].北京:中国农业出版社.2002.
杨慧芳主编.2006.养禽与禽病防治[M].北京:中国农业出版社.
杨宁主编.1994.现代蛋鸡生产[M].北京:北京农业大学出版社.
尹兆正主编.2005.养鹅手册[M].北京:中国农业大学出版社.
尤明珍主编.2006.禽的生产与经营[M].北京:高等教育出版社.
袁日进、王勇.2003.鹅高效饲养与疫病监控[M].北京:中国农业大学出版社.
赵聘、黄炎坤.2011.家禽生产技术[M].北京:中国农业大学出版社.